"十三五"国家重点图书

纺织前沿技术出版工程

三维织机装备与织造技术

杨建成　蒋秀明　赵永立　等编著

U0242096

中国纺织出版社

内 容 提 要

本书详细介绍了三维织机原理与方案设计,包括总体思路、技术要求、功能要求;重点介绍了三维织机装备五大机构及辅助机构的三维设计,相关机构的静力学、动力学分析及优化,控制系统的设计,三维立体织物(包括多层织物、中空织物、变截面织物及印染导带高强度多层立体织物)的织造原理与技术使用;最后对三维织造准备工序筒管缠绕和整经技术进行了介绍。

本书可供高等院校机械工程、纺织工程专业的研究生、本科生作为教材,也可供纺织机械设计、复合材料骨架织造、传送带织造及相关企业从事设计研究、产品开发的工程技术人员参考。

图书在版编目(CIP)数据

三维织机装备与织造技术/杨建成等编著. --北京:中国纺织出版社,2019.9
("十三五"国家重点图书.纺织前沿技术出版工程)
ISBN 978-7-5180-5891-4

Ⅰ.①三… Ⅱ.①杨… Ⅲ.①三维编织—研究 Ⅳ.①TB301.1

中国版本图书馆 CIP 数据核字(2019)第 004844 号

策划编辑:孔会云　责任编辑:沈 靖
责任校对:楼旭红　责任印制:何 建

中国纺织出版社出版发行
地址:北京市朝阳区百子湾东里 A407 号楼　邮政编码:100124
销售电话:010—67004422　传真:010—87155801
http://www.c-textilep.com
中国纺织出版社天猫旗舰店
官方微博 http://weibo.com/2119887771
北京玺诚印务有限公司印刷　各地新华书店经销
2019 年 9 月第 1 版第 1 次印刷
开本:710×1000　1/16　印张:19.25
字数:255 千字　定价:98.00 元

前　言

碳纤维等高性能纤维多层立体织物是目前迅速发展的一类新型复合材料的增强结构骨架材料,是航空、航天、国家防御和高技术领域的重要基础材料。以高性能纤维立体织物为骨架所形成的复合材料具有低密度、高比强、良好韧性、耐高温、抗氧化等优异性能,成为航空航天器结构、发动机、制动装置以及热防护等主要系统的关键材料,并可广泛应用于风力发电、海洋开采、船舶制造、汽车轻量化等高技术领域。

航空航天工业的需求是高性能碳纤维和复合材料发展的主要推动力量。进入21世纪,国际上航空航天技术竞争日趋激烈,飞行器技术向更高性能方向发展,要求材料具有更优异的耐高温性能、更高的强度和抗冲击性,同时具有更低的结构重量。在复合材料制造流程中,碳纤维的纺织加工是材料制备的关键过程,对后续流程工艺和最终产品性能有着十分重要的影响。目前我国碳纤维多层角联织物织造多以手工、半机械织造为主,导致产品制造周期长、成本高、性能低、质量不稳定,严重影响新材料的产业化应用。同时也影响我国高性能纤维自动化织造装备的研发,制约了民用碳纤维复合材料在纺织机械、汽车、建筑等行业的应用和推广。

三维织机装备与织造技术和传统织机与织造技术有着本质的区别。以织造多层角联织物为例,采用沿厚度方向的接结纱线将多层排列的经纱和纬纱捆绑在一起形成三维立体织物,碳纤维贯穿于空间各个方向,确保材料整体的力学性能。碳纤维属于无捻长丝,由于其剪切强度较低,在织造过程中,反复的开口动作会导致其起毛、粘连、断头,从而造成织造困难。如果完全采用传统的开口装置、穿综方法与织造工艺流程,其中任何一个环节都会有不同程度的起毛、粘连、断头等不良现象,其中影响最大的是开口与穿综两个环节。即使得到了碳纤维三维立体织物,但是织物表面会有起毛以及经纱张力不一致的现象,用这种三维立体织物复合得到的碳纤维复合材料,其性能是达不到要求的。所以,必须对三维织机的送经、开口、引纬、打纬、卷取五大机构以及织造工艺进行深入研究,解决织造过程中碳纤维起毛与张力不一致的问题。

三维织机装备的五大运动及各装置均由独立的电动机或气动元件驱动,采用光电传感技术、多电动机驱动控制技术、气动技术、信息技术、织造工艺辅助设计技术,根据设置的织造工艺时序要求,通过计算机控制实现多层立体织物织造过程的在线检测、自动控制和调节、显示,将原来的手工作业变为自动化、智能化作业,大幅提高生产效率,降低劳动强度,节约人工成本,极大地降低织物生产成本,同时能够实现连续化生产,节约大量时间,提高生产效率,对我国纺织行业具有一定的推动作用,具有广阔的应用前景。

本书编著者在完成国家"十二五"科技支撑项目的基础上,结合自身多年的教学经验和科研成果,编写了本书。其中,杨建成编写了第二章,第三章的第一、第二、第六、第七节,第四章的第一、第二、第三、第五节,第六章和第八章;蒋秀明编写了第一章,第三章的第四节,第七章;赵永立编写了第五章;李丹丹编写了第三章的第三、第五节;袁汝旺编写了第四章的第四节。全书由天津工业大学杨建成、蒋秀明、赵永立修改并定稿。研究生李笑参与了部分资料的收集、整理和绘图工作,在此向他表示衷心的感谢。同时向所有关心、支持和帮助本书编写、出版和发行的同志们致以诚挚的敬意。

本书获得天津市普通高等学校"十三五"综合投资规划专业建设有关项目资助。

由于编著者水平有限,书中难免存在不足,恳请专家、学者及使用本书的广大读者批评指正,意见请寄:天津工业大学机械工程学院纺织机械设计及自动化系,或发送邮件至 yjcg589@163.com。

编著者

2018 年 12 月

目　　录

第一章 绪 论

第一节 碳纤维的特性、碳纤维复合材料及其应用

一、碳纤维的特性

碳纤维是以纤维和石油产品为基本材料，经过特殊的加工工艺，形成的含碳量在90%以上的高强度、高抗拉纤维。碳纤维既有碳材料"硬"的固有本征，又兼备纺织纤维"柔"的可加工性。

碳纤维及其长丝最初由美国发明家爱迪生通过碳化竹纤维和黏胶制成。1958年，美国联合碳化物公司采用人造丝制成性能很差的碳纤维。1959年，进藤昭男首次提出用聚丙烯腈（PAN）纤维来制造碳纤维并申请了专利，其制得的碳纤维性能有所进步，但性能仍然比较低，获得了一定程度的市场认可。20世纪60年代初，英国皇家研究所的瓦特等人通过在碳纤维作业相关过程中对纤维施加张力，首次得到高性能碳纤维。1969年，日本东丽公司研制成新型的共聚PAN基原丝，结合美国联合碳化公司的技术，生产出高强度、高模量碳纤维。此后东丽公司在产量和质量上一直占据世界碳纤维领域的顶级地位。日本多家企业也相继开始进行碳纤维的生产。20世纪80年代，美国联合碳化物公司开发了用中间相沥青制备高性能碳纤维的技术，开创了另一个制备高性能碳纤维的领域。

1. 碳纤维的分类

不同技术路线得到的碳纤维性能也不同。一般而言，碳纤维分类原则有以下两种。

（1）根据所得碳纤维的力学性能不同，可将碳纤维分为高强度、超高强度、高模量以及超高模量四种。

（2）根据制备原丝的不同类型，可将碳纤维分为聚丙烯腈（PAN）基碳纤维、纤维素（黏胶）基碳纤维、沥青基碳纤维和酚醛基碳纤维。

聚丙烯腈基碳纤维具有强度高、刚度大、重量轻、耐高温、耐腐蚀的优点，

并且电学性能特点突出，具有优良的抗压、抗弯性能，虽然研发较早，但至今依旧在碳纤维市场占据很大份额。

纤维素基碳纤维导热系数小，与生物的相容性好，是良好的环保和医用材料。但是相比 PAN 基碳纤维，纤维素基碳纤维由于制备工艺复杂，性价比较低，因此逐渐淡出了碳纤维制备的主流，目前只占碳纤维产量的很小一部分。

沥青基碳纤维的生产原料成本低，但工艺复杂，导致生产成本较高；抗压强度较低，聚丙烯腈后加工性能也不如 PAN 基碳纤维，因此生产和应用都受到限制。但是，由于沥青基碳纤维具有优良的传热及导电性能，热膨胀系数极低，在军工及航天领域仍不可或缺。

酚醛基碳纤维阻燃性、绝缘性极好，加工工艺简单，碳化效率高，手感柔软，但强度和模量较低，因此，主要被用于制作复写纸原料、耐腐蚀电线，以及特种服装。

2. 碳纤维的特点

尽管碳纤维凭借其优良的性能可以单独应用并发挥作用，然而碳纤维自身也有缺点。其轴向拉伸强度高，但剪切强度低，实际上很多碳纤维丝束甚至可以直接用指甲掐断。因此，碳纤维制品需要经过复杂的设计计算以保证碳纤维制品符合受力要求。碳纤维普遍不耐摩擦，丝束与其他物体接触摩擦会导致碳纤维丝束起毛磨损，造成碳纤维损伤，并且其摩擦产生的纤维碎屑对周围环境造成污染，甚至吸进肺部对人体健康造成损害。此外，碳纤维及其制品普遍比较昂贵，生产成本高，技术要求高，限制了碳纤维及其制品的应用推广。

由于碳纤维制备技术的不断发展进步，对于碳纤维的应用也在不断增加。虽然碳纤维可以在某些应用场合独立发挥作用，但其自身脆性大，伸长率低，直接使用的情况较少，只有将它与其他材料复合在一起共同发挥作用，才能扬长避短，真正发挥出其独特的力学特性。因此，碳纤维的主要应用方式是作为复合材料中的增强材料。

二、碳纤维复合材料及其应用

碳纤维复合材料（CFRP）具有良好的导电性、导热性和耐腐蚀性，同时因其材质密度小、抗拉强度高等优异性能，是高新技术纤维领域颇受关注的品种之一。高性能碳纤维复合材料已超越了传统的钢、钛、铝等金属材料，在航空结构材料方面具有无可替代的作用，同时也是国家防御、能源环境、土木建筑、机械电子、运动休闲等领域的重要材料。碳纤维复合材料已成为产业用纺织品中的重要高端产品，在很大程度上对国民经济的发展起到了促进作用，增强了国家的综合实力。

1. 碳纤维复合材料

在纤维织物的重要性得到广泛认识之前，复合材料的增强材料主要有短纤维和连续纤维束（长丝）两种形式，增强纤维之间未能有效地缠结，仅靠基体材料将其黏结，横向强度和抗冲击损伤等性能低。纺织加工方法可以将增强纤维加工成二维形式的纺织结构，使增强纤维按一定的规律在平面内相互交织和缠结，大大提高了材料的面内强度，改善了材料的面内抗冲击损伤性能。但是，以二维纺织结构增强的复合材料通常不是材料的最终形式，还需要通过传统的铺层加工方法制成层合结构。这种层合结构复合材料由于层与层之间缺乏有效的纤维增强，故层间性能较差，冲击损伤容限较低。为了改善层合结构复合材料的不足之处，20 世纪 80 年代起，三维纺织技术日趋活跃，出现了多种形式的以三维立体织物为增强骨架的复合材料。

目前碳纤维复合材料主要有碳纤维增强陶瓷基复合材料、碳/碳复合材料、碳纤维增强金属基复合材料和碳纤维增强树脂复合材料。

（1）陶瓷材料：广泛应用于各种工业和民用产品，具有耐腐蚀、耐磨损、耐高温以及化学性质稳定等优点。但是，其不足也很突出，如脆性大，对裂纹、气孔等细微的缺陷较敏感。碳纤维增强陶瓷材料在继承陶瓷材料优点的同时，克服了陶瓷材料的不足。目前，发展比较完善的碳纤维增强陶瓷材料是碳纤维增强碳化硅材料，其在高温下力学性能突出，在高温工况下不需要附加的隔热措施，因此在航空航天领域应用广泛。

（2）碳/碳复合材料：全称为碳纤维增强碳基复合材料，由碳纤维或碳纤维纺织品增强碳基复合材料构成。因为其结构几乎完全由人工设计制造，所以碳/碳复合材料具备很多突出特性，不仅强度和刚度大、尺寸稳定、耐氧化腐蚀和耐磨损，而且具有很好的断裂韧性和假塑性，特别是在高温工况下不熔融、不燃烧。因此，碳/碳复合材料普遍用于航空制导飞弹、火箭发动机和高速刹车盘等领域。

（3）碳纤维增强金属基复合材料：其以碳纤维作为增强相，金属材料作为基体相，比一般金属材料的比强度高和比模量高；比单纯陶瓷材料韧性高，更耐冲击。其中，碳纤维增强铝、镁复合材料的制备技术发展较为完善，但是由于其制备流程复杂、生产成本高，制约了碳纤维增强金属基复合材料的发展。

（4）碳纤维增强树脂基复合材料：是当前最尖端的复合材料之一，具有重量轻、强度高、耐高温性能出色、耐腐蚀、热力学性能优异等突出特点，因而作为结构材料或耐高温、耐烧蚀材料广泛使用，是其他纤维增强复合材料难以比肩的。

碳纤维增强树脂复合材料所用的基体树脂主要分为热固性树脂和热塑性树脂两大类型。常用的树脂基材料包括环氧树脂、双马来酰亚胺树脂、聚酰亚胺树脂以及酚醛树脂等。

碳纤维增强树脂基复合材料中，碳纤维预制骨架作为增强相起增强作用，树脂材料作为基体相把碳纤维预制件和树脂成型为整体。热固性树脂基碳纤维增强复合材料强度大、模量高、密度低、自润滑、耐摩擦，还具有耐腐蚀、耐疲劳、寿命长、抗蠕变、热膨胀系数小、耐水性好等特点。热塑性树脂基碳纤维复合材料近几年飞快发展，除高强度、高刚度、低蠕变、热稳定性好、线膨胀系数小外，还具有自我润滑、耐磨损、不损伤磨件、阻尼特性优秀等特点。

早期的碳纤维增强复合材料采用简单散乱纤维、纤维毡或者纤维布作为增强结构。随着人们对复合材料性能的要求越来越高，科学家将碳纤维布用铺层方式支撑层压板复合材料，这种铺层复合材料制作工艺简单，只需要简单的设备，依靠人工铺层就可以制成，技术很快就发展成熟，并且生产成本低。但是铺层工艺法采用在模具上刷一层树脂材料，然后贴一层纤维布的方式，树脂在制成的复合材料内部分布不均匀，各层纤维增强材料靠树脂黏合在一起，层间剪切及冲击强度低，易脱层。因此，此类碳纤维增强材料已经不能适应对复合材料要求苛刻的工况，一般用于对性能要求不苛刻的场合。

为改善铺层工艺制作复合材料层间性能差的不足，三维织物开始引入增强复合材料中。三维织物除平面内经纬交织外，还有厚度方向的纤维系统，是三维立体的空间规则结构。与普通织物相比，具有厚度大、刚度大、结构设计更加灵活多样以及可设计成异形截面等优点。现在，碳纤维增强复合材料主要以三维织物作为增强体，通过树脂传递模塑（RTM）工艺成型制造。目前，三维织物加工方法主要有针织、机织、编织和非织造。三维编织技术仿形编织能力强大，可完成复杂结构的整体编织，但对碳纤维来说，编织对纤维的损伤较严重；三维针织物增强复合材料的力学性能优势并不明显；非织造方式生产的织物以短纤维为主，并不适合碳纤维，不能发挥出碳纤维的优势。三维立体机织物靠接结纱在厚度方向上将若干层经纬交织形成的二维机织系统连接起来，形成三维立体空间网状结构。三维织物整体性能优异，并且可在现有普通织机上改造或在专用设备上生产，生产效率高，因此应用前景广阔。

2. 碳纤维复合材料的应用

当前，工业科技领域对高性能材料的需求不断高涨，碳纤维及其复合材料由于出色的性能备受关注，从 20 世纪 70 年代碳纤维开始商业化生产以来，迅速发展壮大。目前，碳纤维市场基本被国外垄断，其中日本的东丽、东邦和三菱三家企业的产能约占全球的一半，其他分量则被美国及欧洲占据。我国台湾地区由于和美国和日本的合作，也占据了全球产能的一定份额。中国大陆由于碳纤维开发比较晚，发达国家曾经对中国大陆禁运碳纤维，同时由于国外的技术封锁，中国大陆的碳纤维整体落后于发达国家。

随着科学技术的不断进步，碳纤维复合材料取得飞跃式的发展，并且广泛应用在航空航天领域。由于碳纤维复合材料独特的结构特点以及广泛的实用性，其在能源、交通、建筑以及海洋等工业行业的运用也迅速扩大。

碳纤维复合材料主要应用在以下领域。

（1）国防工业。因为碳纤维具有无弹性、质量小、导电和导热性好、刚性好等性能，人们很早就将其应用在人造卫星等航天器中。碳纤维复合材料在航空航天上的应用主要集中在航天飞行器。

（2）体育休闲用品。在体育休闲用品行业中，应用碳纤维复合材料比例最高的是各类球拍、比赛用单车、滑雪橇、棒球棒、滑雪板等。碳纤维复合材料也广泛应用在冰球棍、冲浪器具、赛艇等其他体育设备中。

（3）一般工业。近年来，一般工业对碳纤维的需求也逐渐增加，尤其是能源等领域，如风力发电叶片、飞轮、电池、油气开采等。

第二节　三维织机装备技术的国内外发展概况

三维织机装备主要用来织造立体织物，其中，最具代表性的立体织物之一是多层角联织物，它是采用沿厚度方向的接结纱线将多层排列的经纱和纬纱捆绑在一起形成整体织物。多层角联织物具有一定的厚度和较大的幅宽，可以制备多种异形骨架型材，如 T 型、L 型等。该类技术还可以通过纱线局部的弯曲和剪切变形，高效率地铺敷出复杂形体制品，用于复合材料成型工艺，可以有效减少织物铺敷过程中的铺层工作量，缩短加工周期，同时提高制品的力学性能，在汽车、船舶、风力发电等民用领域具有广阔的应用前景。采用多层角联织物制作的高级游船，成本比采用二维织物铺层的成本降低 20%，铺敷周期缩短了一半。

结构简单的立体织物可以由改进后的二维织机织造，但是近年来立体织物结构正朝着复杂化的方向发展，再加上碳纤维等复合材料的推广及应用，因此加强对织造碳纤维多层角联织物的织机和变截面织机的研究就变得越来越重要。

20 世纪 70 年代，西方发达国家就开始了对三维织机的研究与探索，目前，美国、德国、英国、澳大利亚等在复合材料三维织造设备领域都处于领先地位。日本福田（Fukuta）作为三维织机的开创者早在 1988 年就发明了可以织造多种截面形状的立体织机。Shoshanna 公司在普通提花机上添加了多经轴送经机构、经纱张力反馈装置、多层开口机构以及三维织物牵引机构，使其最终可以织造高品质三维织物。King 研究出了可织造立体正交织物的织机，该织机有三个相互独立的供纱系统，并可对纱线密度进行调节。Rzuand 首先在织机上添加了运动方向相反的浮纹装置，该织机可以织造角联织物。Anahara 首先研发出三维多轴向织造技术，后经过 Bilisik、Addis 等的探索与改进，三维多轴向织造技术已经日渐成熟，现该技术可实现多种结构的三维织物织造。

多年以来，在政府和企业的推动下，以美国为首的很多发达国家都相继制订了多个复合材料织造设备研究规划，美国对复合材料织造设备的研究规划可追溯到 1976 年，在 1976~1985 年，美国航空航天局（NASA）制订了"飞行器能效计划"，开始专注于研究复合三维纺织增强材料的织造设备及织造方法。1985~1997 年，美国航空航天局又将 1.2 亿美元投入到"先进复合技术方案计划"（ACT 计划）中，该计划将新型三维织造设备运用其中，不仅降低了成本，也使复合材料的性能有了很大提升，在 NASA 的大力支持下，科研工作者突破重重壁垒，对三维织机进行了多项改造，使三维织造设备最终可在航天、汽车、船舶、风力发电等领域广泛应用。同时在 ACT 计划的积极推动下，美国很多高校也参与到新型复合材料织造设备的研发中，如拉华特大学、德雷克塞尔大学、北卡罗来纳州大学、奥本大学等。与此同时，美国 Boeing 公司和 Atlantic 公司均将上千万美元的资金投入到三维织造设备的研究中。另外，其他发达国家如日本、德国、俄罗斯等也将大量的人力物力投入到新型碳纤维三维织造设备的研发中。近年来，德国多尼尔公司推出了用于生产碳纤维、芳纶和玻璃纤维的多尼尔剑杆织机，该设备公称幅宽 180cm，最大可用筘宽 171cm，最高机械速度 180~280r/min。在生产方面，应用了智能化自动控制技术、先进的张力检测技术和互联网技术，这些技术不仅提高了生产效率，也使织物品质有了很大提升。

在经济全球化趋势迅速发展的今天，我国也紧跟科技发展潮流，东华大学、天津工业大学、浙江理工大学以及玻璃纤维研究院都积极地投入到三维织机的研发工作中。

天津工业大学在碳纤维多层角联织物织造设备的研发过程中起步较早，在核心技术和人才培养方面占据着核心优势，研究的三维织造设备最多可织造 30 层碳纤维角联织物，技术已达到国际先进水平。东华大学分别对碳纤维织物立体织机的送经系统、开口系统、引纬系统、打纬系统进行了研究，另外还研制了多剑杆引纬织机，该织机可织造立体正交织物。浙江理工大学对三维纺织增强材料的织造工艺进行了深入的研究，尤其是对渐变形截面三维立体织物的结构、三维织造技术及碳纤维复合材料的特性有较深入的研究。

总之，我国在织造碳纤维立体织物的三维织机的研究领域虽起步较晚，但在各方面的共同努力下现已做了大量的工作，但在织造效率、自动化水平和织物品质方面还有不足，需要进一步改进完善。

参考文献

［1］周先雁，王兰彩．碳纤维复合材料（CFRP）在土木工程中的应用综述［J］．中南林业科技大学土木建筑与力学学院，2007，27（5）：26-35．

［2］李宏男，找颖华，黄承逵．纤维增强塑料筋在预应力混凝土结构中的应用［J］．建筑结构，2004，34（3）：63-71．

［3］侯陪民．我国高性能碳纤维产业化发展［J］．合成纤维工业，2009，32（1）：40-43．

［4］赵永霞．国内外高性能纤维的开发和应用［J］．纺织导报，2009（3）：40-41．

［5］李军．碳纤维及其复合材料的研究应用进展［J］．辽宁化工，2010（9）：990-992．

［6］汪家铭．聚丙烯腈基碳纤维发展与应用［J］．化学工业，2009（7）：45-50．

［7］赵晓明，刘元军，拓晓．碳纤维及其应用发展［J］．成都纺织高等专科学校学报，2015（3）：1-5．

［8］孙敏．碳纤维技术发展及应用分析［J］．煤炭加工与综合利用，2014（8）：17-23．

［9］李丹丹．碳纤维多层织机引纬系统关键技术研究［D］．天津：天津工业大学，2012．

［10］滕腾．碳纤维多层角联织机送经机构研究及应用技术研究及应用［D］．天津：天津工业大学，2012．

［11］祝成炎．3D立体机织物及其复合材料［J］．丝绸，2005（1）：44-47．

［12］Warren K C, Lopez – Anido R A, Goering J. Experimental investigation of three-dimensional woven composites［J］. Composites Part A Applied Science & Manufacturing, 2015（73）：242-259.

［13］Schnabel L I, Herrmann M I, Henninger S R N, et al. Heat exchanger of three – dimensional textile structure, use of same and method for producing same［D］. EP, 2011.

［14］杨彩云，李嘉禄. 复合材料用 3D 角联锁结构预制件的结构设计及新型织造技术［J］. 东华大学学报（自然科学版），2005，31（5）：53-58.

［15］郭兴峰. 三维正交机织物结构的研究［D］. 天津：天津工业大学，2003.

［16］任中杰. 碳纤维三维角联织机打纬装备研究与应用［D］. 天津：天津工业大学，2012.

［17］张青. 碳纤维多层角联织机引纬与卷取关键技术研究及应用［D］. 天津：天津工业大学，2012.

［18］杨彩云. 三维复合材料增强体的制备技术［C］复合材料：创新与可持续发展，2010.

［19］杨萍. 角联锁增强材料：织造工艺与复合材料的力学性能［J］. 玻璃钢，2011（1）：33-35.

［20］董奎勇. 纺纱机械设备的技术进步［J］. 纺织导报，2011（12）：60-73.

［21］张立泉，朱建勋，张建钟，等. 三维机织结构设计和织造技术的研究［J］. 玻璃纤维，2002（2）：3-7.

第二章　三维织机原理与方案设计

三维织机是一种全新的机型，与目前传统的二维织机相比，在功能上存在着许多不同。三维织机需要解决多层织物逐层引纬、一次打纬成型的有关问题，在织造工艺要求和机构设计上比二维织机更复杂，且没有现成的可供参考和借鉴的实例或资料，完全是自主研发，因此需要做大量的探索工作。

第一节　三维织物的特点

三维织物是采用编织、机织、针织、非织造等工艺，将碳纤维等高性能纤维材料交叉、排列、组合，相互作用而形成的具有实用结构、性质和形状的纤维织物，它具有孔隙结构、可大范围调节的纤维体积含量和纤维取向分布以及多样化的结构形态（线性、平面和三维），在复合材料成型工艺流程中起着十分重要的作用。它就像桥梁一样联系着复合材料的原材料系统和最终产品。纤维织物的结构与性能取决于纤维材料的本质属性、聚集特征和相互作用，同时影响着复合材料的成型、基体材料的渗透以及复合材料制品的最终性能。

一、三维织物的特点

三维织物是一种由连续纤维束在三维空间按照一定规律相互交织而成的纤维增强骨架体系。贯穿空间各个方向的纤维保证了增强结构的整体性和稳定性，使材料具有显著的抗应力集中、抗冲击损伤和抗裂纹扩展的能力。

20 世纪 80 年代中期，由于采用二维材料制造飞机结构时遇到了较多的问题，包括制造复杂结构与外形的飞机部件过于昂贵、飞机维护中发现这类材料极易因工具降下等对材料产生冲击破坏，从而使三维复合材料的研究与开发获得较快的发展。对三维机织工艺与技术、三维机织复合材料性能的研究已表明，三维机织复合材料比传统二维复合材料有许多优点：

（1）三维机织可以生产复杂的机织预制件；

（2）复杂形状的三维机织复合材料制造简单、成本低；

（3）三维机织可根据特定应用场合生产具有所需厚度方向性能要求的复合材料；

（4）三维机织复合材料具有较高的抗分层、防弹、抗冲击性能；

（5）三维机织复合材料具有较高的拉伸破坏应变值；

（6）三维机织复合材料具有较高的层间破坏韧性。

在过去的 30 多年中，为克服制造和性能方面的许多问题，科技工作者已将目光对准先进的三维结构增强复合材料。三维复合材料可以采用多种方式得到，其中包括多种方式的缝纫和 Z-棒（在传统二维织物的厚度方向层间插入复合材料短棒）等。但大多数都把注意力放在采用机织、针织、缝编、编织等技术形成三维结构物来制造三维复合材料。

二、三维角联机织物

根据三维机织物中经纱与纬纱的不同连接方式，三维机织物的主要结构形式可分为角联锁结构、角联锁加经向增强结构、机织三向织物结构。图 2-1-1 所示为机织三向织物。在这种结构中，有一组经纱（称为法向经纱）起到连接作用，它将呈伸直状态分布的经纱和纬纱相互连接成一个整体。机织三向织物作为纺织结构复合材料的预制件，织物中经纬纱线不仅沿面内分布，而且沿厚度方向分布，形成空间网状结构。这种结构不仅赋予复合材料高比刚度、高比强度等优点，而且使其具有良好的整体成型性，显著提高了层间性能和损伤容限。采用三维织造技术可以直接织制出各种形状、不同尺寸的三维机织物。

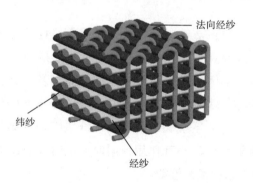

图 2-1-1　机织三向织物结构示意图

机织三向织物的显著特点是：起增强作用的经纱与纬纱在织物内几乎呈伸直状态，同时在厚度方向有一组经纱连接，从而可明显改善复合材料在第三方向（即厚度方向）的力学性能。

如果连接各层纱线的经纱呈一定的倾斜角，则所形成的结构即为角联锁结构。但由于各层之间的连接可以是各种各样的，故可形成多种形式的三维角联锁结构。图 2-1-2、图 2-1-3 即为其中最典型的两种结构。

在图 2-1-2 所示的结构中，经纱是在每两层纬纱之间进行相互连接而成为一

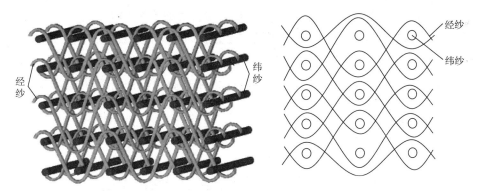

图 2-1-2　多层角联锁（层与层之间的弯交浅联）织物结构图

个整体，而图 2-1-3 所示的结构中的经纱是除在每两层纬纱之间进行相互连接外，加入了伸直的衬经纱，衬经纱系统不发生交织，起到增加经纱含量，使织物厚重结实。这两种结构在层间连接方式上的差别也将影响其增强复合材料的性能。

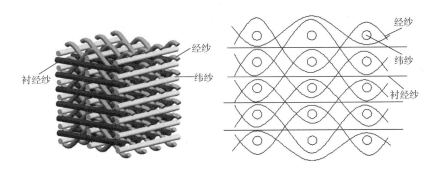

图 2-1-3　多层角联锁加经向增强织物结构图

第二节　三维织机总体设计路线

一、技术路线

以多层角联三维织机为例，其设计总体技术路线如图 2-2-1 所示。

首先根据功能要求，确定三维织机的工作原理；再根据工作原理选择实现的机构，设计出三维织机装配图；再设计出各零部件的零件图，通过虚拟装配，对机构进行检验和修正；根据工作原理和机械结构，选择驱动形式；在机构分析与设计和驱动方式选择的基础上，对系统的结构、运动学和动力学进行分析，从而对系统的功能进行进一步检验；再根据前面的驱动的选择，确定控制系统的控制策略，而后进行具体算法的编制；对简单机构进行一般的结构设计、对复杂机构进行三维设计及仿真，对控制算法进行仿真，通过实验验证最终设计出多层角联织机。

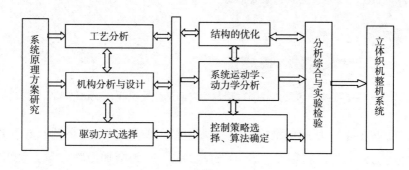

图 2-2-1　多层角联织机设计的技术路线

采用仿真和实验验证相结合的技术路线，可以最大限度地增加设计对功能实现的准确性和可靠性，增加样机设计制造的成功概率，减少人力、财力和物力的投入。

二、研究方法

研究方法应从设计理念、确定方案、单元和整体设计、元器件选型、装置研制、现场测试、数据分析等全流程入手，综合考虑。

1. 应用新理论和新技术进行创新设计

将现代纺机设计理论与工程 CAD/CAE 软件结合，对机械系统进行设计，并提出对控制系统的工作要求。采用 Solidworks 等三维设计软件对整机机构进行三维建模，运用 Pro/E 和 ADAMS 进行运动学和动力学分析，再运用 ANSYS workbench 对机构各杆件进行了静力学分析，优化机构各杆的长度，从而可以选取理想的零件设计尺寸。

将 SCP 复合管引入设计当中，借用复合管表面光滑、质量轻、成本低的特性，简化加工过程，降低加工成本；将工程陶瓷材料作为过纱件。

此外，应用光电传感技术、多电动机驱动控制技术、气动技术、信息技术、织造工艺辅助设计技术等，实现技术融合。

2. 以最终产品进行试验与检测

由于该三维织机织造的特殊性，对整机及各单元有着特殊的要求，所以为了保证织机顺利织造需要对整机以及关键零部件进行检测；同时由于织造织物的特殊性，需要对织造出的织物以及原材料进行各项指标的检测，确保织物的各项性能满足要求；也对不同结构织物增强复合材料进行性能测试分析，为多层织物和复合材料开发、大型复合材料制备、织物结构选择和成型工艺优化等提供技术支持。此外，对软件和硬件进行系统集成，运用实验方法对控制算法、通信、监控等控制环节进行试验。

第三节 三维织机的技术要求

一、设计过程需要考虑的技术难点

1. 多层织物织造过程理论和运动时序关联性研究

碳纤维多层角联织物织造工艺过程中涉及三个纱线系统之间的相互作用，特别是经纱为多层排列，织造过程中，开口、引纬、打纬、送经、卷取等各个运动具有新的特点和规律，它们之间既独立又关联，并与机器主轴的转动角度和速度有严格的时空关系。系统研究各个运动之间的相互关系，建立基于主轴的控制模型，解决各个运动机构与机器主轴的协调和同步运行。

2. 多层开口工艺与驱动机构优化

多层角联机织装备中经纱系统为多层排列，最多可为30层。如此多的经纱逐层排列时将有一定的厚度，从而纱线的开口运动变得十分复杂。同时，为了实现异形骨架的织造加工，必须采用电子提花控制每一根经纱。因此，需要系统研究多层排列的经纱的开口方式、开口张力、开口高度以及提花针的排列方式、电子提花模式等问题，优化开口驱动机构，保证织造过程中开口清晰、纱线张力恒定，从而减少纱线损伤。

3. 自适应式纬纱引入方式及锁边机构设计

在多层织物织造过程中，多层经纱排列具有一定的厚度，导致不同经纱层之间的开口位置在不断地变化，这给纬纱的引入带来一定的困难，引纬机构需要随着开口位置的不同而自动进行适应性调整，同时由于经纱层数较多，如30层经纱，纬纱依次引入经纱之间需要引纬30次（沿厚度方向排列），织物长度仅增加1纬的长度，效率较低。为了提高织造效率，拟采用多纬引入方式，需要系统研究引纬机构和打纬机构的运动规律，优化机构设计。同时由于纬纱层数较多，锁边方式和机构需要创新设计。

4. 织物卷取（牵引）机制和机构设计

多层织物成型之后需要采用适当的方式引离织口区域。多层织物具有一定的厚度，同时可能具有异形截面形状，如T型、L型、工字型或其他复杂的形状，不能采用传统的牵引机构，织物也无法弯曲成卷（薄型织物可以卷取成卷），需要设计专用的平动式牵引机构，以保证织物引离过程不变形，并与其他机构的运动协调。

5. 积极式连续平展送经机构设计

多层织物织造时在机经纱密度高、纱线根数多，如果采用目前普遍采用的纱架式送经方式，纱架的占地面积将非常巨大，无法承受。因此，需要研究新的碳纤维送经机构，减少占地面积，同时开发数字送经系统，控制经纱张力，实现积极式送经。此外，在送经过程中要保持碳纤维平展形态，要保证在退绕、输送、喂入等过程中不能加捻，这需要特殊设计送经系统。

6. 纱线张力控制和低磨损设计

碳纤维是一种强度高、刚度大、伸长小、表面不耐磨的高性能纤维，其纺织工艺性较差，对纺织工艺设备的依赖程度高。在碳纤维织造过程中，纤维与纤维之间、纤维与编织机构之间均会发生摩擦。多层织物织造时，经纱密度高，在开口、引纬、打纬等过程中纱线的摩擦严重。因此，在设备设计中处处需要体现低磨损设计理念，通过控制纱线的织造张力、织造机构的表面处理、机构运动的优化设计等措施，减少碳纤维在织造过程中的磨损，提高产品性能。

7. 自动控制技术和计算机辅助制造系统研发

为提高装备的产品适应性，采用多电动机驱动。开口、引纬、打纬、卷取、送经等均由单独电动机驱动，相互协调。由电子控制技术取代传动系统，参数设定、修改、控制、反馈等全部由PLC系统控制，达到操作简便、稳定可靠的目的。同时，研制开发界面友好的计算机辅助制造和提花设计系统，具备产品设计、开发和自动加工等功能模块，提高设备的产品适应性。

二、技术指标

1. 织机技术指标

（1）名义幅宽：1200mm。

（2）经纱层数：2~30层。

（3）开口方式：电子开口方式。

（4）引纬机构：自适应式引纬。

（5）送经机构：组合式经轴送经。

（6）织造速度：（1~2）×30 纬/min。

（7）控制系统：伺服控制、多轴联动、自动监测。

2. 织物技术指标

（1）纤维种类：碳纤维等高性能纤维、合成纤维、普通纱线等。

（2）织物幅宽：200~900mm。

（3）织物层数：2~30 层。

（4）经纱密度：2~6 根/层/cm。

（5）纬纱密度：1~4 根/层/cm。

（6）纤维体积含量：≥45%。

（7）织物规格：厚重织物、变厚织物。

第四节　三维织机功能要求

三维织机跟传统二维织机相比较，既有相似之处，又有很大区别。

一、三维织机设计原理

三维织机设计原理如图 2-4-1 所示。

（一）开口功能

开口机构的作用就是根据织物的组织要求，在指定的时间点上，控制经纱升降的次序，把经纱上下分开，形成梭口，便于引纬；等纬纱引入后，开口机构回到中间位置，梭口闭合，此时处于综平状态，这样经纱与纬纱就形成了交织状态。

开口机构按照其对织物组织的适应能力可分为凸轮开口机构、多臂开口机构和提花开口机构等，其中凸轮开口机构只能生产简单织物组织的结构，编织较为复杂的织物，凸轮外形曲线变得非常复杂，为减小凸轮压力角，需放大凸轮基圆半径，以致开口机构变得十分笨重。多臂开口机构综框升降时，开口负荷全部集中在拉刀拉钩的啮合处，局部应力特别大，导致拉刀刀口容易变形和磨损。根据碳纤维的特殊性及立体织物的要求，综合考虑上述开口机构的优缺点，三维织机采用电子提花与多臂组合式开口机构。

开口机构工作效率会直接影响整台织机的生产效率、产品适应性和织物质量，

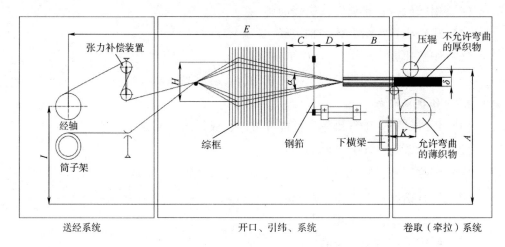

图 2-4-1　三维织机设计原理示意图

A—压辊中心到底座之间距离　B—织口到压辊中心之间距离　C—第一片综框到打纬钢筘之间距离

D—钢筘到织口边之间距离　E—经轴到压辊之间距离　H—同一织口综框上下之间距离

K—卷取辊到下横梁中心距离　I—经轴到底座之间距离　α—同一梭口上、下经纱夹角

从而对开口机构提出了更高的要求。

（1）机构简单，性能可靠，调节方便，容易管理。

（2）形成的梭口要清晰，引纬剑杆容易通过。

（3）适应低速、中速、高速运转的要求。

（4）经纬纱的交织规律要有相当大的灵活性。

（二）引纬功能

引纬机构是剑杆织机的五大核心机构之一，引纬机构的作用就是在开口机构综丝带动下，多层经纱被分成上下两层随之形成梭口后，引纬机构将纬纱及时引入梭口并且穿过梭口，为打纬做准备。该织机使用的是双侧剑带（杆）直接穿过整个梭口引纬，机器两侧左右各安装一个剑杆，但与普通织单层织物时的刚性剑杆织机的两个剑杆有所不同，普通织机是采用双侧挠性剑带，一个送纬剑和一个接纬剑，中间交接纬纱。纬纱被送纬剑剑杆带着运动到梭口中间，接纬剑接住纬纱，然后纬纱被引出梭口。也就是说两个剑杆完成的是一根纬纱，而三维织机的两侧剑杆是两个单剑杆，同时引纬，分别完成一次引纬，引纬开始时，两个空剑杆分别向各自对面运动，剑头夹持并带引纬纱穿越梭口，挂纬装置钩针钩住纬纱，剑杆退回，然后带着纬纱返回，完成一次引纬。

对于多层织机，开口一次形成两个梭口，由上、下两侧向中间逐层开口，开到中间后再向上、下两侧开，上侧开口是由中间向上移动，下侧开口是由中间向下移动，所以是一侧剑杆随升降装置从上而下逐层引纬，引到最底层后再向上返回，而另一侧剑杆则是从另一侧随升降装置自下而上逐层引纬，引纬装置运动到最上层后再向下返回。

（三）打纬功能

打纬机构的作用就是将引纬机构引入梭口的纬纱推向织口，与经纱交织形成织物。常用的打纬机构有四连杆打纬机构、共轭凸轮打纬机构、六连杆打纬机构和旋转式打纬机构等。

其中四连杆机构简单，容易制造，又能满足某些织机工艺的要求，但因筘座无停顿时间，引纬时间不能太长；共轭凸轮打纬机构可以使筘座在引纬期间静止不动，利于引纬，打纬时可以得到较高的加速度，提高打纬力，但制造难度大，加工精度要求高，达不到精度要求会造成振动噪声大。六连杆打纬机构钢筘与主轴之间的距离太小，综框的安装受到限制。对于碳纤维多层角联织物，一个断面多层纬纱，为了保证每层纬纱平展整齐，采用了四连杆摇杆与曲柄滑块机构组合式打纬机构，采用伺服电动机直接驱动，保证筘座在后死心位置停止且使钢筘垂直于布面，打纬时将一个截面的纬纱一次推入织口。由于该织机完成三十层碳纤维织造，在打纬处将排布有三十层碳纤维经纬纱参与交织，此处设计必须要考虑具有足够的打纬力才能将所有层纬纱同时打入织口。

（四）卷取功能

卷取机构的作用就是把织口处形成的织物卷到卷布辊上，同时确定织物的纬密，且必须从经轴上放松出相应的经纱。对于不同厚度的织物，这台机器设计了两种卷取机构。

1. 卷绕式卷取

对于轻薄织物，采用卷绕式卷取机构，它的作用就是把已经织好的织物引离织口，卷绕到卷布辊上，保证织造生产的连续进行，同时使织物达到一定的纬密。

2. 平移式牵引

当织物较厚或是织异形截面时，采用平移式牵引机构。三维织机所织的织物较厚，采用平行牵引机构，该机构的工作原理是依靠气缸推动五组罗拉压紧碳纤维立体织物，由伺服电动机控制，通过带轮传动和齿轮系传动系统带动罗拉转动，从而把织物从织口平行牵引出来。

（五）送经功能

织造过程中，依据织物纬密的大小，从织轴上送出相应的经纱，经纱与纬纱交织形成的织物被引离织口，保证织造过程的连续进行，确定所需的上机张力，织造过程中保持经纱张力大致稳定。送经机构的工艺要求如下。

（1）确保经纱从织机送经模块经轴均匀送出，以适应织物形成。

（2）经纱张力信号的变化反馈到送经控制模块张力控制部分，达到经纱张力自动调节。

（3）张力控制和调节系统对经纱张力的动态响应快，机器适宜中高速运行，主机控制系统要保证各个模块协调运动，保证织造顺利进行。

（4）通过两个感应元件对织轴的旋转量检测进行送经量的微调节，要对经纱的张力进行控制合理，使经纱张力更均匀。

碳纤维多层织机的送经系统包括两大部分：提花送经部分与常规送经部分。采用双层操作台布置形式，送经、张力补偿及拢纱架各部分均采用模块化设计，方便安装与维修。

（六）辅助功能

1. 储纬

提高碳纤维立体织物性能的最关键的因素之一是在织造过程中严格控制纬纱纱线张力的恒定。三维织机的储纬器应采用径向退绕的方式实现纬纱的退绕，可采用恒张力定长储纬装置。该装置的工作原理是：伺服电动机通过外部模拟量的输入或直接的地址的赋值来设定电动机轴对外输出恒定的张力，带动纱筒转动，使纱线从纱筒上径向退绕下来，靠滑道两个极限位置的传感器控制伺服电动机的径向退绕量。该装置具体工作细节是当剑头带动纬纱引纬时，滑道内储存的纬纱被消耗掉，挂有碳纤维纬纱的滑片滑到上极限位置，伺服电动机正转释放纬纱，当挂有碳纤维的滑片滑到下极限位置时，传感器接受到检测信号控制伺服电动机停止，通过滑道上下极限位置传感器来感测纱线的位置，从而确定纱线长度，实现定长储纬的目的。

2. 边撑

边撑的作用是撑开布幅抵抗织物的纬向收缩；防止织出的布宽度方向收缩，确保稳定的织口。如果不安装边撑，则倾斜过度的筘齿很快磨断边纱。由于频繁的断边导致生产不能正常进行，且边纱很快将两边的筘齿磨出沟纹。

根据织物的厚薄程度和织物的收缩特点，边撑应选不同的形式。传统的边撑形式有刺盘式、刺辊式和刺环式，该多层织机采用刺辊式边撑。

二、主要运动的时间分配及时序要求

三维织机必须满足开口、引纬、打纬、卷取和送经五大功能，对应的五大运动分别为开口、引纬、打纬、卷取和送经运动。此外，剑杆还需在竖直方向做寻位运动。为了满足各个工作运动的协调，绘制出时序图，如图 2-4-2 所示。

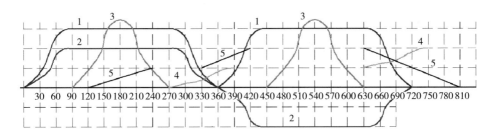

图 2-4-2　三维织机五大运动时序图

1—开口运动位移曲线　2—打纬运动位移曲线　3—引纬运动位移曲线

4—寻位移路径曲线　5—更换载纱器的时间曲线

具体说明如下：

（1）打纬运动在 0°到 90°时为回程阶段；在 90°到 270°时，打纬运动处在后死心位置的静止形态；在 270°到 360°时，打纬机构处在进程阶段。

（2）开口运动在 0°到 90°时做完开口动作；在 90°到 270°时，开口运动处在静止形态；在 270°到 360°时，开口机构做完闭口动作。

（3）引纬运动在 60°到 180°时做完送纬动作；在 180°到 300°进行回程动作；或者是在 90°到 180°时做完送纬动作；在 180°到 270°进行回程动作，其他时间处于静止形态。

（4）寻位机构在 270°到 390°是提升一个高度（一个高度一般为 2mm，其大小与经纱尺寸以及每次引纬动作次数相关），由最低位置逐渐提升到最高位置后，再逐次下降至最低位置，总高度和织物的层数有关。记提升和降低运动的次数为 n，总高度的移动值为 s，一个上升高度的值是 p，则有：

$$n = s/p \tag{2-4-1}$$

（5）卷取运动与送经运动相似，与主机部分其他主要运动相对独立，一般卷取时序在 0°到 90°范围内。

（6）送经运动是织机五大运动中必不可少的运动，但是送经机构与主机部分的其他四个机构相对独立，所以送经运动的送经时序必须准确，根据送经运动的送经原理，送经运动的送经动作时序应该在 270° 到 360° 范围内，该时序段即为综平阶段。

参考文献

[1] 杨建成. 碳纤维多层角联机织装备及技术 [J]. 纺织机械，2014（4）：88-89.

[2] 杨建成，周国庆. 纺织机械原理与现代设计方法 [M]. 北京：海洋出版社，2006.

[3] 郭兴峰. 三维机织物 [M]. 北京：中国纺织出版社，2015.

第三章 三维织机装备设计

三维织机设计过程主要通过对典型的立体织物结构及织造工艺过程进行分析，比较各种立体织物的结构性能及织造的难易程度，从而优化出适合织机的三维机织结构。最后，根据织物结构设计出符合其织造的三维织机。

第一节 三维织机设计原则与技术要求

一、设计原则

（1）以伺服电动机驱动为主，尽量简化其他控制元件的使用。

（2）设计的结构形状尽量简单，减少加工时间。

（3）尽量采用型材，减少焊接件、铸件、模具的使用。

（4）采用模块化设计，每个模块进行单独设计，各模块之间既相互独立又相互关联。

以上述为原则和基准，设计时可以简化机械机构，降低成本，提高产品的设计速度，缩短研发周期。

二、技术要求

针对碳纤维的特殊性以及所要织造的立体织物的要求，对五大功能及辅助功能提出的技术要求如下。

1. 开口

碳纤维由丝束组成，易破坏，所以开口机构中综丝眼的选择特别重要，综丝眼应做成与碳纤维截面相同的形状，这样可减少综丝眼对碳纤维的破坏。

2. 引纬

考虑碳纤维特性，设计引纬机构时，要尽量减少对纱线的摩擦。织物层数多，厚度大，引纬机构需要沿织物厚度方向能够往复移动。

3. 打纬

同一截面上 30 层纬纱引完以后，一次打纬，增加了层与层之间纬纱的摩擦力，因此采用预打纬装置，将每纬纬纱从梭口处送到织口处，再进行打纬，减少对碳纤维的摩擦。

4. 卷取

由于织物较厚，设计卷取机构时应考虑机构能够把织物平行牵引出来的方式。

5. 送经

碳纤维剪切强度低，所以送经机构尽量使经纱路线呈直线，降低对碳纤维丝束的破坏；而且每层纱线的张力控制精度要求很高，保证各个经轴上的纱线张力一致。

第二节　三维织机组合式开口机构设计

开口装置是为碳纤维多层织机量身定做的一套装置，在很大程度上提高了碳纤维复合材料作为结构工程框架材料的性能。作为织机五大机构之一的开口机构，其性能的优劣会直接影响织物性能的高低。

一、开口机构设计要求

在织机上，得到织物必须要有经纬纱的交织，而经纱有规律的上下分层是实现经纬交织的重要环节，经纱上下分层所形成的供引纬器引入纬纱的通道叫做梭口，纬纱引入梭口后，经纱再次重复形成梭口，这种往复的运动简称开口。开口机构一般由提综、回综与升降控制这三个部分组成。

一般来说，经纱断头率的高低是评定开口机构性能好坏的关键，降低断头率也是开口机构设计的要点。因此，开口机构的设计就是以降低经纱断头率为目的来考虑其结构形式。不考虑其他机构以及经纱质量的影响，单就开口机构而言，造成经纱断头的原因如下。

（1）开口太大，经纱过分伸长，经纱张力超过断裂强度。

（2）开口太小，梭子进出梭口时，经纱受挤压，造成边经断头。

（3）综框前后晃动，使综眼对经纱的摩擦加剧，造成经纱断头。

（4）综框在转变运动状态的瞬时，如由静止进入运动或者由运动进入静止，往往由于加速度的突变而产生震动。这时梭口正满开，纱线处于绷紧状态，综眼又是由很细的钢丝制成，综框的振动就使得综眼犹如一个锐利的刀口在绷紧的纱线上冲割。车速越高，震动越剧烈，经纱断头也越多。

设计一个既能保证梭子顺利越过，又能使开口高度最小的梭口，能降低经纱张力。经纱张力与经纱开口高度的平方成正比。将开口高度为100mm的梭口与开口高度为120mm的梭口相比较，后者的张力变化将较前者增加44%，可用下式得出：

$$\frac{120^2 - 100^2}{100^2} \times 100\% = 44\%$$

由此可见，经纱开口高度对经纱张力影响很大，所以在保证梭子能顺利通过的情况下，尽可能使开口高度最小。

除了上面提到的设计要点，对开口装置的设计又提出了新的要求。对于多层角联织物，由于织物组织决定着提综顺序，开口装置必须满足以下要求。

（1）开口装置必须能满足织机经密与幅宽的要求，这就要求开口装置最少能同时实现对两万多根经纱的控制。

（2）开口装置必须满足对角联锁织物、增强角联锁织物、深角联锁织物这三种重要织物的织造。

（3）开口装置要很好地适应碳纤维易剪切起毛的特性，因此，在保证引纬能够顺利进行的情况下，开口高度要适当减小，降低开口装置对碳纤维的剪切力。

二、开口工艺分析

下面主要针对该织机所能织造的织物结构和织物形成过程进行详细分析，为开口装置的设计提供依据。深角联锁织物、角联锁织物和增强角联锁织物的效果图如图3-2-1~图3-2-3所示。

图 3-2-1 深角联锁织物

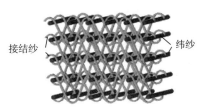

图 3-2-2 角联锁织物

以最具代表性的角联锁织物结构为例进行纱线动作分析，如图3-2-2所示，可以看到每层经纱都是两两角联交织在一起的，与传统的织物相比，其开口动作变得复杂，以五层角联锁织物为例，具体的开口动作分析如下。

图 3-2-4 表示的是接结纱还未开始动作时纱线的一个初始排列状况，从图中可以看到所有的经纱分成四行四列，并且红色列经纱与蓝色列接结纱间隔排放，等待第一个开口动作进行。

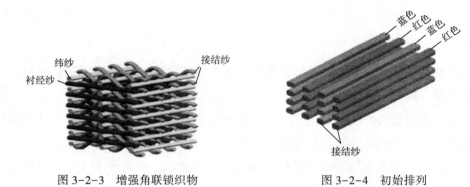

图 3-2-3　增强角联锁织物　　　　　　图 3-2-4　初始排列

如图 3-2-5 所示，采用一次开 5 个口，同时引入 5 纬的方式进行开口动作。如图所示，蓝色列接结纱上升一个经纱层间距的高度，红色列接结纱下降一个经纱层的高度，这样，就形成了 5 个织口，接下来同时引入 5 纬，完成第一次经纱层与层之间的交织。

如图 3-2-6 所示，与第一次蓝色列与红色列接结纱动作方向相反，蓝色列接结纱下降一个经纱层间距的高度，红色列接结纱上升一个经纱层间距高度，再次形成 5 个织口，同时引入 5 纬，完成经纱层与层之间的第二次交织。

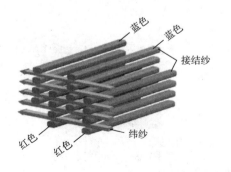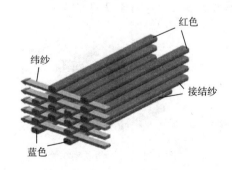

图 3-2-5　第一次形成梭口　　　　　　图 3-2-6　第二次形成梭口

图 3-2-7 所示是经过 2 次开口与 10
次引纬、最后再经过 1 次打纬所形成的角
联锁织物。

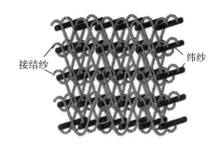

图 3-2-7　形成的织物

此种方式得到的织物一次开口形成的
梭口为 5 个，这种开口方式对梭口的位置
精确度极高，除此之外，由于一次开口形
成 5 个织口，其开口总高度为 5 个织口高
度与纱层厚度的总和，这样会导致纱线的
折弯程度过大，造成断纱等情况。除此之外，一次引入 5 纬对引纬机构的力学性能
要求同样比较高，以此方法织造 30 层织物需要满足更严苛的要求。该织机所能织
造的最大层数为 30 层，对于这种开口方式而言，无法满足其要求。因此，对编织
工艺进一步分析研究，采用一次形成上下两个梭口的形式开口。下面以四层角联
锁织物织造为例分析开口动作。

如图 3-2-8 所示，1、2、3 分别代表第一、第二、第三层接结纱，其中 a、b
分别代表各层接结纱的奇数与偶数根纱线，例如，1-a 代表第一层接结纱的奇数
根，1-b 代表第一层接结纱的偶数根。起初各层接结纱从上到下依次排布。

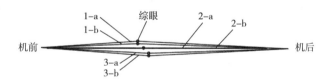

图 3-2-8　经纱初始排布

图 3-2-9 所示为经过一次开口后形成的梭口，各层接结纱排布如图所示，其

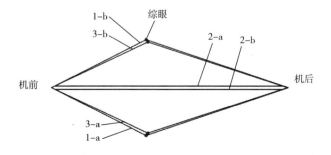

图 3-2-9　第一次开口后经纱位置

动作为第一层奇数根接结纱 1-a 下降，偶数根接结纱 1-b 上升，同时，第三层奇数根接结纱 3-a 下降，偶数根接结纱 3-b 上升，最终形成两个梭口，通过两次引纬，完成第二层与第三层接结纱之间的第一次交织。

图 3-2-10 所示为经过第二次开口后形成的梭口，从图中可以看出第二层接结纱奇数部分 2-a 上升，接结纱偶数部分 2-b 下降，同时，接结纱偶数部分 1-b 下降，奇数部分 1-a 上升，再次引纬，完成第一层接结纱与第二层接结纱的第一次交织。

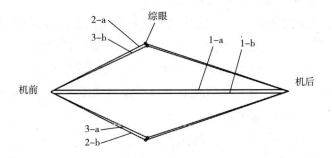

图 3-2-10　第二次开口后各层经纱位置

图 3-2-11 所示为经过第三次开口后形成的梭口，各层接结纱排布如图所示，通过两次引纬，完成第二层接结纱与第三层接结纱的第二次交织。

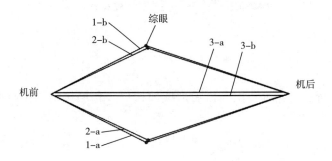

图 3-2-11　第三次开口后各层经纱位置

图 3-2-12 所示为经过第四次开口形成梭口时各层接结纱的位置，通过第四次引入双纬，完成第一层接结纱与第二层接结纱的第二次交织，然后经过一次打纬形成最终的织物，如图 3-2-13 所示。

此种开口方式能够很好地适应 30 层织物的织造工艺，一次开口形成两个梭口能够很好地解决一次开多个口、造成梭口高度过大无法织造的难题。

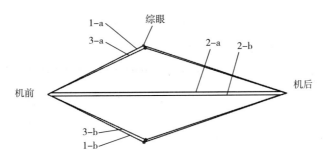

图 3-2-12 第四次开口后各层经纱位置

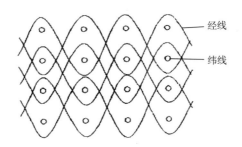

图 3-2-13 四层角联织物侧向截面图

三、开口机构设计

开口机构设计成电子提花机和气动驱动的多臂开口装置组合形式。设计内容主要包含以下几个方面。

（一）提花机针数与提花机龙头安装高度的确定

提花机整体结构可分为提花机龙头、目板和主机三个部分。龙头是提花机的核心，用来控制织机上每根经纱的升降顺序；目板是用来保证通丝均匀分布，控制通丝排列顺序和上机幅宽；主机是完成开口的主体设备。

开口机构配备 6912 针型的大型电子提花机，共包含 24 列针，提花机每列 6912/24＝288（针）。碳纤维增强角联锁织物是本织机所能织造的最复杂且织物层数最多的织物结构。其经纱层数包含 60 层接结纱和 29 层衬经纱，即总的经纱层数为 60+29＝89（层），按碳纤维 T300-6K 与最大经纱密度 6 根/层/cm 计算，总共经纱根数为 21600 根，所以每层经纱数为 21600/89＝243（根），采用每列提针一吊四的方式，每列可吊 288×4＝1152（根）经纱，大于 4 层经纱总数 4×243＝972

（根），所以 6192 针型提花机能满足选用要求。

提花机安装高度对梭口高度有重要影响，下面对提花机的安装高度进行分析，根据安装尺寸确定提花机支撑架的具体尺寸。

如图 3-2-14 所示，L 为从目板到综孔的距离，A 为半开口高度，B 为 30 层经纱总厚度的一半，C 为 30 层经纱中间层离地面的高度。现已知织机底座距 30 层经纱中间层的距离 $C=920\text{mm}$，30 层经纱进入织口时的高度为 32mm，每层开口高度 100mm，所以综平位置离综孔的距离 $A=50\text{mm}$，现在只需要确定海底板到综孔的距离 L。查阅资料可知，L 以纹针提升最大时其接头或塑料套管不会触碰到海底板为度，过长会增大综丝晃动，过短则会影响织造，所以此处选择 $L=200\text{mm}$，这样就确定了织机海底板到地面的距离 $h=920+16+50+200+D=1186$（mm）$+D$，其中 D 的选择要保证 θ 大于 60°。

根据图 3-2-14 分析得到的数据，设计提花机支撑架，由于提花机支撑架所承受的压力非常大，设计时提花机支腿并不是与地面垂直的，而是有一个很小的夹角，这样就提高了整个支架的稳定性，提花机支撑架三维实体图如图 3-2-15 所示。

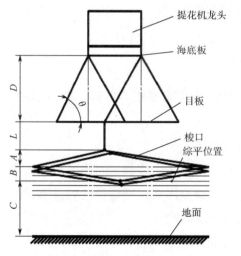

图 3-2-14　目板距织机底座距离简图

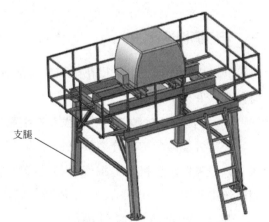

图 3-2-15　提花机支撑架三维实体图

（二）提花机主轴运动分析

提花机主轴转速以及主轴运动所引起的开口时序的正确性是保证织机正常工作的根本。该提花机传动方案简图如图 3-2-16 所示，伺服电动机带动蜗轮蜗杆减速机，减速机减速比为 1：40（织机转速 30r/min，提花机主轴转速 15r/min，伺服电动机转速 600r/min）减速机输出端与提花机主轴用一个万向联轴节连接，主轴通过一偏心轮机构带动提刀做上下往复运动，提刀带动选针器的运动钩上升或下降，通过电磁阀通电或不通电来控制提花机纹针提升或不提升，从而控制相应的经纱。

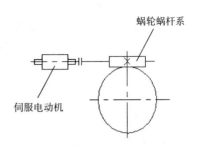

图 3-2-16　提花机主轴传动方案机构简图

由于织机开口机构在运行过程中分为开口、静止、闭合三个阶段，这就决定了提花机主轴不能一直处于运动状态，一个循环内应该包含加速—静止—加速这三个阶段。保证织机正常运转，必须保证织机各个机构动作顺序的相互配合，即各个机构开始与结束的时间要有严格要求。因此，必须研究织机的时序图，根据时序图确定主轴的运动时序，只有保证主轴按正确的时序运动才能保证开口动作的准确。

由图 2-4-2 三维织机五大运动时序图可以看出，通常以织机上钢筘运动到织机的前死心位置处作为织机每一转的开始时间，规定此时曲轴的曲拐所处位置（即 0°）为曲轴转动的起始点，曲拐每转一周为 360°。曲轴一转就完成一次开口—引纬—打纬—卷取—送经的运动循环。该三维织机与二维织机五大机构运动的搭配不同之处在于：它是完全依靠独立的伺服电动机通过程序控制的，所以每个机构运动的速度与运动开始与结束的时间都是严格按照程序执行的。

现在以 2s 匀速转动作为织机的一个绝对周期（织机速度 30r/min，即 2s 一转），时序图上所有时间都是以绝对周期为基准的，0° 为筘座摆到最前方的位置（每次引纬后打纬时）。开口机构在 90° 时梭口接近满开，在 90°～270° 经纱相对静止不动（伺服电动机慢速转动），等待引纬，270° 时梭口开始闭合，360° 综平并开始第二个开口运动。整个 360° 可以分为三个部分，0°～90° 为开口阶段，为正弦加速运动，且占四分之一个周期，时间为 0.5s。90°～270° 为静止时间，且占二分之一个周期，时间为 1s。270°～360° 为回综阶段，运动规律为正弦运动，占整个周期的四分之一，时间为 0.5s。通过分析，提花机主轴电动机的运动速度以及运动时刻就能确定下来。

（三）提花机主轴力矩大小的确定

提花机主轴力矩是提花机工作时的主要参数之一，选择合适的力矩能够很好地降低能耗。提花机的力矩大小取决于刀箱以及其他机构的运动参数，同时也取决于通丝提升时的工艺阻力。提花机单根通丝受力情况如图3-2-17所示。

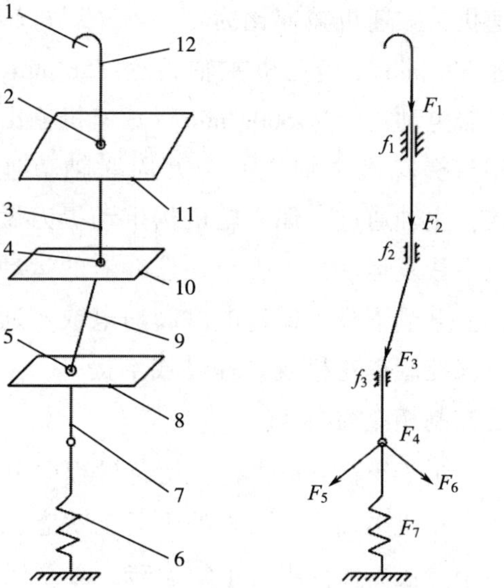

下面就摩擦力对纱线张力的分布影响进行定量计算，图3-2-18所示是一个微元力学分析模型，纱线绕到圆弧面上时张力 T_A 与 T_B 的关系是随着纱线与圆弧面的摩擦力以及纱线与圆弧面的接触长度的变化而变化，现用隔离物体法对该模型进行分析。

微分元两端的张力分别为 $T_A = T(\theta)$、$T_B = T(\theta + \mathrm{d}\theta)$，法线方向圆弧面与纱线的支持力为 $\mathrm{d}N$，纱线与圆弧面的摩擦力为 $\mu\mathrm{d}N$，可以得到：

图 3-2-17 单根通丝提升时力学模型

1—提刀 2—海底板孔 3—首线 4—上分隔板孔
5—目板孔 6—回综弹簧 7—综丝 8—目板
9—通丝 10—上分隔板 11—海底板 12—竖针

切线方向分力

$$T(\theta + \mathrm{d}\theta)\cos\frac{\mathrm{d}\theta}{2} - T(\theta)\cos\frac{\mathrm{d}\theta}{2} + \mu\mathrm{d}N = 0$$

$$(3-2-1)$$

法线方向分力

$$-T(\theta + \mathrm{d}\theta)\sin\frac{\mathrm{d}\theta}{2} - T(\theta)\sin\frac{\mathrm{d}\theta}{2} + \mathrm{d}N = 0$$

$$(3-2-2)$$

$$T_B = T_A e^{-\mu\theta} \qquad (3-2-3)$$

为了便于分析，做出以下理想化的假设。

（1）通丝在工作时不会因为受力而发生弹性变形而被拉长。

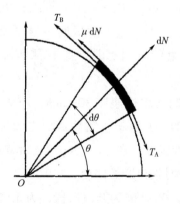

图 3-2-18 微元力学分析模型

（2）忽略对本分析影响微小的因素，如综丝与经纱、各通丝之间以及与空气的摩擦力，同时忽略通丝本身及与通丝连接的小部件的重力。

（3）由于首线刚度大、质量小，从通丝上传过来的载荷直接不加改变地传给了竖针。

根据图 3-2-18 的模型，结合绞盘公式 $T_B = T_A e^{-\mu\theta}$，可以推导出通丝拉力：

$$F_1 = (F_7 + KS) \times e^{f_1\alpha_1 + f_2\alpha_2 + f_3\alpha_3} + ma \qquad (3-2-4)$$

其中：f_1、f_2、f_3 分别是综丝与目板孔、上分隔板孔以及海底板孔的摩擦系数；a_1、a_2、a_3 分别是综丝与目板孔、上分隔板孔、海底板孔的包角；K 代表弹簧刚度；S 为弹簧伸长量。

根据机械原理有关机构动力学理论，主轴力矩为：

$$M = \sum_1^n F_i v_i \cos a_i / \omega + \sum_1^k M_i \omega_i / \omega \qquad (3-2-5)$$

其中：F_i 为作用在第 i 个运动构件上的力；v_i 为第 i 个构件提升速度；a_i 为 F_i 与 v_i 的夹角；ω 为提花机的主轴转速；M_i 为第 i 个运动构件的转矩；n、k 分别表示做提升与转动构件的个数。

（四）串联式多臂开口机构具体结构的确定

基于 Solidworks 具有专门的装配设计模块，采用自下而上的装配方法，即从零件设计开始，几个零件组成一个初级部件，几个初级部件组成一个高级部件，逐级向上级递推，最后完成产品的总装配图。

1. 建立零件模型

零件模型是运用计算机辅助设计软件对实体零件进行参数化虚拟建模，它包括实体零件的几何外形参数和零件实体属性参数。几何外形参数主要用于精确模拟零件实际外形尺寸，零件实体属性参数则包括零件加工方式、原材料等。

2. 建立部件模型

部件模型用于对实体工作部件进行参数模拟，它由实体部件外形参数和实体部件属性参数构成。部件几何模型由一系列下级零部件模型装配而成，它首先描述一个高级部件与下级零部件间的装配主从关系，同时描述其下级零部件间装配及定位关系。部件属性则包括部件名称及其附加属性。

3. 建立产品总装配模型

处于产品分级装配树最顶端的部件模型就是产品的总装配模型，它模拟了实际产品总装配效果，总装图可以是对现有设备的总体反映，也可作为未知产品的虚拟预测。图 3-2-19 为 Solidworks 环境下建立的碳纤维多层角联织机的串联式多臂开口机构模型图。

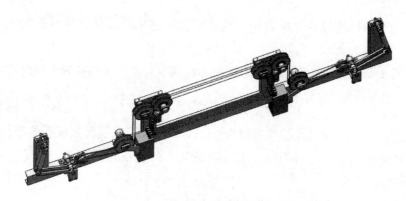

图 3-2-19 串联式多臂开口机构模型图

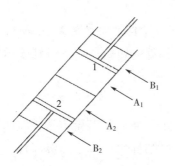

图 3-2-20 串联式气缸简图

串联式气缸的工作原理：气缸可以停三个位置，如图 3-2-20 所示，当电磁阀 1 和电磁阀 2 都通电时，此时 A_1 口和 A_2 口进气，气缸 1 和气缸 2 的活塞杆同时伸出，经纱提升两个开口量，在最上位，当电磁阀 1 和电磁阀 2 都断电时，B_1 口和 B_2 口通气，气缸 1 和气缸 2 活塞都缩回，经纱不提升，在最下位置，当电磁阀 1 和电磁阀 2 有一个通电，另一个断电，即 A_2 口和 B_1 口通气或 A_1 口和 B_2 口通气时，一个气缸的活塞杆伸出，另一个不伸出，经纱提升一个开口，在中间位置。实现了经纱的三个位置。

串联式多臂开口机构采用串联式气缸为动力源，气缸一端与提综臂铰接，提综臂与提综钢丝相连，绕过两个滑轮与综框连接，每一个气缸控制一页综框，总共有四页综框。通过图 3-2-21 所示的串联式多臂开口机构的主视图以及俯视图的放大视图，能够更好地了解此机构的工作原理。

从图 3-2-21 中可以看出，每个提综臂控制两根提综钢丝，两根提综钢丝分别连接在综框的左右两端，通过一个串联式气缸控制综框的提升运动，下降运动采用消极式弹簧回综。该装置必须保证气缸、提综臂、滑轮以及该气缸控制的综框在一个平面内，这样才能保证综框顺利地提升且不会对综框两侧滑道产生过大摩擦，进而导致提综臂受力过大，影响提综臂寿命。该装置中的提综臂在运动过程中会受到来自气缸的比较大的冲量，所以必须对整个机构进行运动学分析研究，确保综框运动可靠。从图可知，提综臂受力较大，因此必须对提综臂进行静力学刚强度分析。

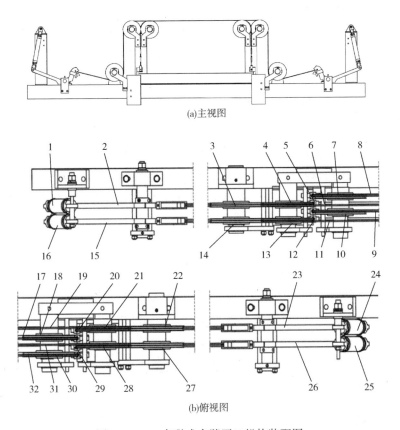

(a)主视图

(b)俯视图

图 3-2-21　串联式多臂开口机构装配图

1—串联式气缸一　2—提综臂一　3—滑轮一　4—滑轮二　5—提综钢丝一　6—提综钢丝二　7—滑轮三
8—提综钢丝三　9—提综钢丝四　10—滑轮四　11—提综钢丝五　12—提综钢丝六　13—滑轮五
14—滑轮六　15—提综臂二　16—串联式气缸二　17—提综钢丝二　18—滑轮七　19—提综钢丝三
20—提综钢丝七　21—滑轮八　22—滑轮九　23—提综臂三　24—串联式气缸三　25—串联式气缸四
26—提综臂四　27—滑轮十　28—滑轮十一　29—提综钢丝八　30—滑轮十二
31—提综钢丝四　32—提综钢丝五

四、开口装置三维软件集成设计与仿真

(一) 现代设计方法概述

Computer Aided Innovation （CAI）即计算机辅助开发设计，是现代设计的发展方向。经过一个多世纪的变迁和发展，机械产品的设计已经由 20 世纪中期的技术设计发展到现在的高速计算机辅助创新设计。期间机械产品的发展历史也是设计者追求先进设计方法及理论的发展史，在这个过程中，设计人员经历了漫长的创

造、创新和设计制造的历程。

随着当今科学技术的发展与计算机技术的广泛应用，市场竞争已逐渐趋于国际化、动态化和多元化。目前，我国国民经济各部门对质量好、效率高、消耗低、价格便宜的先进机电产品的需求越来越迫切，但产品设计是决定该产品使用性能、生产质量、应用水平和经济效益的重要环节。传统机电产品设计突出的是：以强度和低压控制为中心的安全系数设计、经验设计、类比设计和机电分离设计，也就是所谓的常规设计。而现代设计方法则强调创新性，以计算机等辅助设备为手段，运用工程设计的新理论、新方法，得到最优化的计算结果，设计过程日趋高效化与自动化。因此，运用现代设计方法可以适应市场竞争的需要，提高设计质量并缩短设计周期，可有效降低产品设计成本，降低设计人员工作强度。

近年来，随着科学技术的快速发展，用户对产品功能的要求日益增多，产品复杂性增加，产品使用寿命周期缩短，更新换代速度加快，机械产品的设计方法更趋科学性、完善性，计算精度需求越来越高，计算速度越来越快。在常规设计方法的基础上更趋于现代设计方法的应用。现代设计方法是一种工程性活动，也是一个综合学科、方案决策、反复迭代和寻求最优解的过程。现代设计方法具有以下四个方面的特点。

（1）现代设计方法是设计理论、方法的延伸，思维的变化及设计范围的拓展。

（2）现代设计方法涉及多种设计技术、理论与方法的交叉综合。

（3）设计手段精确化，设计媒介计算机化，设计过程自动化与虚拟化、并行化、最优化和智能化。

（4）面向产品应用前景的可行性设计及多种设计实验方法的综合应用。

要对复杂的机械系统进行精确的静力学分析与动力学仿真研究，一种比较流行的解决方案就是将专业的 CAD 软件和专业的 CAE 软件进行结合，先用 CAD 软件建立复杂机械系统各零部件的精确三维实体模型和机构的装配图，然后导入 CAE 软件环境下，添加驱动力和约束副，最终形成系统的虚拟样机，并在虚拟样机上进行仿真研究。本书采用 Solidworks 软件进行碳纤维多层角联织机送经机构各部件的三维建模，并利用的 ANSYS 进行结构静力分析，最后集成软件 ADAMS 进行运动学和动力学仿真，在碳纤维多层角联织机送经机构的现代设计与制造过程中，极大地提高了设计工作效率，降低了设计成本，同时确保了产品质量。

(二) Solidworks、ANSYS、ADAMS 联合仿真

由于本设计的动力源是串联式气缸，气缸的动作是瞬间的，会产生一个比较大的冲量 I，如果钢丝绳与弹簧变形产生的力以及综框重力等不能抵消这个冲量 I，综框开始运动的瞬间速度会有一个很大的变化，挂在综框上的综丝也会随着综框的速度变化而变化，并直接反映在综眼的运动上。在梭口形成的过程中，经纱受到拉伸、弯曲和摩擦的机械作用，这些作用是由于综框运动以及纱线工作区域内其他机件相对于经纱的运动引起的。梭口一次又一次的形成，这些作用也就一次又一次的重复，从而引起纱线的疲劳及其结构破坏，最后导致断纱断头。此外，经纱张力的变化会直接影响到织机的生产率、织物的结构、织物的外观和力学性能等工艺指标。由于碳纤维无捻、无弹性、易折断、容易劈叉起毛，如果剪切强度过大，产生的毛丝将会慢慢扩大，拥挤在钢筘一侧无法顺利穿过钢筘，最后造成开口不清，无法织造。

由于本机构是一个柔性与刚性体的组合机构，现有的 ADAMS 软件的柔性体模块还不够完善，所以必须通过 ANSYS 生成柔性体导入到 ADAMS 中进行联合仿真才能更真实可靠地反映综框的运动规律。具体步骤如图 3-2-22 所示。

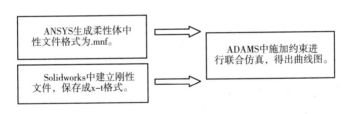

图 3-2-22 联合仿真流程图

在 ADAMS 中分析一个零件的动力学特性时，如果把这个零件当做刚体处理时，其分析结果和实际有很大误差，也就是说实际情况不得不考虑它的柔性特点对运动特性的影响，因此，需要对它进行柔性化处理。使用 ANSYS 中的特有模块可以对零件进行柔性化处理。柔性化处理的关键在于刚性区域的建立，只有生成了刚性区域，柔性体零件才能在整个装配体中与其他零部件连接，刚性区一般是一个面或点。下面我们对提综钢丝进行柔性化处理以及刚性区域的生成示例如下。

将在 Solidworks 中建好模的零件导入 ANSYS 中，然后添加 mass21 质量单元，具体操作为 Preprocessor—element—type-add/edit/delete，选择 add，添加 mass21 质量单元。接下来对添加的质量单元进行编辑，编辑 mass21 质量单元具体步骤为

Preprocessor—real constant—add/edit/delete，在对话框中填写属性，如图 3-2-23 所示。

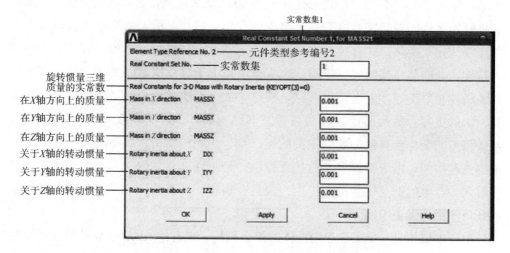

图 3-2-23   mass21 质量单元的添加

创建 key points，具体步骤为 Preprocessor—modeling—create—key points—in active Cs，通过关键点可以建立与外部零件连接的刚性区域，通过关键点生成刚性区域的具体步骤为 Preprocessor—coupling/ceqn—rigid region，选择 interface nodes 附近的区域（这里是指可能受力或约束的那些节点），由于外部节点有两个，即有两个与外部零件连接的区域。图 3-2-24 中被圈出来的部分就是建立的两个刚性区域，通过这两个区域能实现与外部零件的连接。

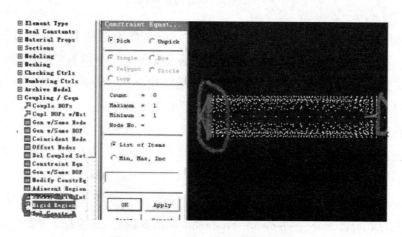

图 3-2-24   ANSYS 中生成刚性区域

执行 Solution—ADAMS connection—Export to ADAMS 命令，导出 .mnf 文件，ANSYS 中导出的 .mnf 文件如图 3-2-25 所示。该 .mnf 文件包含了柔性体的质量、质心、转动惯量、频率、振型等信息。

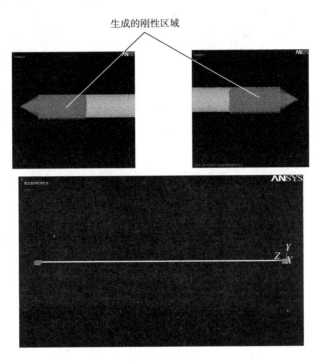

图 3-2-25　ANSYS 中钢丝绳 .mnf 文件

上文所介绍的是在 ANSYS 中生成柔性体文件 .mnf 的具体过程，导出来的 .mnf 文件可以直接在 ADAMS 中打开，完成了两个软件完美对接。接下来在 Solidworks 中对串联式多臂开口机构的提综臂建模，保存成 x-t 格式的文件导入到 ADAMS 软件中，最后对滑轮、综框以及回综弹簧进行简化处理。由于柔性体钢丝绳与滑轮是一个无滑动的摩擦连接，在 ADAMS 中可以采用齿轮齿条的约束方式代替这种摩擦连接，并假设综框是一个质量方块，钢丝绳一端连接在方块的重心处。弹簧用弹簧副的方式加入到质量块的下表面中心位置处，将各部件导入到 ADAMS 中并施加好约束如图 3-2-26 所示。

采用的是一个冲量 $I=Ft$ 模拟气缸的推力，气缸缸径为 6cm，气缸适用压力为 4kgf/cm^2，所以 $F=PA=4×3.14×9=113$kgf/cm^2 $=1130$N，气缸的作用时间为 0.2s，所以 $I=Ft=1130×0.2=226$N·s，选用的钢丝绳的弹性模量为 140GPa，通过改变气泵气压以及弹簧刚度，得出最佳运动曲线图如图 3-2-27、图 3-2-28 所示。

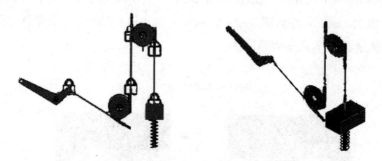

图 3-2-26　ADAMS 模型连接方式图

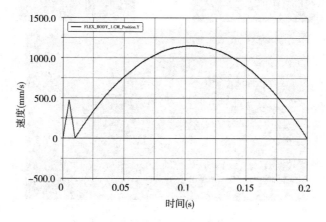

图 3-2-27　综框质心垂直方向速度曲线

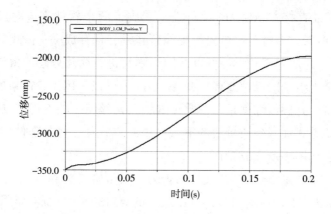

图 3-2-28　综框质心垂直方向位移曲线

通过综框的质心速度曲线图可以看出，刚开始气缸在很短的时间内速度发生突变，由于弹簧以及钢丝绳的缓冲作用，速度突变相应减少了，随后速度成抛物线变化，是符合实际需要的；通过质心位移曲线图可以看到综框的运动曲线是比较平滑的，这样有利于减少纱线的剪切损伤。

（三） 串联式多臂开口机构提综臂静力学结构分析

提综臂为串联式多臂开口机构的主要受力部件，由于安装位置的限制，提综臂设计尺寸仅仅为 10mm。然而提综臂在运动的过程中受到经纱张力、回综弹簧拉力以及综框重力等多个力的作用。对于相对薄弱的销轴孔会受到销轴对其的一个非常大的压力，所以必须对提综臂进行静力学分析，确保销轴孔不会受压而损坏。提综臂所受的主要载荷为经纱张力以及综框的惯性力，根据这两个力的变化情况，有四种受力情况可能最危险。

（1）梭口满开，综框即将静止，动态经纱张力达到最大值，各构件的惯性力为零。

（2）梭口接近满开，综框即将静止，动态经纱张力也为最大值，各构件惯性力不等于零。

（3）梭口开始闭合，综框开始运动，动态纱线张力为最大值，各构件惯性力不等于零。

（4）手动操作在梭口接近满开位置时，静态经纱张力亦将达到最大值。

无论是开口还是闭口，综框在平综位置以上运动，经纱张力的垂直分力总是向下的，而惯性力则向上的。综框在平综位置以下运动，则经纱张力的垂直分力则向上，综框惯性力向下，因此，经纱张力和综框惯性力总是相互抵消一部分，就使得综框的受力较第一和第四种情况要小得多。第一种情况的经纱张力比第四种情况大，所以第一种情况是开口机构受力最大的时刻。因此，只需要分析第一种情况时提综臂的受力情况，确保提综臂符合使用要求。

1. 几何模型的导入

在 ANSYS 中建立零部件模型的方法有以下两种。

（1）直接法。直接在 ANSYS 中根据机械结构的几何外形建立节点和元素，由于 ANSYS 软件的模型建立模块使用较为复杂，因此直接法只适用于简单的机械结构系统模型的建立。

（2）间接法。先由常用的三维作图软件如 Solidworks、Proe 等建立模型，再通过接口软件导入 ANSYS 中进行分析，这种操作方式可简化模型的建立过程，适用于结构较为复杂的机械结构系统的导入。本次校核采用 Solidworks 实体建模，再把模型导入 ANSYS 软件中进行分析。实体模型几何图形建立之后，由边界来决定网格，即每一线段要分成几个元素或决定元素的尺寸。确定了每边元素数目或尺寸大小之后，ANSYS 的内部程序即能自动产生网格，即自动产生节点和元素，并同时完成有限元模型。

从 Solidworks 中建立的模型导入 ANSYS 中的方法是：在 Solidworks 中建立好提综臂模型，然后另存为 Para（＊.x-t）文件，再在 ANSYS 中导入该格式的文件即可。

提综臂零件导入 ANSYS 后，为了便于分析，需对其受力模型进行简化，简化后的受力简图如图 3-2-29 所示，其中 *AB* 段为 330mm，*AC* 段为 150mm。

图 3-2-29　提综臂受力简图

2. 划分网格

利用 ANSYS 的网格类划分功能，对网格划分的各种属性进行设置。网格划分可分为：属性分配设置、智能划分水平控制、单元尺寸控制、划分形状设置以及网格划分、细化网格控制。

提综臂模型网格划分采用智能划分水平控制来设置智能网格划分尺寸精度。ANSYS 将智能网格划分水平分为 10 级，其中第 10 级是最粗略划分，默认水平为 6级，本次模型网格划分选 6 级。采用 solid45 单元类型进行单元网格划分后如图 3-2-30 所示。

3. 载荷的施加

施加载荷可知道提综臂在承受静载荷下的应力应变情况。由于自重的影响，在 ANSYS 有限元分析中，需要注意以下两点。

（1）ANSYS 将重力以惯性力方式施加，所以输入重力加速度时其方向相反。

（2）在材料特性中需输入质量密度 DENS。

4. 计算结果分析

通过对提综臂导入到 ANSYS 中进行的有限元分析，可得到提综臂在承受载荷的情况下的最大应力应变情况。图 3-2-31 表示的是提综臂的应力云图，从图中可以看出最大应力为 0.49MPa，满足使用的最大应力要求。图 3-2-32 为提综臂的应变云图，从图中可以看出最大的变形发生在孔的四周，且最大变形量 1.51×10^{-8}m，能够满足使用要求。

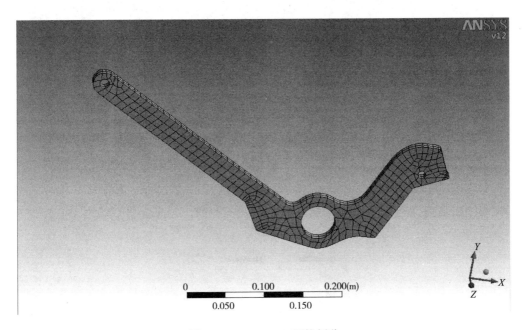

图 3-2-30 ANSYS 网格划分

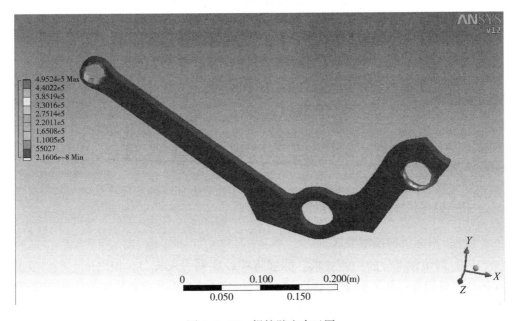

图 3-2-31 提综臂应力云图

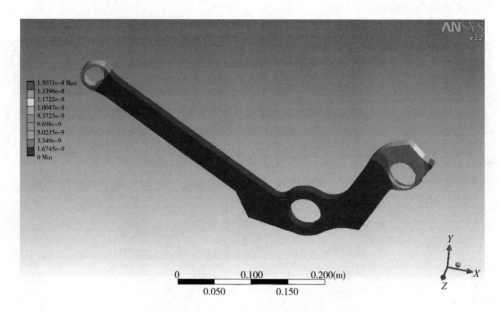

图 3-2-32　提综臂应变云图

第三节　三维织机引纬机构设计

目前剑杆织机在国内外都已大量采用，这种织机采用送纬剑和接纬剑来完成引纬作用。针对碳纤维织物的特殊性及织造层数多等特点，该织机采用的引纬方式较之前有所不同，虽采用的是双剑杆引纬，但该双剑杆是分别独立完成一次引纬，完成的是两根纬纱的引纬。引纬开始时，两个空剑杆分别从两侧各自运动到对面钩住纬纱，然后将纬纱引入梭口，接着带着纬纱返回，完成一次引纬，使之能与经纱交织成织物。

一、引纬机构技术要求及工作原理

（一）引纬机构技术要求

（1）对机械部分的功能要求：能够将纬纱顺利引入梭口，使之能与经纱交织成织物，针对碳纤维不耐磨的特点，要求能够保证剑头装置在运行的过程中尽量减少与经纱的摩擦，保证剑头装置在运行过程中平稳、波动小。

（2）对控制部分的功能要求：采用伺服电动机正反转通过一组同步带轮减速

后带动齿轮齿条往复运动，实现刚性剑带的往复运动，通过控制伺服电动机能够实现任意形式的引纬曲线；同时采用伺服电动机正反转带动一组同步带轮，然后带动一组齿轮装置，经过减速后带动滚珠丝杠来完成引纬机构的升降。

（二）引纬机构工作原理

碳纤维多层织机采用的是电子引纬，纱线从筒子上平行退绕，当将纬纱牵引到引纬点后，剑头装置在剑带传动装置的带动下运动到纬纱位置，剑头前端的挡纱钢丝将纬纱挡开到一侧，使剑头伸入到纬纱中，然后剑头装置在剑带装置的带动下往回牵引，将纬纱勾住，并且引入梭口，完成引纬动作。剑头装置的运动是沿着剑带作直线往复运动的，以完成将纬纱引入到梭口的任务。剑带的运动是采用伺服电动机正反转，经过同步带轮减速后驱动齿轮齿条装置进而带动刚性剑带完成水平往复运动。同时由于织造多层织物导致每次的引纬点处于不同的位置，所以必须使整个引纬装置在纵向上能进行调整以适应引纬点的变化。其升降运动采用伺服电动机驱动，经过同步带轮和齿轮装置减速后，驱动滚珠丝杠来完成引纬机构的升降动作。

二、引纬机构设计

碳纤维多层织机引纬机构的设计主要包括剑带传动装置、升降装置和剑头装置的设计。引纬机构的功能要求是将纬纱引入梭口，使之能与经纱交织成织物。同时能根据实际碳纤维层数的变化而引起梭口位置的变化，而使得引纬机构需要上下运动来满足梭口在纵向上的运动。

下面主要介绍引纬机构中的剑带传动装置、升降装置和剑头装置等三大装置的设计。

（一）剑带传动装置

剑带传动装置的作用是带动剑头进行往复运动，以完成将纬纱引入到梭口的任务。工作原理是采用伺服电动机正反转，经过同步带轮减速后驱动齿轮齿条装置，进而带动刚性剑带完成水平往复运动，如图3-3-1所示。

刚性剑带10前侧采用两个压导轮9与拨剑齿轮7固定上下方向，左右方向采用两个夹板进行限位。剑带后侧固定在一个尼龙滑块，尼龙滑块在导向槽中滑动，通过导向槽8进行上下和左右的限位。剑带通过限位后可以使剑头装置在引纬的过程中保持平稳。

（二）升降装置

织造多层碳纤维织物时，引纬机构中引纬点的位置不同，此时必须调整引纬

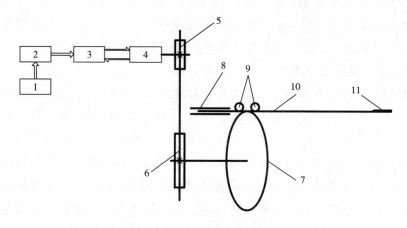

图 3-3-1　剑带传动装置示意图

1—光电编码器　2—控制系统　3—驱动器　4—伺服电动机　5—小同步带轮

6—大同步带轮　7—拨剑齿轮　8—导向槽　9—压导轮　10—刚性剑带　11—剑头

机构的位置使其在适宜的位置进行引纬。该装置的作用是驱动剑带传动装置移动,满足不同位置的引纬。该升降装置采用伺服电动机正反转带动一组同步带轮,然后带动一组齿轮装置,经过减速后带动滚珠丝杠来完成引纬机构的升降,如图 3-3-2 所示。

(三) 剑头装置

剑头装置的作用是将纬纱勾住并引入梭口。工作原理是:当选纬装置将纬纱牵引到引纬点后,剑头装置在剑带传动装置的带动下运动到纬纱位置时,剑头前端的挡纱钢丝将纬纱挡开到一侧,使剑头伸入到纬纱

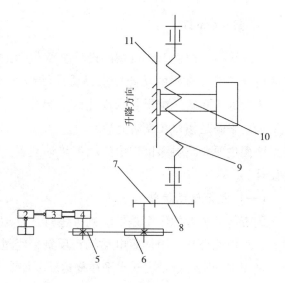

图 3-3-2　升降装置示意图

1—光电编码器　2—控制系统　3—驱动器　4—伺服电动机

5—小同步带轮　6—大同步带轮　7,8—斜齿轮

9—滚珠丝杠　10—剑带传动装置　11—升降导轨

中,然后剑头装置在剑带装置的带动下往回牵引,将纬纱勾住,并且引入梭口,

完成引纬动作。采用滚动导纱轮，减少纬纱在引纬过程中的磨损。

三、引纬运动规律的设计

引纬机构的运动规律是织机实现顺利引纬的一个关键因素，而在本研究中三维织机引纬机构的运动由剑带传动运动和寻位运动组成，因此，对两组运动的选择和研究对于织机高质量引纬尤为关键。

随着现代织机的高速发展，正弦加速度、修正梯形加速度和多项式等运动规律得到了广泛应用。相较于前两种，多项式运动规律具有速度曲线和加速度曲线无突变、无刚性冲击也无柔性冲击等优点。因此，多项式运动规律在高速引纬机构中比较常用，在此应用多项式运动规律对剑带传动装置和升降装置的运动规律进行设计。

（一）剑带运动规律的弹性动力学设计

对于运动下的剑带剑头系统，系统的变形、惯性力、振动等因素对于机器和织物的影响非常大，甚至损坏织物增加断头率。于是在进行剑带运动规律设计时必须考虑机构的动力学问题，应建立系统的动力学方程。

而把机构等效为单自由度动力学模型后，如图 3-3-3 所示，系统的等效刚度 k_e，可用下式计算：

$$\frac{1}{k_e} = \frac{1}{k} + \frac{1}{k_J} \tag{3-3-1}$$

式中：k——剑带的压缩拉伸刚度，N/m；

　　　k_J——齿轮与剑带的接触刚度，N/m。

系统的等效质量为：

$$m_e = \frac{k_e}{\omega_1^2} \tag{3-3-2}$$

式中：ω_1——系统的第一阶固有频率，Hz。

由图 3-3-3 及牛顿第二定律可得：

$$m_e \ddot{y} = k_e(s - y) - F \tag{3-3-3}$$

式中：y——剑头所在处位移，m；

　　　s——齿轮与剑带接触点位移，m；

　　　F——织物对剑带的作用力，N。

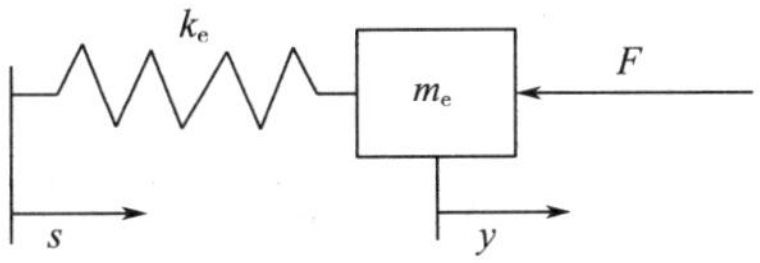

上式可改写为：

$$s = y + \frac{F}{k_e} + \frac{m_e}{k_e} \frac{d^2 y}{dt^2} \tag{3-3-4}$$

图 3-3-3　剑带系统单自由度动力学模型

将上式求导两次有：

$$\frac{\mathrm{d}^2 s}{\mathrm{d}t^2} = \frac{\mathrm{d}^2 y}{\mathrm{d}t^2} + \frac{m_e}{k_e}\frac{\mathrm{d}^4 y}{\mathrm{d}t^4} \tag{3-3-5}$$

$\frac{\mathrm{d}^2 s}{\mathrm{d}t^2}$ 代表输入端加速度，为了保证齿轮对剑带无冲击，$\frac{\mathrm{d}^2 s}{\mathrm{d}t^2}$ 应为连续函数，故要求输出端运动规律 y 应具有连续的 1 至 4 阶导数。

将输出端运动规律假定为一个多项式：

$$y(\tau) = y_0(a_0 + a_1\tau + a_2\tau^2 + \cdots + a_n\tau^n) \tag{3-3-6}$$

式中：y_0——剑带的进程，m；

$\tau = t/t_0$，其中，t_0 为剑带一个进程所需时间，s。

待定系数 a_0，a_1，a_2，$\cdots$，a_n 可由以下 10 个边界条件求得：

$$y(0) = 0 \tag{3-3-7}$$

$$\frac{\mathrm{d}y(0)}{\mathrm{d}\tau} = \frac{\mathrm{d}^2 y(0)}{\mathrm{d}\tau^2} = \frac{\mathrm{d}^3 y(0)}{\mathrm{d}\tau^3} = \frac{\mathrm{d}^4 y(0)}{\mathrm{d}\tau^4} = 0 \tag{3-3-8}$$

$$y(1) = y_0 \tag{3-3-9}$$

$$\frac{\mathrm{d}y(1)}{\mathrm{d}\tau} = \frac{\mathrm{d}^2 y(1)}{\mathrm{d}\tau^2} = \frac{\mathrm{d}^3 y(1)}{\mathrm{d}\tau^3} = \frac{\mathrm{d}^4 y(1)}{\mathrm{d}\tau^4} = 0 \tag{3-3-10}$$

由式（3-3-7）~式（3-3-10），可求出待定系数 a_0，a_1，a_2，$\cdots$，a_n，带入式（3-3-6）得：

$$y(\tau) = y_0(126\tau^5 - 420\tau^6 + 540\tau^7 - 315\tau^8 + 70\tau^9) \tag{3-3-11}$$

转换为自变量为转角 t 的函数为：

$$y = y_0\left(\frac{126}{t_0^5}t^5 - \frac{420}{t_0^6}t^6 + \frac{540}{t_0^7}t^7 - \frac{315}{t_0^8}t^8 + \frac{70}{t_0^9}t^9\right) \tag{3-3-12}$$

将上式求导两次，有：

$$\frac{\mathrm{d}^2 y}{\mathrm{d}t^2} = y_0\left(\frac{2520}{t_0^5}t^3 - \frac{12600}{t_0^6}t^4 + \frac{22680}{t_0^7}t^5 - \frac{17640}{t_0^8}t^6 + \frac{5040}{t_0^9}t^7\right) \tag{3-3-13}$$

将式（3-3-12）、式（3-3-13）代入式（3-3-4）可得剑带输入端运动规律：

$$s(t) = \frac{F}{k_e} + y_0\left(\frac{126}{t_0^5}t^5 - \frac{420}{t_0^6}t^6 + \frac{540}{t_0^7}t^7 - \frac{315}{t_0^8}t^8 + \frac{70}{t_0^9}t^9\right) +$$

$$\frac{m_e y_0}{k_e}\left(\frac{2520}{t_0^5}t^3 - \frac{12600}{t_0^6}t^4 + \frac{22680}{t_0^7}t^5 - \frac{17640}{t_0^8}t^6 + \frac{5040}{t_0^9}t^7\right) \tag{3-3-14}$$

（二）剑带运动规律的动力学仿真

已知剑带的压缩拉伸刚度 $k = 1 \times 10^9 \mathrm{N/m}$，齿轮与剑带的接触刚度 $k_J = 1 \times 10^{12}\mathrm{N/m}$，系统的第一阶固有频率 $\omega_1 = 256\mathrm{Hz}$，剑带的动程 $y_0 = 1.277\mathrm{m}$；剑带一

个进程所需时间 $t_0 = 0.5\text{s}$。由以上已知条件和式（3-3-14）可得输入端进程阶段运动规律如图 3-3-4~图 3-3-6。

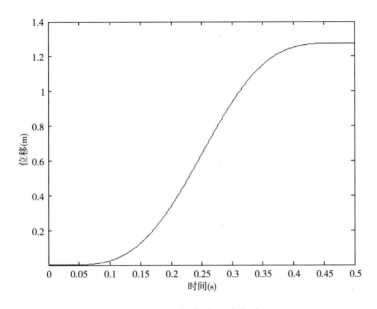

图 3-3-4 剑带输入端位移

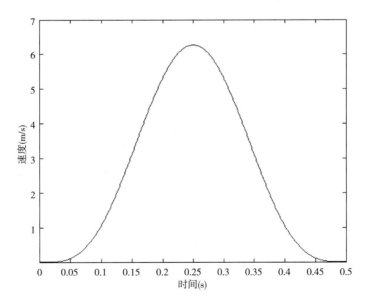

图 3-3-5 剑带输入端速度

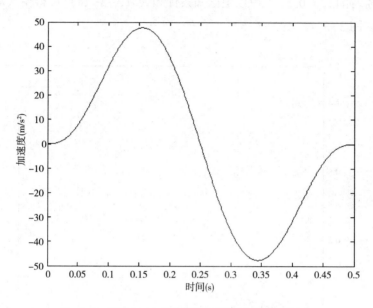

图 3-3-6 剑带输入端加速度

由图 3-3-4~图 3-3-6 可知，剑带进程开始和结束时，过渡平缓且速度和加速度都为零，故齿轮不会对剑带产生冲击。在设计过程中已保证剑头在进程结束时速度和加速度都为零，且整个过程运动平缓，故既保证了剑头准时到达交接位置，又不会对织物产生冲击而损坏织物。得到输入端运动规律后，可通过传动比确定伺服电动机的输出运动规律，为伺服电动机的型号选择提供理论依据。

（三）升降运动规律的确定

升降运动的运动规律可参照式（3-3-14）进行确定，但此时式中的 F 为在升降方向重力与载荷的合力、y_0 为升降运动的进程、k_e 为剑带传动装置的等效刚度、m_e 为剑带传动装置的等效质量。进而通过传动比来确定驱动电动机的运动规律和电动机型号。按照此方法设计的运动规律无刚性冲击和柔性冲击，为保护机器和避免织物损坏提供保障。

（四）减速比的确定及电动机选用

1. 剑带传动装置减速比的确定及电动机选用

多级减速装置各级减速比的分配，直接影响减速装置的承载能力和使用寿命，还会影响其体积、重量和润滑。一般按以下原则分配：使各级传动承载能力大致相等，使各级齿轮圆周速度较小，使减速器的尺寸与质量较小。

低速级齿轮大的话会，直接影响减速器的尺寸和重量，可通过减小低速级传动比，即减小低速级齿轮及机体的尺寸和重量。增大高速级传动比，即增大高速级齿轮的尺寸，减小了与低速级齿轮的尺寸差；同时高速级小齿轮尺寸减小后，降低了高速级大齿轮及后面各级齿轮的圆周速度，有利于降低噪声和震动，提高传动的平稳性。

综合考虑后选择同步带轮减速比为 3，齿轮减速比为 2，总减速比为 6。对式（3-3-14）s 二次求导，可知剑带输入端加速度为：

$$a = s'' \tag{3-3-15}$$

可得最大加速度为 a_{max}，单位 m/s^2。

齿轮所受最大反作用力为：

$$F_c = m a_{max} \tag{3-3-16}$$

式中：m ——剑带与剑头的质量和，kg。

则齿轮所受最大扭矩为：

$$T = F_c \cdot R_c \tag{3-3-17}$$

式中：R_c ——齿轮分度圆半径，m。

因总减速比为 6，则至少需要电动机输出扭矩为：

$$T_0 = \frac{T}{6} \tag{3-3-18}$$

式中：T_0 ——电动机输出扭矩，N·m。

因此可根据式（3-3-18）选择伺服电动机的参数。

已知剑带与剑头的质量和 $m = 1kg$，齿轮分度圆半径 $R_c = 0.2m$，则可得要求电动机输出扭矩。由图 3-3-7 可知，所选电动机最大输出扭矩至少在 1.6N·m 以上才可满足要求。

2. 升降装置减速比的确定及电动机选用

按照上述小节中的原则，同样确定升降装置中同步带轮减速比为 3，齿轮减速比为 2，总减速比为 6，选择滚珠丝杠的导程是 5mm/r。

同理，由升降装置的运动规律可得剑带传动机构整体最大加速度为 a_{max}^S，则滚珠丝杠在升降方向受到剑带传动机构的最大作用力为：

$$F^S = m^S a_{max}^S + m^S g \cdot \sin\alpha + N \tag{3-3-19}$$

式中：m^S ——剑带传动机构的总质量，kg；

α ——升降方向与水平面的夹角，（°）；

N ——外载荷。

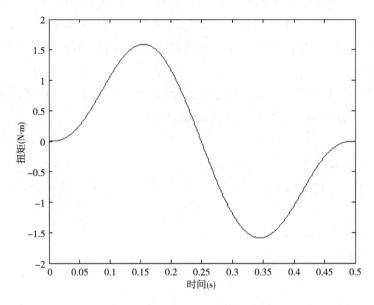

图 3-3-7　电动机输出扭矩

滚珠丝杠的导程是 5mm/r，则滚珠丝杠所受的最大扭矩为：

$$T^{\mathrm{s}} = \frac{5 \times 10^{-3}}{2\pi} \cdot F^{\mathrm{s}} \qquad (3\text{-}3\text{-}20)$$

因总减速比为 6，则至少需要电动机输出扭矩为：

$$T_0^{\mathrm{s}} = \frac{T^{\mathrm{s}}}{6} \qquad (3\text{-}3\text{-}21)$$

同样，可根据式（3-3-21）选择升降电动机的型号。

第四节　三维织机打纬机构设计

一、打纬机构技术指标

打纬机构技术指标如下。

织物名义幅宽：1200mm；

经纱层数：2~30 层；

预计打纬力：350kg；

打纬动程：160mm；

织机织造速度：每一个断面进行一次打纬；

主轴转速：170r/min。

二、打纬机构技术要求

打纬机构是三维织机五大运动中，承上启下的重要组成部分，打纬机构的设计不仅决定着开口、引纬机构的设计，还直接影响到碳纤维组织结构的形成。而更重要的是，打纬机构速度控制着整个织机的节奏与速度、开车稀密路的产生以及整个织机震动情况。

对于多层织物打纬有特殊要求，需满足如下设计要求。

（1）在保证纬纱能顺利飞过梭口的前提下，筘座动程尽量得小，这样可减轻对经纱的摩擦，即在较短距离内，得到较大的打纬力。

（2）当钢筘打纬的瞬时速度为零时，加速度达到最大，以提高打纬力；筘在后死心附近时的速度尽量低，以利于引纬。

（3）为了形成惯性打纬，打纬时筘座的加速度必须保证筘座惯性力大于打纬阻力，即在制织高密织物时，构件设计要适应高密织物强打纬的要求，并且还要求打纬机构具有良好的动态性能。

（4）最好采用分离筘座进行织造，使纬纱穿越梭口时只有相对运动而无牵连运动，使飞行更稳定、准确。

根据碳纤维复合材料本身的属性特点，该打纬机构还需要有以下几点特殊要求。

（1）三维织机同时织造三十层碳纤维时，打纬机构设计空间十分有限，结合织机开口的要求，为减少打纬所占空间，必须采用垂直打纬。需将传统打纬机构中摆杆弧形打纬的结构，转化为垂直将纬纱推入织口的结构，即在传统打纬机构上，添加曲柄滑块机构，保证钢筘与织口纵截面垂直。

（2）三维织机引三十次纬，进行一次打纬；所需打纬力较大，打纬各构件要保证良好的刚强度。

三、四连杆与曲柄滑块组合的打纬机构设计

四连杆机构与曲柄滑块组合机构设计简单，机构加工制造容易，机构维护方便，由于杆数较少，可以稳定地用于重型碳纤维打纬机构。该三维织机打纬机构总体设计要求如下。

（1）增加钢筘的重量，保证30层碳纤维同时打纬的力度。

（2）垂直打纬。将传统打纬机构弧形运动的筘齿，通过添加曲柄滑块的方法，改变成为垂直入纬方式，有效节省打纬空间，同时很好地避免了与碳纤维材料的干涉。

（3）打纬机构各杆的刚度需要有保证，尽可能减少杆与杆之间的切向分力，要使合力集中在法线方向上。

四、打纬机构理论分析和实体建模

平面四连杆机构是最为常见的平面连杆机构，机构本身有许多优点，例如，可以实现任意运动轨迹的拟合；可以满足多个输出、多个自由度的运动要求；连杆的铰链之间以稳定的低副相联，机构在运动过程中很好地传递了动力；连杆机构还能起到增加或扩大行程的作用。

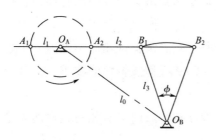

图 3-4-1　曲柄摇杆机构图

（一）两种曲柄摇杆机构

平面四连杆机构按照其结构类型可以分为"Ⅰ型曲柄摇杆机构"和"Ⅱ型曲柄摇杆机构"，区别如图 3-4-1 所示。

当摇杆 O_BB 处于两极限位置时，与连杆 AB 铰接点两位置 B_1 和 B_2 连线通过曲柄 O_AA 的轴心 O_A。在 $\Delta O_AO_BB_1$ 和 $\Delta O_AO_BB_2$ 中分别有：

$$\cos\angle B_1O_AO_B = \frac{(l_2 - l_1)^2 + l_0^2 - l_3^2}{2l_0(l_2 - l_1)} = \frac{(l_2 + l_1)^2 + l_0^2 - l_3^2}{2l_0(l_2 + l_1)} \quad (3-4-1)$$

经化简后可得：

$$l_0^2 + l_1^2 = l_2^2 + l_3^2 \quad (3-4-2)$$

Ⅰ型曲柄摇杆机构各杆尺寸满足：

$$l_0^2 + l_1^2 < l_2^2 + l_3^2 \quad (3-4-3)$$

此时，连杆 AB 与摇杆 O_BB 铰接点两极限位置 B_1、B_2 的连线将交于中心线 O_AO_B 的延长线上，摇杆慢行程的转向与曲柄转向相同。本书介绍的打纬机构拟用 Ⅰ型曲柄摇杆机构进行设计。

对于 Ⅱ型曲柄摇杆机构即满足的条件为：

$$l_0^2 + l_1^2 > l_2^2 + l_3^2 \quad (3-4-4)$$

（二）连杆机构设计理论

由连杆机构设计流程图可知（图 3-4-2），连杆机构在不同场合设计要求各不相同，给定已知条件也各不相同。流程图中给出了一种设计思路时的流程。打纬机构设计要求如下。

（1）摇杆许用长度范围为 660 ~ 680mm。

（2）行程速度变化系数 $K \approx 1$，打纬机构用伺服电动机控制机构在后死心的停顿时间，所以可以取 $K \approx 1$。

（3）摆杆所摆角度范围：

$$\psi \approx 24° \sim 26° \tag{3-4-5}$$

令　$\dfrac{l_2}{l_1} = a$，$\dfrac{l_3}{l_1} = b$，$\dfrac{l_0}{l_1} = c$

$$\tag{3-4-6}$$

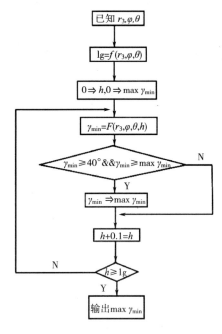

图 3-4-2　连杆机构设计流程图

给定摇杆摆角 ψ_0 与行程速度变化系数 K，假设某一 a 值，则在图 3-4-1、图 3-4-2 中有：

$$B_1B_2 = l_1 \sqrt{(a+1)^2 + (a-1)^2 - 2(a+1)(a-1)\cos\theta} \tag{3-4-7}$$

$$B_1B_2 = 2l_1 b\sin(\psi_0/2) \tag{3-4-8}$$

经演化后得：

$$b^2 \sin^2(\psi_0/2) = (a^2 - 1) \sin^2(\theta/2) + 1 \tag{3-4-9}$$

上式中 θ 的计算按公式：

$$\theta = \frac{K-1}{K+1} \times 180° \tag{3-4-10}$$

Ⅰ型和Ⅱ型曲柄摇杆机构的行程速度变化系数 K 值均大于1。

当机构无急回特性时 $K = 1$，θ 值即为摇杆急回行程时相应转角的补角，连杆机构设计的重点在于传动效率部分，即通过优化设计机构传动角来实现对机构运动的有效控制。对于平面四连杆机构的设计，过去人们建立了不少的设计方法，在诸多方法中都涉及了传动角的大小，该值标志着机构传动性能的好坏（传动角大，有利机构有效传动）。利用 $K - \psi_0 - a - (\gamma_{min})_{max}$ 线图对打纬机构进行设计。

给定 K 与 ψ_0 值，而变更 a 值，按上述公式可分别求得Ⅰ型曲柄摇杆机构的最小传动角 γ_{min} 值，这就是说，γ_{min} 可视作 a 的函数，即 $\gamma_{min} = f(a)$。应用一维优化

方法可算得 $\gamma_{\min}$ 为最大值（传动最佳值）时的 a 值。因此，给定 K 与 ψ_0 可算得相应的 a 与 $(\gamma_{\min})_{\max}$。据此，可在两个平面直角坐标系中分别绘制 $K-\psi_0-a$ 与 $K-(\gamma_{\min})_{\max}-a$ 线图，合并在一起，统称为 $K-\psi_0-a-(\gamma_{\min})_{\max}$ 线图，如图3-4-3 和图3-4-4所示。

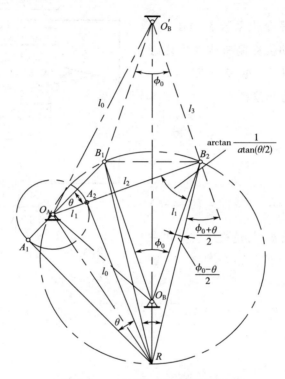

图3-4-3　连杆机构分析设计图

对于 Ⅰ 型曲柄摇杆机构 $O_A AB O_B$：

$$l_0 = \sqrt{l_3^2 + (l_1 + l_2)^2 - 2l_3(l_1 + l_2)\cos\angle O_A B_2 O_B} \qquad (3-4-11)$$

即
$$c = l_0/l_1 = \sqrt{b^2 + (1+a)^2 - 2b(1+a)\cos\angle O_A B_2 O_B} \qquad (3-4-12)$$

式中：
$$\angle O_A B_2 O_B = \arctan\left(\frac{1}{a\tan(\theta/2)}\right) - \frac{(\psi_0 - \theta)}{2} \qquad (3-4-13)$$

又 $\gamma_{\min} = \arccos\dfrac{a^2 + b^2 - (c-1)^2}{2ab}$，再根据 $K-\psi_0-a-(\gamma_{\min})_{\max}$ 线图对连杆机构尺寸进行初步的确定。

（三）四连杆打纬机构设计

具体作图步骤如图3-4-5所示，根据 l_3 及 φ 作出摇杆的两极位 $O_B B_1$ 和 $O_B B_2$，

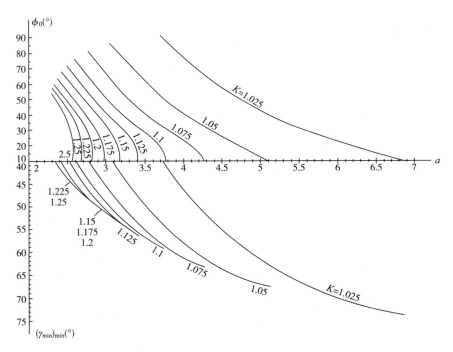

图 3-4-4 $K - \psi_0 - a - (\gamma_{\min})_{\max}$ 线图

再作 $B_1M \perp B_1B_2$，作 $\angle B_1B_2N = 90° - \theta$，$B_1M$ 与 B_2N 交于 P 点，作 ΔPB_1B_2 的外接圆，则 $\overset{\frown}{PB_1B_2}$ 上任意上点 O_A 到 B_2 和 B_1 的连线夹角 $\angle B_2O_AB_1$ 都等于极位夹角 θ。

所以曲柄轴心 O_A 在圆弧 $\overset{\frown}{B_1F}$ 和 $\overset{\frown}{B_2G}$ 上各点均满足设计要求，但机构对应各点的最小传动角的最大值各不相同。

根据以上所述作图方法，结合三维织机打纬机构设计要求，可以得到如下简易机构尺寸设计图，再通过以下方法优化设计机构，确定最佳传动角。

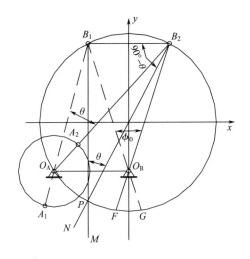

图 3-4-5 连杆机构设计过程图

情况 1：如图 3-4-5 所示，令 $O_BB_1 = O_BB_2 = a$，其中 $a = l_3\sin(\varphi/2)/\sin\theta$；

B_2 点坐标 $X_{B_2} = a\sin\theta$ ， $Y_{B_2} = a\cos\theta$ ；

B_1 点坐标 $X_{B_1} = -a\sin\theta$ ， $Y_{B_1} = a\cos\theta$ 。

圆弧 $\overset{\frown}{B_1F}$ 为 O_A 点的可行域（圆弧 $\overset{\frown}{B_2G}$ 与其对称），假设 O_A 点以冲程 H，从 F 点移动到 B_1 点，则 O_A 点的坐标：

$$X_{O_A} = \sqrt{a^2 - Y_{O_A}^2} ; \quad Y_{O_A} = Y_{B_1} - H \quad 其中 \ 0 \leqslant H \leqslant \lg ;$$

$$\lg = l_3\cos\frac{\varphi}{2} + \left[2a\cos\left(\frac{\varphi}{2} - \theta\right) - l_3\right]\cos\frac{\varphi}{2}$$

在图解法设计织机打纬机构的过程中，若 O_A 点位置确定，则机构的曲柄长度 l_1，连杆长度 l_2 及机构的长度 l_4 都是确定的，即：

$$O_AB_2 = \sqrt{(Y_{B_2} - Y_{O_A})^2 + (X_{B_2} - X_{O_A})^2} ; \quad O_AB_1 = \sqrt{(Y_{B_1} - Y_{O_A})^2 + (X_{B_1} - X_{O_A})^2}$$

$$(3-4-14)$$

$$l_1 = \frac{O_AB_2 - O_AB_1}{2} ; \quad l_2 = \frac{O_AB_2 + O_AB_1}{2} ; \quad l_4 = \sqrt{\left[Y_{O_A} + l_3\cos\frac{\varphi}{2} + a\cos\theta\right]^2 + X_{O_A}^2}$$

$$(3-4-15)$$

由上述各式可得最小传动角 $\gamma_{\min}$，随着 O_A 点位置的不断变化，记录所有 $\gamma_{\min} \geqslant 40°$ 的 $\gamma_{\min}$ 值，并从中选择最大值，即为最小传动角的最大值 $\max\gamma_{\min}$。

当摇杆长度 l_3、摆角 φ 行程速比系数 K 同样发生变化时，就能得到不同杆长、不同摆角以及不同 φ 行程速比系数下的最小传动角的最大值 $\max\gamma_{\min}$。

情况 2：O_B 点的坐标：$X_{O_B} = 0$，$Y_{O_B} = 0$。

B_2 点的坐标 $X_{B_2} = l_3\sin\frac{\varphi}{2}$，$Y_{B_2} = l_3\cos\frac{\varphi}{2}$ ；B_1 点的坐标 $X_{B_1} = -l_3\sin\frac{\varphi}{2}$，$Y_{B_1} = l_3\cos\frac{\varphi}{2}$ ；M 点的坐标 $X_M = -l_4\sin\frac{\varphi}{2}$，$Y_M = l_4\cos\frac{\varphi}{2}$ ；由这些已知条件和步长 h，就可以确定 O_A 点的坐标：$X_{O_A} = -\sqrt{l_4^2 - Y_{O_A}^2}$，$Y_{O_A} = Y_M - h$，其中 $0 \leqslant h \leqslant \lg$，$\lg = 2l_4\cos\frac{\varphi}{2}$。

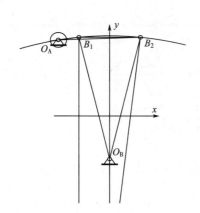

图 3-4-6　连杆机构设计图

可见情况 2 的优化方法与情况 1 的优化方法基本相同，将这些相关参数优化组合后，可以绘制成曲柄摇杆机构最佳传动角设计图（图 3-4-6）。

（四）曲柄滑块机构设计与分析

按照通常的设计方法，首先给出行程速比系数 K 和冲程 H，最佳传动角优化图如图 3-4-7 所示，圆弧 $\widehat{B_1F}$ 和圆弧 $\widehat{B_2F}$ 为曲柄轴心 O_A 的可行域（基于两边对称性，只考虑 $\widehat{B_1F}$ 即可），从 B_1 点到 F 点以较小的步长选取 O_A 点的坐标，O_A 点的坐标值可表示为：

$$Y_{O_A} = Y_{B_1} - l, \quad X_{O_A} = \sqrt{r^2 - Y_{O_A}^2}$$

其中，l 在 $0 \leqslant l \leqslant \mathrm{lg}$ 的范围内以较小步长增加。所取步长越小，计算精度越高，且有公式：

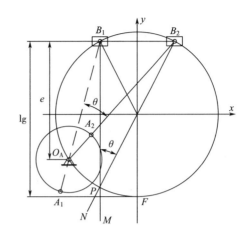

图 3-4-7　最佳传动角优化图

$$\mathrm{lg} = \frac{(\cos\theta + 1)H}{2\sin\theta} \tag{3-4-16}$$

由 O_AB_2 和 O_AB_1 的长度可得曲柄长度 a 和连杆尺寸 b，即有：

$$a = \frac{O_AB_2 - O_AB_1}{2} \tag{3-4-17}$$

$$b = \frac{O_AB_2 + O_AB_1}{2} \tag{3-4-18}$$

此时偏心距 $e = l$，运用与曲柄摇杆机构相似的优化思想，当 l 取不同值时，得到不同的曲柄滑块机构，也对应着不同的 $\gamma_{\min}$，如图 3-4-8 所示，记录所有 $\gamma_{\min} \geqslant 40°$ 的 $\gamma_{\min}$ 值，并在其中选择最大值，最终获得在已知条件下的具有最佳传动角的机构。然后，同样以较小的步长，不断改变冲程 H 的值，从而获得不同杆长下 $\gamma_{\min}$ 的最大值。

（五）实体机构设计

通过以上方法的设计与优化，设计出打纬机构的设计草图。再利用 Solidworks 软件进行机构的三维模型设计，如图 3-4-9 所示。

五、四连杆+曲柄滑块打纬机构运动学、动力学分析

三维模型装配后，对模型建立运动学、动力学分析模型，以便检验虚拟运行的可行性。首先是机构运动学分析，根据本书的需要，为了减少误差的影响，分

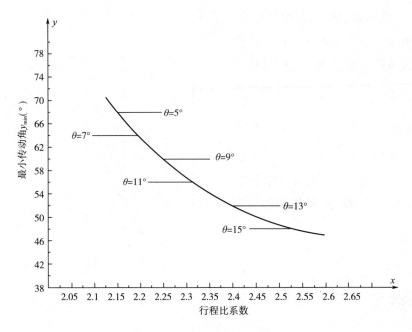

图 3-4-8　传动角设计参考图

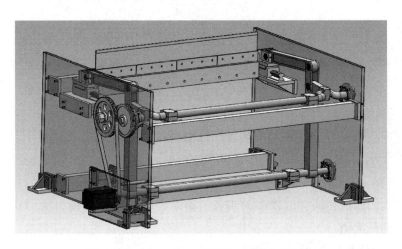

图 3-4-9　Solidworks 环境下三维机构建模图

别通过理论分析法、AMDMS 样机仿真法对四连杆机构进行运动学分析。

(一) 平面连杆机构运动分析法

四连杆打纬机构由主动件、杆组及机架组成。杆组自由度等于零的运动链，即如给定了其外接副的位置，杆组位置就随之确定。对速度和加速度的分析也是如此。因此，多个连杆的运动学分析就可以简化为，将机构拆成若干 Ⅱ 级杆组进行动力学分析。

刚体上任何一点的运动计算方法如图 (3-4-10) 所示。

分别取 x 轴和 y 轴为实轴和虚轴，矢量 $(P_3 - P_1)$ 可用复数表示为：

$$P_3 - P_1 = Le^{i(\Phi+\theta)} \qquad (3-4-19)$$

分别对上式两端进行求导

$$\dot{P}_3 - \dot{P}_1 = L\dot{\Phi}ie^{i(\Phi+\theta)} \qquad (3-4-20)$$

$$\ddot{P}_3 - \ddot{P}_1 = L\ddot{\Phi}ie^{i(\Phi+\theta)} - L\dot{\Phi}^2 e^{i(\Phi+\theta)}$$
$$(3-4-21)$$

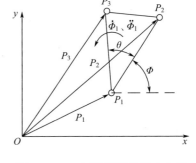

图 3-4-10　四连杆机构运动分析

将上述各式分别在实轴和虚轴上进行分解，可得：

$$\begin{cases} P_{3x} = P_{1x} + L\cos(\Phi+\theta) \\ P_{3y} = P_{1y} + L\sin(\Phi+\theta) \end{cases} \qquad (3-4-22)$$

$$\begin{cases} \dot{P}_{3x} = \dot{P}_{1x} - L\dot{\Phi}\sin(\Phi+\theta) \\ \dot{P}_{3y} = \dot{P}_{1y} + L\dot{\Phi}\cos(\Phi+\theta) \end{cases} \qquad (3-4-23)$$

$$\begin{cases} \ddot{P}_{3x} = \ddot{P}_{1x} - L\ddot{\Phi}\sin(\Phi+\theta) - L\dot{\Phi}^2\cos(\Phi+\theta) \\ \ddot{P}_{3y} = \ddot{P}_{1y} - L\ddot{\Phi}\cos(\Phi+\theta) - L\dot{\Phi}^2\sin(\Phi+\theta) \end{cases} \qquad (3-4-24)$$

如图 3-4-11 所示是 A 型 Ⅱ 级杆组的模型。

例 1：已知：P_1、$\dot{P}_1$、$\ddot{P}_1$、P_2、$\dot{P}_2$、$\ddot{P}_2$、L_1、L_2，求：Φ_1、$\dot{\Phi}_1$、$\ddot{\Phi}_1$、Φ_2、$\dot{\Phi}_2$、$\ddot{\Phi}_2$、P_3、$\dot{P}_3$、$\ddot{P}_3$。

（1）位移分析。

$$d = \sqrt{(P_{2x} - P_{1x})^2 + (P_{2y} - P_{1y})^2}$$
$$(3-4-25)$$

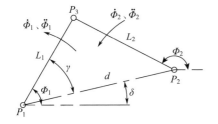

图 3-4-11　A 型 Ⅱ 级杆组运动分析图

若 $d > (L_1 + L_2)$ 或 $d > |L_1 - L_2|$，则该杆组不能组装，与此对应的机构位置不存在。

$$\delta = \arctan\frac{P_{2y} - P_{1y}}{P_{2x} - P_{1x}} \qquad (3-4-26)$$

$$\gamma = \arccos\frac{d^2 + L_1^2 - L_2^2}{2dL_1} \tag{3-4-27}$$

$$\Phi_1 = \delta + N\gamma \tag{3-4-28}$$

当 $\Delta P_1P_2P_3$ 三顶点顺序为逆时针方向时，式中 $N = 1$；反之，$N = -1$。

$$\begin{cases} P_{3x} = P_{1x} + L_1\cos\Phi_1 \\ P_{3y} = P_{1y} + L_1\sin\Phi_1 \end{cases} \tag{3-4-29}$$

$$\Phi_2 = \arctan\frac{P_{3y} - P_{2y}}{P_{3x} - P_{2x}} \tag{3-4-30}$$

（2）速度分析。

因 P_3 与 P_1 为同一构件上的两点，故按：

$$L_1\dot{\Phi}_1ie^{i\Phi_1} = \dot{P}_3 - \dot{P}_1 \tag{3-4-31}$$

$$L_2\dot{\Phi}_2ie^{i\Phi_2} = \dot{P}_3 - \dot{P}_2 \tag{3-4-32}$$

上述两式相减，可得：

$$\dot{P}_2 - \dot{P}_1 = L_1\dot{\Phi}_1ie^{i\Phi_1} - L_2\dot{\Phi}_2ie^{i\Phi_2} \tag{3-4-33}$$

由此可以解得：

$$\dot{\Phi}_1 = \frac{(\dot{P}_{2x} - \dot{P}_{1x})(P_{3x} - P_{2x}) + (\dot{P}_{2y} - \dot{P}_{1y})(P_{3y} - P_{2y})}{(P_{3y} - P_{2y})(P_{3x} - P_{1x}) - (P_{3y} - P_{1y})(P_{3x} - P_{2x})} \tag{3-4-34}$$

$$\dot{\Phi}_2 = \frac{(\dot{P}_{2x} - \dot{P}_{1x})(P_{3x} - P_{1x}) + (\dot{P}_{2y} - \dot{P}_{1y})(P_{3y} - P_{1y})}{(P_{3y} - P_{2y})(P_{3x} - P_{1x}) - (P_{3y} - P_{1y})(P_{3x} - P_{1x})} \tag{3-4-35}$$

$$\dot{P}_{3x} = \dot{P}_{1x} - L_1\dot{\Phi}_1\sin\Phi_1 = \dot{P}_{1x} - \dot{\Phi}_1(P_{3y} - P_{1y}) \tag{3-4-36}$$

$$\dot{P}_{3y} = \dot{P}_{1y} - L_1\dot{\Phi}_1\cos\Phi_1 = \dot{P}_{1y} - \dot{\Phi}_1(P_{3x} - P_{1x}) \tag{3-4-37}$$

（3）加速度分析。

$$\ddot{P}_3 - \ddot{P}_1 = L_1\ddot{\Phi}_1ie^{i\Phi_1} - L_1\dot{\Phi}_1^2ie^{i\Phi_1} \tag{3-4-38}$$

$$\ddot{P}_3 - \ddot{P}_2 = L_2\ddot{\Phi}_2ie^{i\Phi_2} - L_2\dot{\Phi}_2^2ie^{i\Phi_2} \tag{3-4-39}$$

上述两式相减，可得：

$$\ddot{P}_2 - \ddot{P}_1 = L_1\ddot{\Phi}_1ie^{i\Phi_1} - L_1\dot{\Phi}_1^2e^{i\Phi_1} - L_2\ddot{\Phi}_2ie^{i\Phi_2} + L_2\dot{\Phi}_2^2e^{i\Phi_2} \tag{3-4-40}$$

由此解得：

$$\ddot{\Phi}_1 = \frac{E(P_{3x} - P_{2x}) + F(P_{3y} - P_{2y})}{(P_{3y} - P_{2y})(P_{3x} - P_{1x}) - (P_{3y} - P_{1y})(P_{3x} - P_{2x})} \tag{3-4-41}$$

$$\ddot{\Phi}_2 = \frac{E(P_{3x} - P_{1x}) + F(P_{3y} - P_{1y})}{(P_{3y} - P_{2y})(P_{3x} - P_{1x}) - (P_{3y} - P_{1y})(P_{3x} - P_{2x})} \tag{3-4-42}$$

其中：

$$E = \ddot{P}_{2x} - \ddot{P}_{1x} + \dot{\Phi}_1^2(P_{3x} - P_{1x}) - \dot{\Phi}_2^2(P_{3x} - P_{2x}) \tag{3-4-43}$$

$$F = \ddot{P}_{2y} - \ddot{P}_{1y} + \dot{\Phi}_1^2 (P_{3y} - P_{1y}) - \dot{\Phi}_2^2 (P_{3y} - P_{2y}) \qquad (3-4-44)$$

$$\ddot{P}_{3x} = \ddot{P}_{1x} - \ddot{\Phi}_1 (P_{3y} - P_{1y}) - \dot{\Phi}_1^2 (P_{3x} - P_{1x}) \qquad (3-4-45)$$

$$\ddot{P}_{3y} = \ddot{P}_{1y} - \ddot{\Phi}_1 (P_{3x} - P_{1x}) - \dot{\Phi}_1^2 (P_{3y} - P_{1y}) \qquad (3-4-46)$$

例 2：已知：P_1、$\dot{P}_1$、$\ddot{P}_1$、P_2、$\dot{P}_2$、$\ddot{P}_2$、β、$\dot{\beta}$、$\ddot{\beta}$、L_1，求：Φ_1、$\dot{\Phi}_1$、$\ddot{\Phi}_1$、L_2、$\dot{L}_2$、$\ddot{L}_2$、P_3、$\dot{P}_3$、$\ddot{P}_3$。

如图 3-4-12 所示是一个 C 型 Ⅱ 级杆组的模型。

（1）位移分析。

$$d = \sqrt{(P_{2x} - P_{1x})^2 + (P_{2y} - P_{1y})^2}$$
$$(3-4-47)$$

$$L_1^2 = (P_{3x} - P_{1x})^2 + (P_{3y} - P_{1y})^2$$
$$(3-4-48)$$

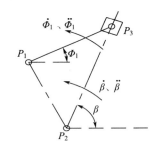

$P_{3x} = P_{2x} + L_2 \cos \beta$ 和 $P_{3y} = P_{2y} + L_2 \sin \beta$

图 3-4-12　C 型 Ⅱ 级杆组运动分析图

代入上述两式，化简后可得：

$$L_2^2 + F L_2 + G = 0 \qquad (3-4-49)$$

解出：

$$L_2 = \frac{-F \pm \sqrt{F^2 - 4G}}{2} \qquad (3-4-50)$$

式中：

$$F = 2[(P_{2x} - P_{1x}) \cos \beta + (P_{2y} - P_{1y}) \sin \beta] \qquad (3-4-51)$$

$$G = d^2 - L_1^2 \qquad (3-4-52)$$

上式中如果 $F^2 < 4G$，则杆组无法组装；

如果 $F^2 = 4G$，则满足条件的杆长，存在唯一解；

如果 $F^2 > 4G$，若 $L_1 < d$，L_2 可得两个正解；若 $L_1 < d$，L_2 可得一正一负两解；

从而可以确定位移分量 P_{3x}、P_{3y} 和滑块机构转角 Φ_1。

$$\begin{cases} P_{3x} = P_{2x} + L_2 \cos \beta \\ P_{3y} = P_{2y} + L_2 \sin \beta \end{cases} \qquad (3-4-53)$$

$$\Phi_1 = \arctan \frac{P_{3y} - P_{1y}}{P_{3x} - P_{1x}} \qquad (3-4-54)$$

（2）速度分析。

$$L_1 e^{i\Phi_1} = P_3 - P_1 \tag{3-4-55}$$

$$L_1 e^{i\beta} = P_3 - P_2 \tag{3-4-56}$$

分别将位移矢量式对时间求导：

$$\dot{P}_3 - \dot{P}_1 = L_1 \dot{\Phi}_1 i e^{i\Phi_1} \tag{3-4-57}$$

$$\dot{P}_3 - \dot{P}_2 = \dot{L}_2 e^{i\beta} + L_2 \dot{\beta} i e^{i\beta} \tag{3-4-58}$$

上述两式相减可得：

$$\dot{P}_2 - \dot{P}_1 = L_1 \dot{\Phi}_1 i e^{i\Phi_1} - \dot{L}_2 e^{i\beta} - L_2 \dot{\beta} i e^{i\beta} \tag{3-4-59}$$

由此可以解得：

$$\dot{\Phi}_1 = \frac{F_1 \cos\beta - E_1 \sin\beta}{L_1 \cos(\Phi_1 - \beta)} \tag{3-4-60}$$

$$\dot{L}_2 = -\frac{E_1 \cos\Phi_1 + F_1 \sin\Phi_1}{\cos(\Phi_1 - \beta)} \tag{3-4-61}$$

式中：

$$E_1 = \dot{P}_{2x} - \dot{P}_{1x} - L_2 \dot{\beta}\sin\beta \tag{3-4-62}$$

$$F_1 = \dot{P}_{2y} - \dot{P}_{1y} + L_2 \dot{\beta}\cos\beta \tag{3-4-63}$$

将上述两式分别在两轴上进行分解，可得：

$$\dot{P}_{3x} = \dot{P}_{1x} - L_1 \dot{\Phi}_1 \sin\Phi_1 \tag{3-4-64}$$

$$\dot{P}_{3y} = \dot{P}_{1y} - L_1 \dot{\Phi}_1 \cos\Phi_1 \tag{3-4-65}$$

（3）加速度分析。

$$\ddot{P}_3 - \ddot{P}_1 = L_1 \ddot{\Phi}_1 i e^{i\Phi_1} - L_1 \dot{\Phi}_1^2 e^{i\Phi_1} - \ddot{L}_2 e^{i\beta} - 2\dot{L}_2 \dot{\beta} i e^{i\beta} - L_2 \ddot{\beta} i e^{i\beta} + L_2 \dot{\beta}^2 e^{i\beta} \tag{3-4-66}$$

由此可得：

$$\ddot{\Phi}_1 = \frac{F_2 \cos\beta - E_2 \sin\beta}{L_1 \cos(\Phi_1 - \beta)} \tag{3-4-67}$$

$$\ddot{L}_2 = \frac{E_2 \cos\Phi_1 - F_2 \sin\Phi_1}{\cos(\Phi_1 - \beta)} \tag{3-4-68}$$

其中：

$$E_2 = \ddot{P}_{2x} - \ddot{P}_{1x} + L_1 \dot{\Phi}_1^2 \cos\Phi_1 - 2\dot{L}_2 \dot{\beta}\sin\beta - L_2 \ddot{\beta}\sin\beta - L_2 \dot{\beta}^2 \cos\beta \tag{3-4-69}$$

$$F_2 = \ddot{P}_{2y} - \ddot{P}_{1y} + L_1 \dot{\Phi}_1^2 \sin\Phi_1 + 2\dot{L}_2 \dot{\beta}\cos\beta + L_2 \ddot{\beta}\cos\beta - L_2 \dot{\beta}^2 \sin\beta \tag{3-4-70}$$

$$\ddot{P}_{3x} = \ddot{P}_{1x} - L_1 \ddot{\Phi}_1 \sin\Phi_1 - L_1 \dot{\Phi}_1^2 \cos\Phi_1 \tag{3-4-71}$$

$$\ddot{P}_{3y} = \ddot{P}_{1y} + L_1 \ddot{\Phi}_1 \cos\Phi_1 - L_1 \dot{\Phi}_1^2 \sin\Phi_1 \tag{3-4-72}$$

（二）利用 MATLAB 对打纬机构进行运动学计算

图 3-4-13 所示是打纬机构模型，由图示可以看出，该打纬机构是由一个 A 型

Ⅱ级杆组和一个 C 型Ⅱ级杆组构成。曲柄 P_0P_1 机架属于单独构件，不列入Ⅱ级杆组拆分范围，机构 $P_1P_2P_3$ 属于 A 型Ⅱ级杆组的变形结构，在计算得出 P_3 点的速度、加速度后，需要延伸到 P_4 点，得到 P_4 点的运动规律。而以 P_4 点为基础，以 P_5 点为参照辅助点，机构 $P_4P_5P_6$ 组成了属于 C 型Ⅱ级杆组，根据 C 型Ⅱ级杆组运动学计算公式，可得出 P_6 点的速度和加速度等运动学参数。

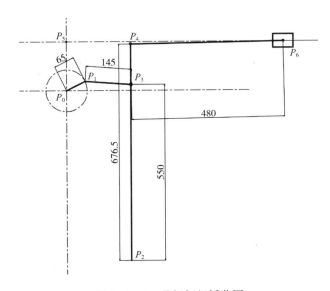

图 3-4-13　Ⅱ级杆组拆分图

将式（3-4-19）～式（3-4-72）输入到 MATLAB 中，曲轴 P_0P_1 旋转一周 360°，分成 36 份，每 10° 取一个输出值，输出结果如下。

（1）钢筘位移变化规律。在 MATLAB 中计算 $p6x$ 值，$p6x$ 即 P_6 点 X 方向的位移，计算结果：

最大位移量 $\max(p6x) \approx 0.6902\text{m}$；

最小位移量 $\min(p6x) \approx 0.5306\text{m}$；

P_6 打纬动程 $\max(p6x) - \min(p6x) \approx 0.1596\text{m}$；

打纬动程计算结果基本符合预计打纬动程 0.16m。

（2）钢筘速度变化规律。在 MATLAB 中计算 $pp6x$ 值，$pp6x$ 即 P_6 点 X 方向的速度，计算结果：

P_6 打纬动程正向速度 $\max(pp6x) \approx 1.5770\text{m/s}$；

P_6 打纬动程反向速度 $\max(pp6x) \approx -1.4715\text{m/s}$。

（3）钢筘加速度变化规律。在 MATLAB 中计算 $ppp6x$ 值，$ppp6x$ 即 P_6 点 X 方

向的加速度，计算结果：

P_6 打纬动程正向加速度 $\max$（$ppp6x$）$\approx 17.2681\mathrm{m/s^2}$；

P_6 打纬动程反向加速度 $\max$（$ppp6x$）$\approx -46.6620\ \mathrm{m/s^2}$。

（三）利用"虚拟样机 ADAMS"对机构进行运动学分析

ADAMS 软件应用多刚体系统动力学理论中的拉格朗日方程计算方法，进行系统动力学分析与计算。打纬机构中每一个构件的质心都处于惯性参考系中，通过空间直角坐标，可以确定每构件的笛卡尔广义坐标，再用带有拉格朗日算子的方程完善多余的坐标，从而得到完整的约束系统，将带有广义坐标的变量导出，就可得到运动学方程。

笛卡尔坐标和欧拉角参数描述物体的空间位形，用吉尔刚性积分解决稀疏矩阵的求解问题，核心为 ADAMS/View 与 ADAMS/Solver，提供了多种功能成熟的解算器，可对所建模型进行运动学、静力学、动力学分析。在多个构件所装配成的打纬机构中，将机构与机构之间的运动学约束定义为铰链；物体之间的相互作用定义为力元（内力），力元是对系统中弹簧、阻尼器、制动器的抽象，理想的力元可抽象为统一形式的移动弹簧、阻尼器、制动器，或扭转弹簧、阻尼器、制动器；多体系统外的物体对系统中物体的作用定义为外力（偶）。在进行动力学分析之前，初始条件分析通求解相应的位置、速度、加速度的目标函数最小值得到。

（1）广义坐标。动力学方程的求解速度很大程度上取决于广义坐标的选择。为了解析地描述方位，必须规定一组转动广义坐标表示方向余弦矩阵。ADAMS 软件中采用的方法是，用刚体 i 的质心笛卡尔坐标和反映刚体方位的欧拉角作为广义坐标，即 $q_i = [x,\ y,\ x,\ \varPsi,\ \theta,\ \varphi]^T$，$q_i = [q_1{}^T,\ \cdots,\ q_n{}^T]^T$，每个刚体用六个广义坐标描述。由于采用了非独立广义坐标，系统动力学方程组数量庞大，但却是高度稀疏耦合的微分代数方程，适于用稀疏矩阵的方法高效求解。

（2）初始位置。定义相应的位置目标函数为 L_0，则：

$$L_0 = \frac{1}{2} \sum_{i=1}^{n} W_i (q_i - q_{0i})^2 + \sum_{j=1}^{n} \lambda_j^0 \phi_j \qquad (3\text{-}4\text{-}73)$$

式中：n——系统总的广义坐标数；

$\quad\ m$——系统约束方程数；

λ_j^0，ϕ_j——分别是约束方程及对应的拉格朗日乘子；

$\quad\ q_{0i}$——设定准确的或近似的初始坐标值或程序设定的缺省坐标值；

$\quad\ W_i$——对应 q_{0i} 的加权系数。

由 L_0 取最小值，则 $\dfrac{\partial L_0}{\partial q_i} = 0$，$\dfrac{\partial L_0}{\partial \lambda_j^0} = 0$ 得：

$$\begin{cases} W_i(q_i - q_{0i}) + \displaystyle\sum_{j=1}^{m} \lambda_j^0 \dfrac{\partial \phi_j}{\partial q_i} = 0 \\ \phi_j = 0 \end{cases} \qquad i = 1, 2, \cdots, n; \ j = 1, 2, \cdots, m$$

$$(3-4-74)$$

对应函数形式：

$$f_i(q_k, \lambda i^0) = 0, \quad g_j(q_k) = 0 \qquad k = 1, 2, \cdots, n; \ l = 1, 2, \cdots, m \quad (3-4-75)$$

牛顿—拉弗逊迭代公式为：

$$\begin{pmatrix} W_i + \displaystyle\sum_{k=1}^{n}\sum_{j=1}^{m} \lambda_j^0 \dfrac{\partial^2 \phi_j}{\partial q_k \partial q_i} & \displaystyle\sum_{j=1}^{m} \dfrac{\partial \phi_j}{\partial q_i} \\ \displaystyle\sum_{k=1}^{n} \dfrac{\partial \phi_j}{\partial q_k} & 0 \end{pmatrix} \begin{Bmatrix} \Delta q_k \\ \Delta \lambda_i^0 \end{Bmatrix}_p = \begin{Bmatrix} -W_i(q_{ip} - q_{0i}) - \displaystyle\sum_{j=i}^{m} \lambda_j^0 \dfrac{\partial \phi_j}{\partial q_i}\Big|_p \\ -\phi_j(q_{kp}) \end{Bmatrix}_p$$

$$(3-4-76)$$

式中：$\Delta q_{k, p} = q_{k, p+1} - q_{k, p}$；$\Delta \lambda_{1, p}^0 = \lambda_{1, p+1}^0 - \lambda_{1, p}^0$

（3）初始速度。定义相应的速度目标函数为 L_1：

$$L_1 = \frac{1}{2}\sum_{i=1}^{n} W_i' (\dot{q}_i - \dot{q}_{0i})^2 + \sum_{j=1}^{m} \lambda_j' \frac{\mathrm{d}\phi_j}{\mathrm{d}t} \qquad (3-4-77)$$

式中：$\dot{q}_i$——设定准确的或近似的初始速度值或程序设定的缺省值；

　　　W_i'——对应 $\dot{q}_{0i}$ 的加权系数；

　　　λ_j'——对应速度约束方程的拉格朗日算子；

　　　$\dfrac{\mathrm{d}\phi_j}{\mathrm{d}t} = \displaystyle\sum_{k=1}^{n} \dfrac{\mathrm{d}\phi_j}{\mathrm{d}q_k}\dot{q}_k + \dfrac{\partial \phi_j}{\partial t} = 0$——速度约束方程。

由 L_1 取最小值，则 $\dfrac{\partial L_1}{\partial \dot{q}_k} = 0$，$\dfrac{\partial L_1}{\partial \lambda_j'} = 0$ 得：

$$\begin{pmatrix} W_k' & \displaystyle\sum_{j=1}^{m} \dfrac{\partial \phi_j}{\partial q_k} \\ \displaystyle\sum_{k=1}^{n} \dfrac{\partial \phi_j}{\partial q_k} & 0 \end{pmatrix} \begin{Bmatrix} \dot{q}_k \\ \lambda_j' \end{Bmatrix} = \begin{Bmatrix} W_k' \dot{q}_{0k} \\ -\dfrac{\partial \phi_j}{\partial t} \end{Bmatrix} \qquad k = 1, 2, \cdots, n; \ j = 1, 2, \cdots, m$$

$$(3-4-78)$$

系数矩阵只与位置有关，且非零项已经分解，可直接求解 λ_j' 和 $\dot{q}_k$。

（4）初始加速度。初始加速度、初始拉格朗日乘子可直接由系统动力学方程和系统约束方程的两阶导数确定，写成分量形式：

$$\begin{cases} \sum_{k=1}^{n} \left[m_{ik}(q_k) \right] \ddot{q}_k + \sum_{j=1}^{m} \lambda_i \frac{\partial \phi_j}{\partial q_i} = Q_i(q_k, \dot{q}_k, t) \\ \frac{\partial^2 \phi_j}{\partial t^2} = \sum_{i=1}^{n} \left(\frac{\partial \phi_j}{\partial q_i} \right) \ddot{q}_i - h_j(q_k, \dot{q}_k, t) = 0 \end{cases} \tag{3-4-79}$$

$$h_j = -\left\{ \frac{\partial^2 \phi_j}{\partial t^2} + \sum_{i=1}^{n} \frac{\partial}{\partial t}\left(\frac{\partial \phi_j}{\partial q_i}\right) \dot{q}_i + \sum_{i=1}^{n} \frac{\partial}{\partial q_i}\left(\frac{\partial \phi_j}{\partial t}\right) \dot{q}_i + \sum_{i=1}^{n}\sum_{k=1}^{n} \frac{\partial^2 \phi_j}{\partial q_k \partial q_i} \dot{q}_k \dot{q}_i \right\} \tag{3-4-80}$$

其矩阵形式为：

$$\begin{pmatrix} \sum_{k=1}^{n} m_{ik}(q_k) & \sum_{j=1}^{m} \frac{\partial \phi_j}{\partial q_i} \\ \sum_{k=1}^{n} \frac{\partial \phi_j}{\partial q_k} & 0 \end{pmatrix} \begin{Bmatrix} \ddot{q}_k \\ \lambda_j \end{Bmatrix} = \begin{Bmatrix} Q_i \\ h_j \end{Bmatrix} \qquad i = 1, 2, \cdots, n; j = 1, 2, \cdots, m \tag{3-4-81}$$

式中的非零项已分解，可求 $\ddot{q}_k$ 和 λ_j。

（5）运动学分析。运动学分析主要研究零自由度系统的位置、速度、加速度和约束反力，因此只需求解系统约束方程：

$$\Phi(q, t) = 0 \tag{3-4-82}$$

由约束方程的牛顿—拉弗逊（Newton—Raphson）迭代方法确定任一时刻 t_n 的位置，求得：

$$\frac{\partial \Phi}{\partial q}\bigg|_j \Delta q_j = \Phi(q_j, t_n) \tag{3-4-83}$$

式中：$\Delta q_j = q_{j+1} - q_j$，$j$ 表示第 j 次迭代。

t_n 时刻速度、加速度的确定，可由约束方程求一阶、二阶时间导数得到：

$$\left(\frac{\partial \Phi}{\partial q} \right) \dot{q} = \frac{\partial \Phi}{\partial t} \tag{3-4-84}$$

$$\left(\frac{\partial \Phi}{\partial q} \right) \ddot{q} = -\left\{ \frac{\partial^2 \Phi}{\partial t^2} + \sum_{k=1}^{n}\sum_{l=1}^{n} \frac{\partial^2 \Phi}{\partial q_1^2} \dot{q}_k \dot{q}_1 + \frac{\partial}{\partial q}\left(\frac{\partial \Phi}{\partial t} \right) \dot{q} \right\} \tag{3-4-85}$$

t_n 时刻约束反力的确定，可由带乘子的拉格朗日方程得到：

$$\left(\frac{\partial \Phi}{\partial q} \right)^T \lambda = \left\{ -\frac{d}{dt}\left(\frac{\partial T}{\partial \dot{q}} \right)^T + \left(\frac{\partial T}{\partial q} \right)^T + Q \right\} \tag{3-4-86}$$

（6）动力学分析。ADAMS 程序采用拉格朗日乘子法建立系统动力学方程：

$$\begin{cases} \frac{d}{dt}\left(\frac{\partial T}{\partial \dot{q}} \right)^T - \left(\frac{\partial T}{\partial q} \right)^T + \phi_q^T p + \theta_q^T \mu - Q = 0 \\ \phi(q, t) = 0 \\ \theta(q, \dot{q}, t) = 0 \end{cases} \tag{3-4-87}$$

式中：$\phi(q, t) = 0$——完整约束方程；$\theta(q, \dot{q}, t) = 0$ 为非完整约束方程；

$\qquad\qquad T$——系统能量，

$\qquad\qquad q$——广义坐标列阵；Q 广义力列阵；

$\qquad\qquad p$——对应于完整约束的拉氏乘子列阵；

$\qquad\qquad \mu$——对应于非完整约束的拉氏乘子列阵。

对于有 n 个自由度的力学系统，确定 n 个广义速率以后，即可计算出系统内各质点及各刚体相应的偏速度及偏角速度，以及相应的 n 个广义主动力及广义惯性力。令每个广义速率所对应的广义主动力与广义惯性力之和为零，所得到的 n 个标量方程即称为系统的动力学方程，也称凯恩方程：

$$F^{(r)} + F^{*(r)} = 0 \qquad r = 1, 2, \cdots, n \qquad (3-4-88)$$

其矩阵形式为
$$F + F^* = 0, v = \dot{q}, \dot{v} = \ddot{q} \qquad (3-4-89)$$

得系统动力学方程：

$$
\begin{aligned}
&F(q, v, \dot{v}, \lambda, t) = 0 \\
&G(v, \dot{q}) = v - \dot{q} = 0 \qquad\qquad (3-4-90) \\
&\Phi(q, t) = 0
\end{aligned}
$$

式中：q——广义坐标列阵；

$\quad \dot{q}, v$——广义速度列阵；

$\qquad \lambda$——约束反力及作用力列阵；

$\qquad F$——系统动力学微分方程及用户定义的微分方程；

$\qquad \Phi$——描述完整约束的代数方程列阵；

$\qquad G$——描述非完整约束的代数方程列阵。

根据机构建模后各杆杆长的结果，建立虚拟样机模型，将已有的 Solidworks 机构模型图通过 Parasolid 格式作为接口，将打纬机构的几何模型导入到 ADAMS 中，如图 3-4-14 所示。从图中可以看出，将打纬机构整体导入虚拟样机软件中，零件数量较多，为了保持打纬机构的仿真精度，在进行运动学仿真之前，需做一些准备工作，总体机构分析思路参考图 3-4-15 所示。

（1）设置所有零件的材料属性。

命令：Modify $\longrightarrow$ Material Type $\longrightarrow$ Steel

注释：在虚拟样机仿真之前，根据实体中所选用的材料，对每一个零件材料属性进行设定，除需要重点分析的四连杆机构（曲轴、牵手、摆杆、推杆、钢筘）零件以外，其余零件由于对打纬机构整体动态性能影响不大，所以可采用默认的材料属性。而对于四连杆机构零件，根据实用钢材的型号，输入质量、惯性矩等

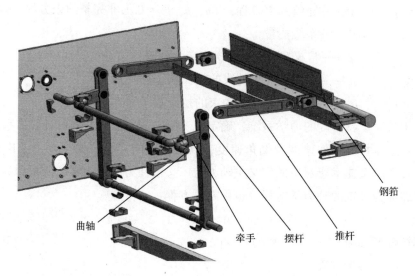

图 3-4-14　打纬机构爆炸图

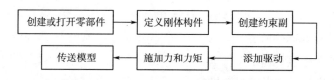

图 3-4-15　虚拟样机仿真流程图

物理参数。

（2）机构的约束设置，对静止的零件进行固定链接。

命令：Fixed Joint ── First body：pick part ── Second body：ground

注释：因固定件只引起微量震动，不参与运动仿真，所以可直接与地面锁定，将其与地面设置成固定链接，形成稳定、牢固的机架结构。

（3）对铰链接处零件进行旋转副连接设置。

命令：Revolute Joint ── First body：pick part1 ── Second body：part2

注释：part1 选取从动件，part2 选取主动件，选取旋转点要在旋转轴上，并且要垂直图面（Normal to Grid）。在曲轴和墙板连接轴承处添加约束副，方向垂直于平面，绕 Z 轴旋转，并且在曲轴左侧轴端添加伺服电动机驱动（Revolute Joint 铰链接处添加电动机 Motion，转速 1500r/min）。在牵手与摆杆这间添加旋转约束副时，应注意链接销的旋转副设置，即先将以牵手构件为参考，在牵手构件和链接销之间添加旋转约束副，再以链接销为参考，在链接销和摆杆之间添加旋转约束副，用相同的方法设置摆杆和推杆、推杆和钢筘连接套之间的旋转约束副约束。

（4）对钢筘进行移动副设置。

命令：Translational Joint ⟶ First body：pick part1 ⟶ Second body：part2

注释：part1 选取从动件，part2 选取主动件，再选取钢筘连接套的棱边作为水平运动轨道。打纬机构整体设置结果如图 3-4-16 所示，其约束类型和个数如图 3-4-17 所示。

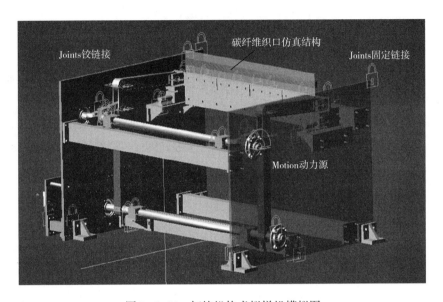

图 3-4-16　打纬机构虚拟样机模拟图

图 3-4-16 中，由于织口碳纤维组织机构复杂，无法完全构建三维模型，特添加一个与织物厚度相当的柔性杆用于力学性能的仿真。设置材料属性为纤维。

如图 3-4-17 所示，机构主体部分自由度为 1，机构运动方式确定，没有过约束的情况；所有零件均已完全固定（0 Moving Parts）；打纬机构两侧共计 32 个转动副（32 Revolute Joints）；2 个线性移动副（2 Translatinal Joints），即位于钢筘连接套处的两个移动约束；单侧伺服电动机作为动力源（1 Motions）。根据实际的要求设置仿真时间（End Time：3.6s）和步长（Steps：200），使用 STEP 函数可以使转速达到平滑过渡。

（5）求解器模块的介绍及设置。根据 ADAMS 内部算法，有两种积分器可供选择，刚性积分器有 GSTIFF（Gear）积分器、WSTIFF（Wielengastiff）积分器、DSTIFF（DASSAL）积分器和 SI2—GSTIFF（StabilizedIndex—2）积分器。此四种

```
验证模型：.R31
1 格鲁伯勒计数（最大自由度）
0 运动部件（不含地面）
32 个转动关节
2 平移关节
51 固定关节
1 运动
```

图 3-4-17　机构约束类型和个数

积分器都使用 BDF（Back—Difference—Formulae）算法，前三种积分器采用牛顿—拉弗逊迭代方法来求解稀疏耦合的非线性运动学方程，适用于模拟刚性系统（特征值变化范围大的系统）。

如图 3-4-18 所示，曲轴的前心时，筘齿运动到最前端位置，$L_{max} = 0.2299\text{m}$。曲轴的后心时，筘齿运动到最后端位置，$L_{min} = 0.2299\text{m}$。打纬动程为 0.1581mm，与 160mm 的预定打纬动程符合。

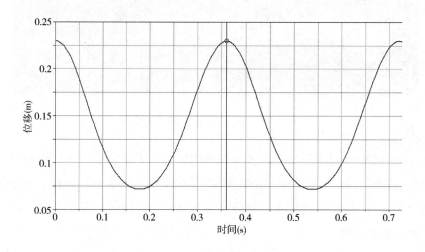

图 3-4-18　筘齿位移分析图

如图 3-4-19 所示，筘齿在一个打纬循环中，最大值为 1.4767m/s，负向最大值为-1.5667m/s。符合理论分析法所得计算结果的误差范围。

如图 3-4-20 所示，打纬运动在开始阶段出现微量振动，待打纬机构运动平稳后，测得机构运动加速度正向最大值为 17.7645m/s^2，负向最大值为-35.8459m/s^2。

在此运动状态下，结合钢筘及加重杆机构质量，如图 3-4-21 所示。

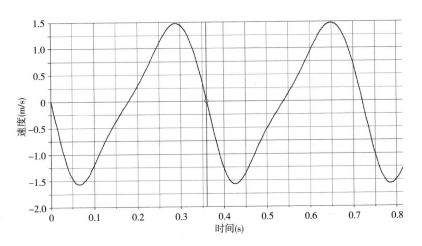

图 3-4-19 筘齿速度分析图

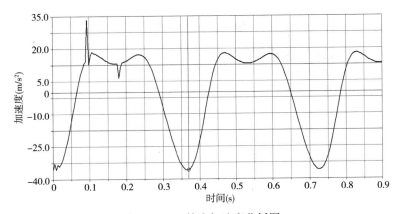

图 3-4-20 筘齿加速度分析图

21	打纬钢筘部件名称	质量(kg)
22	筘齿	7.70
23	筘齿夹板	3.90
24	上钢筘	23.04
25	下钢筘	23.81
26	加重杆	45.90
27	钢筘垫板	4.38
28	移动上导轨	11.50
29	连接块	3.10
30	总计	123.33

图 3-4-21 打纬机构钢筘零件质量图

可以得到在虚拟样机分析情况下，打纬机构打纬力约为4421N，与预定打纬力3920N（400kgf）相近。

六、基于 Kelvin 理论的打纬机构优化设计

（一）利用 Kelvin 模型分析钢筘打纬过程中的冲击载荷

在分析计算得出各杆件运动学和动力学结果后，在打纬力计算结果的基础上，建造一个四连杆+曲柄滑块简易机构，不断试验更改各杆杆长和铰链接点的位置，通过分析筘齿进入织口后的打纬力，优化各杆长度。

在筘齿运动到最前端的时候，筘齿与柔性杆接触形成冲击，从而得出打纬机构各杆间的力。再通过 ADAMS 构建的四连杆+曲柄滑块机构，改变各杆的长度及相对位置，可以做到合理优化机构模型的目的。

图3-4-22　简易四连杆打纬机构图

如图 3-4-22 所示的简易四连杆打纬机构图，打纬机构前端是一模拟织口柔性机构，在打纬运动进行过程中，筘座运动到最前端与织口接触，从而产生了柔性冲击载荷。于是在筘座运动的垂直方向施加物体与物体的柔性冲击载荷，冲击载荷方向与筘座运动方向相反。

对于冲击载荷的设置，如图 3-4-23 所示，运用 Hertz 理论与动力学理论描述钢筘将纬线推入织口，形成撞击，并在此基础上，根据 Kelvin 撞击模型确定冲击载荷的各项参数，针对冲击过程中所涉及的力学参数作以下说明。

在 ADAMS 冲击仿真中，有两种计算接触力的方法：补偿法和冲击函数法。两种方法对计算结果的影响差别不大，在此主要用冲击函数法进行系统分析。在钢筘将纬纱打入织口时，钢筘与织口的接触力可分解成两部分：正压力和摩擦力。正压力使用 Impact 函数法进行计算，摩擦力使用 Coulomb 法进行计算。

（1）接触正压力的计算模型，采用 Impact 函数提供的非线性等效弹簧阻尼模型作为接触力的计算模型。根据 Impact 函数来计算钢筘与碳纤维织口之间的接触

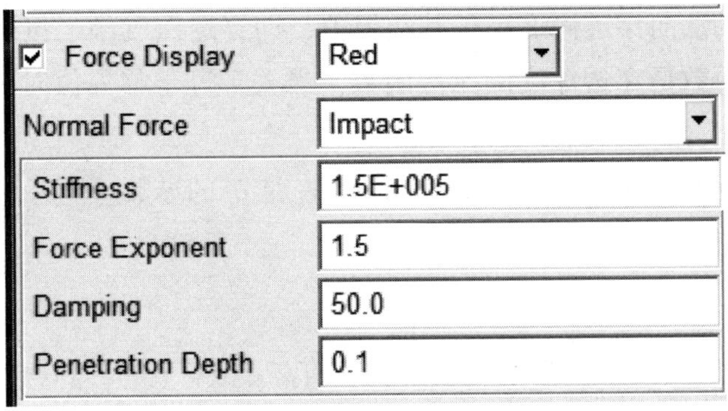

图 3-4-23　冲击参数设定

力时，接触力又将分成两部分：一个是由于钢筘与碳纤维织口之间的相互切入而产生的弹性力，将纬纱推入织口过程中，所受到的阻力，其反作用力是有效的打纬力；另一个是由于受到多层织物同时打纬的影响，纬纱、经纱、钢筘之间存在阻尼力。所以打纬过程中，接触力冲击载荷，其广义形式可以表示为：

$$F_{ni} = K\delta_i^e + CV_i \qquad (3-4-91)$$

式中：F_{ni}——打纬接触力，N；

K——Hertz 接触刚度，表示接触表面的刚度，N/mm；

e——力的指数，刚度项的贡献因子。对于刚度比较大的接触，$e > 1$，否则 $e < 1$。对于金属，e 常用 $1.3 \sim 1.5$，对于橡胶，e 可取 $2 \sim 3$，e 一般用 1.5；

C——阻尼系数，N·s/mm，通常取刚度值的 $0.1\% \sim 1\%$，一般取 $10 \sim 100$ N·s/mm。

δ_i——接触点的法向穿透深度，mm。

一般来说，刚度值越大，积分求解越困难，但是如果刚度值过小，就不能清晰模拟钢筘与织口碳纤维组织之间的真实接触情况。参考已有的冲击实验，K 值的范围在 $10^5 \sim 2 \times 10^5$ N/mm。

接触定义界面中所输入的值，应该是阻尼达到最大值时的穿透深度，由碰撞动力学模型可知，两物体接触后，阻尼很快就达到最大值，且在接触过程中保持不变，因此，此时输入的穿透深度的取值应该越小越好。同时考虑到 ADAMS 中的数值收敛性，以及打纬机构并非完全是刚性机件的影响，所以一般可采用 ADAMS 中推荐的取值 0.1mm，阻尼达到最大值后，构件之间的相互切入还可以继续，如图 3-4-24 所示。

当接触点的法向穿透深度小于其临界值，即穿透深度小于接触定义界面中的输入值，阻尼系数是穿透深度的三次函数，当大于等于临界值时，阻尼值也到达其最大值。

V_i ——接触点的法向相对速度，mm/s，V_i 是 δ_i 的导数。

ADAMS 中的法向接触力是严格按照公式 $F_{ni} = K\delta_i^e + CV_i$ 计算所得的。在后处理过程中，可以测得某一时间点两接触物体之间的实际穿透深度和相对速度，再结合接触定义时设定的刚度值、指数值和阻尼系数，可以使用公式 $F_{ni} = K\delta_i^e + CV_i$ 计算出该时间点的法向接触力。

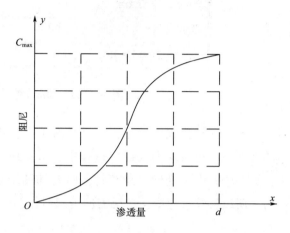

图 3-4-24　渗透量与阻尼关系图

（2）接触定义中的摩擦力。在定义钢筘与织口碳纤维织物接触时，摩擦力的定义对接触力的测量结果有很大影响，定义摩擦力可以使接触力曲线更平滑，更趋近真实。接触力中的摩擦力是接触正压力和摩擦系数的乘积。ADAMS 接触力中的摩擦是非线性摩擦模型，是动摩擦与静摩擦之间按照两接触物体的相对滑移速度的相互转换确定的，如图 3-4-25 所示。

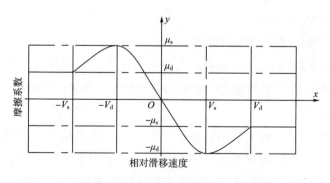

图 3-4-25　摩擦系数与冲击速度关系图

图中 V_s 为静摩擦转变速度，V_d 为动摩擦转变速度，μ_s 为最大静摩擦系数，μ_d 为动摩擦系数，$V_s < V_d$，$\mu_s < \mu_d$。

当相对滑移速度的绝对值由 0 逐渐转变为 V_s，物体所受的是静摩擦，静摩擦系数的绝对值由 0 逐渐转变为 μ_s；当相对滑移速度的绝对值由 V_s 逐渐转变为 V_d 时，物体处于由静摩擦向动摩擦的转换过程中，摩擦系数的绝对值由 μ_s 逐渐转变为 μ_d，当相对滑移速度的绝对值大于 V_d 时，物体所受的是动摩擦，摩擦系数不变，为 μ_d。

在实际打纬过程中，钢筘与纱线之间，以及钢筘与碳纤维组织之间的摩擦在绝大多数情况下都是动摩擦，所以一定要保证动摩擦系数的准确性。动力学仿真，静摩擦系数的准确性对试验结果的影响相对来说较小，在参数设置过程中精度可适度降低。图 3-4-26 所示为摩擦力的参数设置情况。

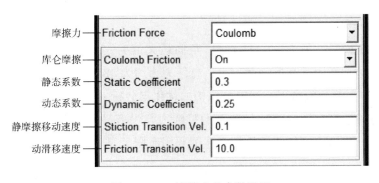

图 3-4-26　摩擦力的参数设置

Hertz 理论解决常规的问题属于：已知载荷与冲击作用力的大小，求解变形及应变。而本课题要研究的问题是已知打纬机构的瞬时位置，根据各零件的相互位置关系，求解力的过程，属于 Hertz 理论的反求应用。

打纬钢筘与碳纤维织口的接触可近似为曲面与曲面之间的接触，钢筘长度 $l = 1210\text{mm}$，冲击载荷 Q，分布在钢筘上的单件载荷为 $q = Q/l$，钢筘与织口的接触宽度约为织物的厚度即：$2b \approx 30\text{mm}$，冲击会形成矩形接触面。从而确定 Hertz 接触刚度、打纬钢筘的厚度，打纬钢筘的厚度与织口碳纤维组织已成织物的长度比、打纬撞击速度以及打纬钢筘的横截面积共同决定了 Kelvin 碰撞单元参数的取值。

根据以上理论分析，分别设置虚拟样机各冲击参数，对钢筘进行动力学分析，通过对冲击载荷的分析，得出钢筘在打纬前心时，所受的最大作用力，将动力学模拟转化为最危险位置时的静力学问题，连杆机构只要在打纬前心满足力学要求，那么在其他的运动位置便可以满足要求。根据以上理论分析，将参数输入到虚拟样机 ADAMS 中，可以得到在冲击载荷状态下钢筘加速度图，如图 3-4-27 所示。

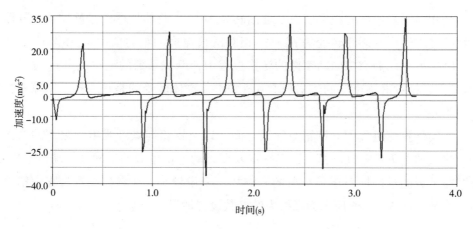

图3-4-27　冲击载荷情况下的钢筘加速度图

加速度正向最大值为 32.11 m/s²，负向最大值为-38.73 m/s²。低速冲击对钢筘有一定的冲击作用，在此种状况下，打纬力为约为4841.25N。

（二）冲击载荷状态下，对连杆机构的优化与分析

由于打纬速度有限，该种状况下的打纬力与没有冲击载荷情况下的打纬力相比变化不大。将该连杆打纬机构的简易图利用有限元进行分析研究，如图3-4-28所示。

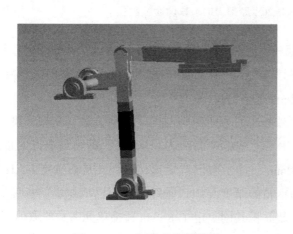

图3-4-28　打纬机构简易图

在有限元分析软件 workbench13.0 的辅助下，可以总体分析出机构最危险的应为打纬机构的摆杆零件。由于该打纬机构牵手和推杆在钢筘入织口的过程中，并不在同一直线上，所以有必要对摆杆这一构件进行优化设计，保持其工作状态下，输出的稳定性，同时提高打纬运动的精度。由图3-4-29 可分析得出打纬较危险截面位于摆杆底部与轴承连接处。在摆杆与推杆连接的铰链处，也有较大的应力。碳纤维多层织机引纬中剑带的材料为45号钢，对于材料属性，杨氏模量为 $E = 2.06 \times 10^{11}$ Pa，泊松比 $\mu = 0.3$，密度为7850kg/m³。

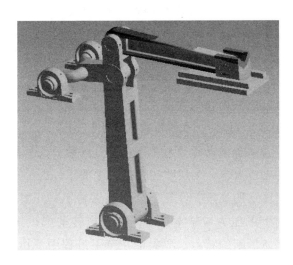

图 3-4-29　打纬机构摆杆优化后应力分析图

在对摆杆与轴承连接部分加强后，如图 3-4-29 所示，可以看出应力最大位置由摆杆与轴承连接的底部转移到摆杆与推杆相铰链的上部。在摆杆底部尺寸加强的情况下，有效地提高了杆件所能承载的应力。使摆杆在工作中可以承受更大的载荷，从而做到了优化结构的目的。

第五节　三维织机厚重织物卷取机构设计

目前国内外的织机大都采用卷取蜗轮箱驱动形式；把织物进行卷取，针对碳纤维织物的特殊性以及织物较厚等特点，碳纤维多层织机的卷取机构比较特殊，采用的是五组罗拉把织物压紧，通过驱动系统带动罗拉转动，从而将织物从织口牵引出来。该卷取机构设计了双摇杆力放大机构，给罗拉提供足够大的力把织物压紧；驱动机构采用的是电动机通过传动轴带动一组啮合齿轮以及同步带分别带动上下罗拉转动，从而把织物从织口牵引出来。

一、卷取机构设计

1. 多层机织三向织物结构特点

（1）空间 X、Y、Z 三个方向取向分布，故三个方向力学性能接近，抗拉、压、剪性能接近；

（2）经纱不发生运动，故保障了初始排布均匀性和稳固性；

（3）在每列经纱间沿厚度方向引入法向纱，使层与层之间固结。

卷取机构就是把织好的织物从主机部分引离出来，卷取的速度由织物的纬密来确定。对于薄层织物，采用传统的卷绕式机构，该机构就是把已经织好的织物从织口牵引出来，同时把织物卷到卷取辊上，以保证连续生产织物，同时使织物达到一定的纬密；当织物较厚时，采用平移式牵引机构。

2. 针对厚层非异型截面织物设计的平移式牵引机构的技术要求

（1）机械部分的功能要求。上层罗拉根据时序要求，能够准确地上升或下降，罗拉上升时需要达到规定的高度，罗拉下降时能够将织物压紧，同时应确保压力适中，且在同一截面上的压力应基本相等，靠罗拉转动把织物从织口牵引出来，针对碳纤维不耐磨且易折断的特点，要保证在牵引过程中罗拉对织物有足够大的牵引力，且织物不被磨损。

（2）控制部分的功能要求。驱动部分采用伺服电动机带动两组同步带轮减速后带动上下层中间的罗拉转动，再通过过桥齿轮分别从两边传递动力，从而实现五组罗拉同时同步转动，且上下层罗拉的转向相反。罗拉根据打纬进程间歇式的转动，加压部分是气缸带动上层罗拉上下移动，设计了双摇杆力放大机构，在牵引机构的两侧分别设有一个气缸，这两个气缸同时同步加压，从而保证给织物提供足够大的牵引力，上层罗拉的上下移动步调要与主机的工作步调相协调。

二、牵引机构设计

针对厚层非异型截面织物的牵引机构（图3-5-1），该机构采用气缸带动双摇杆力放大机构对织物施加压力，然后由上下五组罗拉相对运动平行地牵引织物，由于该碳纤维织物厚度大，且碳纤维易折弯，不能用常规的卷取机构，只能平行地把织物从织机牵引出来。该机构主要由三部分组成：驱动部分、双摇杆加压部

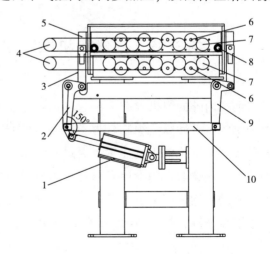

图3-5-1 牵引机构简图

1—气缸 2—主动直角臂 3—连杆
4—同步带轮 5—上罗拉板 6—过桥齿轮
7—罗拉齿轮 8—滑道轮 9—直角臂 10—连接杆

分和五组罗拉牵引部分，机构的工作原理如下。

首先织物由主机进入上下层罗拉间，靠气缸加压，使上层罗拉向下移动，从而使罗拉把织物压紧，然后靠驱动部分带动上下罗拉同时同步转动，把织物从主机牵引出来，完成牵引动作。上层罗拉的运动是靠气缸经过力放大机构——双摇杆机构（图3-5-2），把气缸提供的力放大，施加到上层罗拉，从而上层罗拉对织物能够提供足够大的压力，把织物压紧，进而通过电动机带动罗拉转动，靠罗拉与织物间的摩擦力把织物从织口牵引出来。

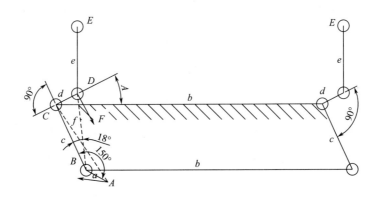

图3-5-2 双摇杆机构简图

$a = 55\text{mm}$, $b = 765\text{mm}$, $c = 210\text{mm}$, $d = 70\text{mm}$, $e = 195\text{mm}$

（一）双摇杆力放大机构设计及计算

该放大机构左右对称，故取左边一半作为研究对象，气缸施加的力作用在曲杆 acd 的 a 端上，d 杆与 c 杆的夹角是 $90°$，d 杆与水平夹角设为 α，连接点 A 与 C，组成三角形 ABC，分析 D 点在竖直方向的力 F_1 与气缸的推力 N 之间的关系，应用力分解公式，D 点的力 F 在竖直方向的分力 F_1 为：

$$F_1 = F\cos A \tag{3-5-1}$$

应用力分解公式，D 点的力 F 在水平方向的分力 F_2 为：

$$F_2 = F\sin A \tag{3-5-2}$$

利用力矩平衡方程：

$$N \cdot AC \cdot \sin(90° - A) = F \cdot d \tag{3-5-3}$$

利用余弦定理：

$$\cos 150° = \frac{a^2 + c^2 - AC^2}{2ac}$$

得 AC 的长度。

联立以上方程可得气缸推力 N 与施加到上层罗拉上的竖直拉力之间的关系，当夹角 A 取零时，$\frac{F_1}{N}$ 有最小值 3，因此，采用此双摇杆力放大机构后，力最小放大了 3 倍，根据功能原理，气缸的动程最小是上层罗拉动程的 3 倍。

根据胡克定律得罗拉对织物的最小压力为：

$$F_2 = \frac{F_1}{\mu} = 6 \times 10^3 \qquad\qquad (3-5-4)$$

式中：初定牵引力为 $F_1 = 4 \times 10^3 \mathrm{N}$；碳纤维与糙面橡胶的摩擦系数为 $\mu = 0.667$。

气缸选型为：缸径 $\phi = 100\mathrm{mm}$，动程 $L = 120\mathrm{mm}$。

（二）双摇杆机构在 Pro/E 中的动力学分析

碳纤维多层角联织机采用气缸对双摇杆力放大机构对上层罗拉施加力，从而把气缸力放大，双摇杆机构作为施加并放大力的主要机构，气缸选用动程 50mm，该牵引机构是针对厚重织物设计的，该机器适用于不同厚度的碳纤维织物，下面通过 Pro/E 中的仿真模块，分析针对不同厚度的织物，上层罗拉的位置、速度及加速度。图 3-5-3 ~ 图 3-5-5 分别是上层罗拉在余弦运动规律气缸的驱动下对织物施加压力的运动学曲线图，上层罗拉的下压时间为 10s。

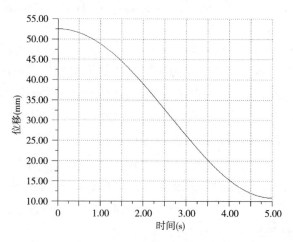

图 3-5-3　上层罗拉的位移曲线图

从图 3-5-4 和图 3-5-5 可以看出，上层罗拉的最大速度和加速度不大，对织物的冲击不大。只要合理设计控制规律，可实现对不同厚度的织物进行牵引。

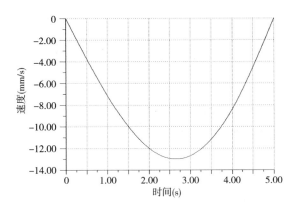

图 3-5-4 上层罗拉的速度曲线图

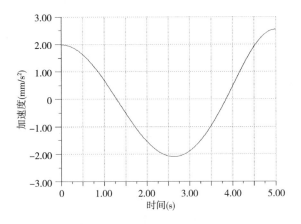

图 3-5-5 上层罗拉的加速度曲线图

三、储纬机构设计

（一）储纬机构的技术要求

提高织物质量最关键的因素之一是在织造过程中严格控制纱线张力的恒定。如果不使用储纬器，纬纱间断性的退绕以及随着筒子上纬纱半径越来越小，会导致纬纱张力有较大的波动、纬纱断头增多以及织疵不断增加。使用储纬器后，可以使纬纱从筒子上连续退绕，从而使退绕张力及纬纱的引纬张力更为均匀，因此，储纬器成为打纬机构必须的辅助机构。

由于碳纤维是无捻长丝，剪切强力低，故退绕时易起毛、粘连、断头，从而造成织造困难，因此，三维织机的储纬器应满足以下条件：①采用径向退绕，避免使纱线加捻；②要实现定长储纬；③尽量减小对纱线的磨损；④控制精度要高。

（二）储纬机构的设计

传统的储纬器都是纬纱轴向从纱轴上退绕下来，进入储纬器。由于碳纤维织造困难，若采用传统的储纬器会使纱线产生加捻、起毛、断头等现象。因此，三维织机的储纬器采用径向退绕来代替传统的轴向退绕。根据碳纤维的特殊性，采用一套气流径向定长储纬装置，该装置对称地安装在主机的两侧，如图 3-5-6 所示。

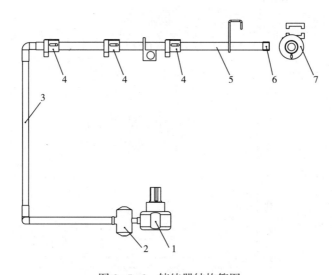

图 3-5-6　储纬器结构简图

1—风机　2—废纱筒　3—吸风管　4—传感器　5—储纱管　6—吸风口　7—纱轴部分

该装置的工作原理是，伺服电动机带动纱筒主动转动，使纱线从纱筒上径向退绕下来，靠吸风口装置，把纱线储存在储纱管内，采用传感器来感测纱线的位置，从而确定纱线长度，实现定长储纬的目的。当纱线只到达右侧第一个传感器，说明储纱太短，可能是纱线断头或机器故障问题；当纱线到达第二个传感器而未到达第三个传感器说明储纱量正好，机器正常工作；当纱线到达第三个传感器，说明储纱量太大，应立即停车。

该储纬器装置结构简单，控制精度高，可以使纬纱从筒子上连续退绕，从而使退绕张力及纬纱的引纬张力更为均匀，同时满足不使纱线加捻，又减少对纱线的磨损。

第六节 三维织机多轴送经机构设计

一、送经机构设计要求

（一）送经机构方案研究及参数设计

1. 送经机构的特殊要求

碳纤维多层角联织机的送经机构作为可适用于碳纤维、玻璃纤维等扁平丝纤维织造的特殊机构，应具有符合其功能的特殊要求，可总结为以下几点。

（1）送经机构送出经纱的密度高、根数多。

（2）送经机构可控制经纱张力，并减少纱线的损伤。

（3）在送经过程中保持碳纤维的平展形态。

（4）采用组合式经轴积极式连续平展送经机构。

2. 现有送经机构形式研究

现有织机的送经机构形式主要可归纳为以下两种形式。

（1）筒子架式送经装置。筒子架式送经装置的特点为：

①纱线数量较多时，机构占地面积较大；

②经纱在由筒子架式送经装置进入主机过程中，存在两个方向的折角，不利于保持经纱的平展状态；

③经纱送出形式与经纱张力控制形式多为被动方式，其动力主要依靠主机部分牵引完成。

（2）经轴式送经装置。经轴式送经装置的特点为：

①占地面积较小；

②送经过程中只有一个方向的折角，有利于保持经纱的平整状态；

③经纱送出形式与张力控制形式可采用主动形式，也可采用被动形式，其中主动的送经形式更适用于长纱路的织造。

通过对上述两种送经装置的分析，可知经轴式送经形式可较好地满足碳纤维多层角联织机的送经要求。

3. 送经主轴及张力部件数量的确定

通过对前面三种织物结构研究，认为织造一个织物组织循环过程经纱消耗量相同，58组接结纱消耗量相同，2组单层交织的接结纱消耗量相同，29组衬经纱消耗量相同。但由于开口的作用，对不同组纱线伸长量的要求在不同时间段不同，在纱线自身不能伸长的情况下，必须由送经机构在不同时间段分别对纱线进行长度调节。需依据开口规律、分层数、耗纱量、耗纱时间、纱线的断面尺寸、每层纱线密度等来划分和确定织轴和张力装置的数量。

结合对送经形式的分析，可得出不同种织物所需送经主轴及张力部件的数量。

第一种织物，纬纱按 30 层计算。接结纱有 2 组，可共用 1 个轴，经纱 29 层，30 轴以内即可，张力装置需要约 30 套。

第二种织物，纬纱按 30 层计算。接结纱有 58+2 组，共 60 组，衬经纱 0 层。织轴数需要根据经纱总数、分层数和经纱断面尺寸确定，最少需要 30 轴，张力装置需要约 60 套。

第三种织物，纬纱按 30 层计算。接结纱有 58 +2 组，衬经纱 29 组，织轴总数≤前两种织轴数之和，最少为 60 轴，但张力装置数量应等于前两种之和，即 90 套。

4. 张力机构用纱量的计算

（1）角联织物一次织造过程中经纱消耗量的计算。张力部件的作用是：提供纱线织造过程中恒定的纱线张力，保证纱线在织造过程中始终保持绷紧状态；储存主机在开口运动时所需的纱线用量，保证在进行开口运动时多余纱线用量可由张力部分进行补偿。

在织机运行过程中，与张力部分储纱量 Δl 相关的数据如下。

①开口最大高度 H。此时，经纱被开口机构提到最高点，所需纱线量为最大长度 l_{max}。

②纱线消耗量。即引入一次纬纱，打纬形成织物后经纱用量 l_h。

③后梁位置与开口处的距离 s_q 以及开口处与形成织物处的距离 s_h，开口处情况如图 3-6-1 所示。

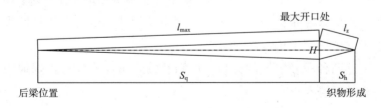

图 3-6-1　开口情况示意图

如图 3-6-1 所示，当 s_q、s_h 以及 H 确定后，l_{max} 与 l_z 也随之确定，张力部分储

纱量 Δl 的计算公式为：

$$\Delta l = (l_{\max} + l_z) - (s_q + s_h) \tag{3-6-1}$$

根据主机部分对开口处的要求，各数据确定如下：

$$s_q = 1500\text{mm}$$
$$s_h = 190\text{mm}$$
$$l_{\max} = 1500.8\text{mm}$$
$$l_z = 196.6\text{mm}$$

则可得张力部分储纱量：

$$\begin{aligned}
\Delta l &= (l_{\max} + l_z) - (s_q + s_h)\\
&= 1500.8 + 196.6 - (1500 + 190)\\
&= 7.4\text{mm}
\end{aligned}$$

（2）深角联织物一次织造过程中法向经纱消耗量的计算。当打纬运动结束时，因为受到打纬力的影响，使法向经纱和纬线紧紧抱合，这期间经过单次打纬运动消耗的法向经纱的量，就是法向经纱的耗纱量。本书中研究的碳纤维深角联织物的最大层数为 30 层，那么一

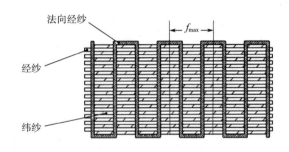

图 3-6-2　法向经纱耗纱量示意图

次织造过程中的最大耗纱量为垂直完成一次打纬运动所消耗的法向经纱长度，如图 3-6-2 所示。

如图 3-6-2 所示，织造 30 层深角联织物时，一次织造过程中法向经纱的最大耗纱量为垂直耗纱量，即图中 $f_{\max}$ 范围内法向经纱的耗纱量。以图 3-2-1 中的深角联织物为例，选用纬纱 12K，经纱 12K，法向经纱 6K，设 12K 碳纤维的截面宽度为 k_1，厚度为 h_1，6K 碳纤维的截面宽度为 k_2，厚度为 h_2，则由图 3-6-2 得：

$$f_{\max} = 28h_1 + 4h_2 + k_1 \tag{3-6-2}$$

根据实验室已有的碳纤维测得：

$$h_1 = 0.3\text{mm} \quad h_2 = 0.3\text{mm} \quad k_1 = 3\text{mm}$$

由 2-2 式可得：

$$f_{\max} = 28 \times 0.3 + 4 \times 0.3 + 3 = 12.6\text{mm}$$

5. 双辊式张力补偿机构摆动量的计算

传统织机经纱张力补偿方式一般为摆动后梁式，此机构的特点是可主动补偿主机部分开口及综平运动造成的经纱长度变化，但只适用于织造层数少、补偿量较小的织造运动。由于碳纤维多层角联织机完成的织造层数较多，而且开口量较大，导致经纱长度变化大。考虑采用双辊摆动式张力补偿机构，该机构由一根回转轴、一根摆动轴及两个纱辊连接件组成，回转辊通过两侧轴头与支撑墙板上的支撑轴承连接，摆动辊可沿切向摆动。机构简图如图 3-6-3 所示。

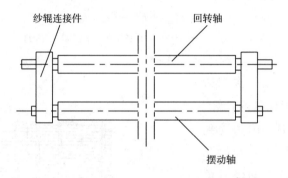

图 3-6-3　双辊摆动式张力补偿装置机构简图

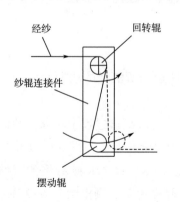

图 3-6-4　纱线行走方式及补偿方式

经纱由送经装置送出后进入双辊摆动式张力补偿装置，纱线行走方式及补偿方式如图 3-6-4 所示。图 3-6-4 所示实线部分为综平时（补偿前）摆动辊位置，虚线所示为开口最大时（补偿量最大时）摆动辊所处位置，摆动辊走过角度即为补偿角度。在摆动角度很小的情况下近似认为摆动辊走过的弧长与弦长相等，双辊轴间距为 100mm。若要满足 7.4mm 的补偿量，经计算可知只需摆动 4.25°即可。在摆动辊摆动的反向安装回复弹簧，可使双辊摆动式张力补偿机构具有主动回复力，并保持经纱的绷紧状态。

6. 一次织造过程中经纱耗纱量的计算

经纱在经过打纬运动后，在打纬力的作用下会与纬纱紧密抱合，所谓耗纱量即为完成一次打纬运动所需经纱长度。织物中经纱存在形式如图 3-6-5 所示。

在图 3-6-5 中，纬纱外轮廓线近似为二次曲线，在图示坐标系中，可求得拟合二次曲线的近似方程为：

$$f(x) = 0.134x^2 \qquad (3-6-3)$$

积分得该二次曲线长度为 3.61mm，在一个循环中，接结纱的消耗量为 3.61mm，衬经纱耗纱量为 3.3mm，按照最大的接结纱消耗量计算得到对应摆臂的摆动角度为 2.05°。

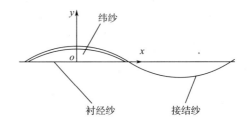

图 3-6-5 织物中纱线存在形式

7. 双辊摆动式张力补偿装置工作情况分析

在织造三种织物时，第三种织物涉及的主轴与张力补偿装置数量较第一种与第二种织物多，且经纱情况复杂，因此，第三种织物由于织物结构及送经方式的特殊性，对张力部分的工作状况有特殊要求。在理论条件下，每根送经主轴送出的上下接结纱在织造过程中的消耗量是相同的，即在织造过程中上下接结纱所经过的摆臂的摆动角度是相同的。在该条件下，摆臂的摆角会有三种工作状态，第一种是在开始织造前，调节纱线上机张力时的初始摆角；第二种是在开口达到最大时，摆臂产生的最大摆角；第三种是纱线在开口之后的综平状态时，摆臂回摆产生的不同于初始摆角的工作位置。由于纬纱的引入，导致综平之后接结纱会有一部分消耗，消耗量小于最大开口时纱线的消耗，因此，第三种摆角处于初始摆角与最大摆角之间。

在理论条件下，送经系统的工作过程为：上下接结纱层消耗量相同，摆臂的摆动角度相同，在每根主轴送出的两层接结纱完成各自织造运动后，摆臂所处位置相同，然后在下一次循环到这两层接结纱之前，由送经伺服电动机带动主轴，送出纱线，纱线送出量与一次织造纱线的消耗量相同，使摆臂回到初始位置。

在实际工作条件下，开口处情况较为复杂，主要体现为实际开口尺寸不同于理论开口尺寸，会使纱线的消耗量产生偏离理论消耗量。由于摆臂的转动角度可直接反应纱线的消耗量，因此，在摆臂的回转轴上安装有与之同轴的角位移传感器，通过传感器感应摆臂的摆动角度，并反馈给伺服电动机进行纱线送出量的控制。

当开口运动的实际最大开口量不同于理论值时，此时角位移传感器感应此非正常最大摆臂转动角度 α_1，综平时摆臂转动角度 α_2，与该层纱线同轴送出的另外一层接结纱的最大摆臂转角 α_3，综平时摆臂摆角 α_4，初始摆角记为 α_0，摆臂理论最大摆角记为 α_{max}。根据实际最大开口时摆臂摆角与理论最大摆角的大小关系，可将上述情况分为以下两种。

（1）当 α_1（α_3）< α_{max} 时。由于最大开口量小于理论计算值，且纱线在开口、综平过程中会产生消耗，因此，上述四个角度必定处于初始摆角与理论最大摆角之间，这种情况可不考虑两层接结纱对应摆臂的最大摆角。对综平时的摆臂摆角 α_2 与 α_4 进行分析，当 α_2 与 α_4 相等或偏差极小时，送经运动对应的两个摆臂回摆角度 α_h 取 α_2 与 α_4 的均值，即：

$$\alpha_h = \frac{\alpha_2 + \alpha_4}{2} \tag{3-6-4}$$

当 α_2 与 α_4 相差较大时，由于上下接结纱的消耗量在纬密一定的情况下消耗量近似相同，出现这种状况则说明形成的织物纬密或其他部分出现问题，应停机并对主机部分进行检查。在整个过程中伺服电动机不需额外送出补偿纱线，只待两层接结纱达到综平位置后，并于下一次循环运动到该两层接结纱之前完成送经运动即可。

（2）当 α_1（α_3）> α_{max} 时。由于最大开口量大于理论计算值，且纱线在开口、综平过程中会产生消耗，因此，上述四个角度的大小关系为 $\alpha_0 < \alpha_2$（α_4）< $\alpha_{max} < \alpha_1$（α_3），这种情况需首先考虑两层接结纱对应摆臂的最大摆角，由主轴送出的两层接结纱依次开口，即这两层纱线为间歇运动，需送经主轴在该过程中额外送出补偿纱线，使摆臂回到理论最大摆角位置，额外送出的纱线相对于同一根主轴的另外一层接结纱为过送经量，需要摆臂的回摆对额外纱线进行储存。这种情况下的摆臂的回摆有两种状态，一种是开口之前的初始状态回摆，此种状态为产生过送经量纱层处于该循环开口运动之前，未参与开口；另外一种是综平之后的回摆，此时，过送经量纱层已经完成开口运动，并处于综平后回摆状态。由过送经量引起的摆臂过摆动角记为 α'，考虑到额外补偿纱量较小，即摆臂过摆动量较小，近似认为纱线额外补偿量小于一次织造中纱线的消耗量。

对综平时的摆臂摆角 α_2 与 α_4 进行分析，当 α_2 与 α_4 相等或偏差极小时，送经运动对应的两个摆臂回摆角度 α_h 取 α_2 与 α_4 的均值，即：

$$\alpha_h = \frac{\alpha_2 + \alpha_4 - \alpha'}{2} \tag{3-6-5}$$

当 α_2 与 α_4 相差较大时，由于上下接结纱的消耗量在纬密一定的情况下消耗量近似相同，出现这种状况则说明形成的织物出现问题，应停机对主机部分进行检查。在整个过程中伺服电动机需额外送出补偿纱线，并需在两层接结纱达到综平位置后，并于下一次循环运动到这两层接结纱之前完成送经运动。

（二）织物幅宽与送经系统对应关系

1. 盘头卷绕经纱根数计算

按照参数要求，经纱密度2~6根/层/cm以及最大根数（T300 20000根，T700 10000根），计算不同幅宽情况下，每层经纱数量范围，所得数据见表3-6-1。

表3-6-1　不同幅宽对应每层经纱理论纱线数量

织物幅宽（mm）	每根经轴上筒子数量（个）	T300碳纤维每层数量（根）	T700碳纤维每层数量（根）
200	1	40~120	20~60
400	2	80~240	40~120
600	3	120~360	60~180
800	4	160~480	80~240
1000	5	200~600	100~300
1200	6	240~720	120~360

盘头尺寸如图3-6-6所示。

每个盘头上碳纤维卷绕根数是固定的，T300为60根，T700为30根。在碳纤维最大根数条件下（即T300 20000根，T700 10000根），可知在幅宽为1200mm时，T300每层根数为20000/60＝334根，T700根数为10000/60＝167根。

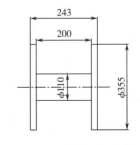

图3-6-6　盘头尺寸示意图

2. 不同幅宽对应盘头数量

（1）200mm幅宽不同织物织口幅宽对应的盘头数量及形式。角联锁结构织物如图3-6-7所示，加强角联锁结构织物如图3-6-8所示。

（2）400mm幅宽不同织物织口幅宽对应的盘头数量及形式。角联锁结构织物如图3-6-9所示，加强角联锁结构织物如图3-6-10所示。

对于其他幅宽的不同种织物，可按照上述两种幅宽对应的盘头情况进行类推。

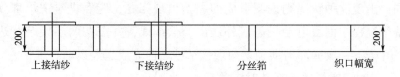

图 3-6-7　200mm 幅宽角联锁织物对应盘头情况

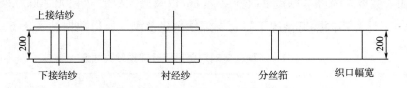

图 3-6-8　200mm 幅宽加强角联锁织物对应盘头情况

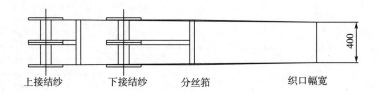

图 3-6-9　400mm 幅宽角联锁织物对应盘头情况

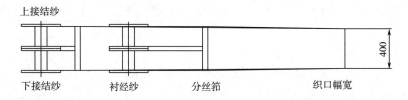

图 3-6-10　400mm 幅宽加强角联锁织物对应盘头情况

该送经机构最大可满足 1200mm 幅宽的织物织造，并可实现织造幅宽 200mm、400mm、600mm、800mm、1000mm、1200mm 的有级调节。

二、机械结构设计要求

碳纤维多层角联织机主要工作部件包括送经部件、张力部件以及拢纱部件。为了实现对织物品种及织物幅宽变化的通用性，结构要求如下。

（1）送经部件采用可调机构，织造速度可调，织造幅宽可调，织造种类可调。

（2）张力部件减少经纱与过纱辊的滑动摩擦，并可在织造过程中保持纱线张力。

（3）拢纱部件中心高度与主机中心高度一致，可使经纱对称进入主机。

（4）整个送经系统中，为减少碳纤维与零部件的摩擦损耗，尽量使碳纤维与零件之间不产生相对滑动，并避免纱线折角过大造成的损耗。

三、送经部件机构设计

（一）送经部件传动方案设计

为方便更换经纱盘头，送经主轴采用中间支撑、两端悬臂的支撑方式。另外，为保证织造速度、织造种类可调以及刹车灵敏，采用伺服电动机加两级减速的传动方案，两级减速中第一级为行星齿轮减速器，第二级为蜗轮蜗杆减速箱，由蜗轮带动送经主轴转动。机构简图如图 3-6-11 所示。

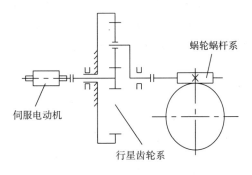

图 3-6-11 送经主轴机构简图

（二）其他机构设计

（1）根据碳纤维多层角联织机的参数要求，织物幅宽可调，卷取长度≥500m，选用短卷绕长度，大卷绕半径的经纱盘头，每根送经主轴最多安装 6 个经纱盘头，在送经主轴两侧对称布置。

（2）送经部件共包括 60 根送经主轴，为使加工及安装调试方便，应尽量降低送经部件高度，并采用单元式布置方式，60 根送经主轴布置方式如图 3-6-12 所示。

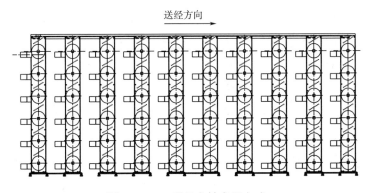

图 3-6-12 送经主轴布置方式

如图 3-6-12 所示，送经主轴采用 6 行×10 列的布置方式，纵向每 6 根主轴组成一个小装配单元，两个小装配单元组成一个大装配单元，送经部件共包括五个大装配单元。图 3-6-12 所示布置方式的优点是：纵向主轴数量为偶数，方便经纱层对称进入张力补偿装置，同时还可减少送经部件的占地面积。

四、张力部件机构设计

根据织造时对经纱张力的要求，张力部件机构设计如下。

（1）为了避免经纱与过纱辊之间产生滑动摩擦，减少碳纤维在送经过程中的损耗，将过纱辊设计成内外独立式结构，内层为支撑轴，材料为 45 号钢，外层为 SCP 复合管，内外层之间由滚针轴承过渡，结构示意图如图 3-6-13 所示。

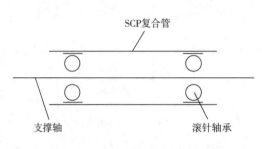

SCP复合管

支撑轴   滚针轴承

图 3-6-13　过纱辊结构示意图

支撑轴与摆动连接件为非转动连接，采用图 3-6-13 所示结构，可使支撑轴与外层 SCP 复合管的转动情况相对独立。经纱以一定包角经过过纱辊，在经纱运动过程中，经纱与 SCP 复合管相对静止，可有效避免因滑动摩擦造成的磨损。

（2）织造时经纱应始终保持绷紧状态，因此，双辊摆动式张力补偿装置应具有主动的回复力，为此在摆动辊摆动方向设置回摆弹簧，保证综平时摆动辊积极回摆，以达到绷紧纱线的作用，结构示意图如图 3-6-14 所示。

张力部件的作用是提供经纱织造时的张力，并储存因主机开口、综平及卷取运动引起的经纱长度的变化量。经纱按图 3-6-14 所示走向运行，弹簧调节块的作用是通过调节回摆弹簧的压缩长度，调节经纱的上机张力。其中，回摆弹簧刚度系数的计算是根据开口处，提综机构对单根纱线施加的提综力与最大摆动时弹簧压缩量得出，并留有 30% 的安全域度，保证回摆弹簧能正常使用。配重辊的作用是：在织造幅宽较低即每层纱线数量较少时，纱辊连接件的提综力矩难以克服回摆弹簧的回摆力矩，此时可在配重辊处增加外力或配重，以达到平衡弹簧回复力矩的作用，保证织造的正常进行。

（3）在织造过程中，需要实时监测纱辊连接件的摆动情况，而纱辊连接件的摆动量大小即为回转轴支撑轴的转动量，因此需在回转轴一侧轴头布置角位移传

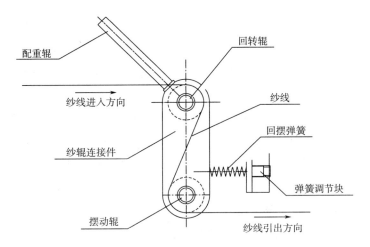

图 3-6-14 双辊摆动式张力补偿装置机构示意图

感器，传感器形式如图 3-6-15 所示。

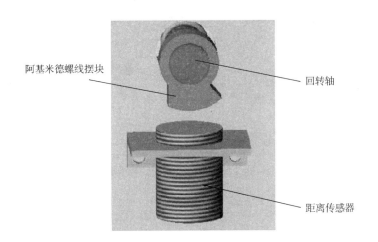

图 3-6-15 角位移传感器示意图

角位移传感器由阿基米德螺线摆块与距离传感器两部分组成，摆块安装于回转轴上，距离传感器的检测端正对摆块的阿基米德螺线部分，回转轴会带动摆块一同转动，引起距离传感器检测端与阿基米德螺线部分距离的变化，通过算法换算到转动角度，并反馈给 PLC，控制送经伺服电动机的运动。

（4）在一个送经循环完成后，主机部分需进行打纬运动，由于主机部分打纬采用多次引纬或一次打纬的打纬方式，因此，在打纬时纬纱与经纱会产生相当大

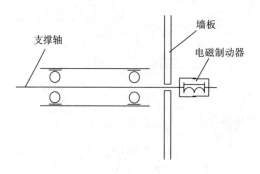

图 3-6-16 电磁制动器结构示意图

的摩擦力，此时经纱所受拉力要远大于提综机构对经纱的拉力，需增加保护装置，使打纬时纱辊连接件保持静止状态，防止纱辊连接件撞坏其他零件。通过对保护方案的研究，决定在摆动辊一侧轴头处安装电磁制动器，该类型电磁制动器在抱合时会产生足够大的阻力矩，保证在打纬过程中，回转辊保持静止状态。电磁制动器结构示意图如图 3-6-16 所示。

（5）张力部件共包括 90 套双辊摆动式张力补偿装置，为使加工及安装调试工作方便，采用模块化设计思路，将 90 套补偿机构平均分成 6 组，采用 V 形布置，V 形开口与织机织口相对，送经部件中心高度一致，中心线上下对称各布置 3 组补偿装置，90 套双辊摆动式张力补偿装置布置方式如图 3-6-17 所示。

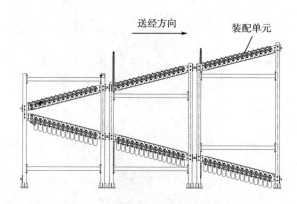

图 3-6-17 张力部件结构示意图

五、拢纱部件机构设计

拢纱部件的主要作用是将送经机构送出的多层经纱集中到一定高度范围内，方便纱线进入主机，对拢纱部分的尺寸要求为：中心高度 930mm，纱线高度范围（930±250）mm。

拢纱部件采用两侧支撑的简支梁形式，拢纱辊通过调心轴承与两侧墙板连接，经纱通过拢纱辊进入主机。由于拢纱部件处纱层密度大，为避免相邻纱层之间发生干涉，各层经纱均采用独立的拢纱辊，各层经纱的拢纱辊转动不会影响其他层纱线运动。对拢纱辊的设计方案有两种：采用小径 SCP 复合管，两侧焊接轴头；采用实心轴，材料为 45 号钢。

（1）第一种拢纱辊方案。由于 SCP 复合管为不锈钢、外层包覆空心钢管的结构，其综合材料特性不方便测得，因此为校核其在最大载荷情况下的变形情况，需通过现场试验测得其形变量，其中最大载荷为 10kg 均布载荷，管长 1.3m。

经过现场测试可知，在复合管上平均悬挂 10 个重量为 1kg 的重物，并在复合管上等距标定五个检测点，五个检测点平均分布在 1.3m 的长度上，从左到右依次标号 1~5。以中间点 3 的高度为标准高度，检测值为偏离标准高度的距离，所测得结果见表 3-6-2。

表 3-6-2　五个检测点测得的形变量

检测点	1	2	3	4	5
无载荷情况（mm）	0.35	0.35	0	−0.09	0.35
满载荷情况（mm）	−5.1	−8.15	−10.37	−9.04	−5

由表 3-6-2 中数据可知，在满载荷情况下，小径 SCP 复合管的最大形变量为 10.37mm，形变量较大。

（2）第二种拢纱辊方案。拢纱辊直径为 18mm，长度为 1.3m。应用 ANSYS 对其进行校核，图 3-6-18 所示为第二种方案校核结果。

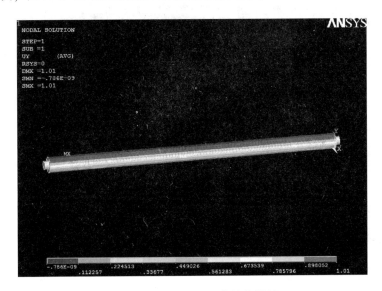

图 3-6-18　第二种方案校核结果

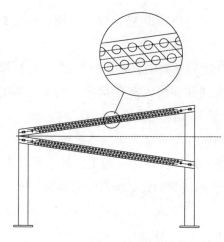

图 3-6-19　拢纱结构示意图

由图 3-6-18 显示的结果可知，拢纱辊在满载情况下的最大形变量为 1.01mm。

通过对上述两种方案满载情况下最大形变量的比较，决定采用第二种方案的拢纱辊形式。

拢纱辊布置方案采用与张力部件布置形式相同的 V 字布置，V 形开口与织机织口相对，每层经纱各经过两根拢纱辊，结构示意图如图 3-6-19 所示。

六、纱路图设计

碳纤维多层角联织机送经机构各部件的排列顺序依次为：送经部件→张力部件→拢纱部件。由于纱线层数较多，需合理分配每根主轴对应的张力补偿机构与拢纱辊，保证各层经纱不出现交叉，不发生粘连，且不能产生过大折角，遵照上述原则，纱路图设计如图 3-6-20 所示。

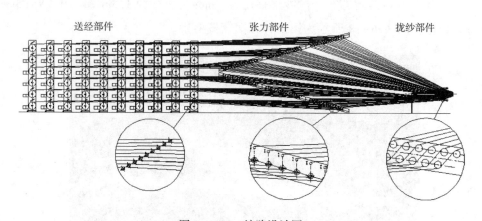

图 3-6-20　纱路设计图

七、碳纤维多层角联织机送经机构虚拟样机研究

（一）概述

经过一个多世纪的变迁和发展，机械产品的设计已经由二十世纪中期的技术

设计发展到现在的高速计算机辅助创新设计，即所谓的 CAI（Computer Aided Innovation），期间机械产品的发展历史也是设计者追求先进设计方法及理论的发展史，在这个过程中设计人员经历了漫长的创造、创新和设计制造的历程。

应用传统的物理样机开发模式存在着开发周期长、成本高、修改困难等多方面的问题。应用数字化虚拟样机技术能有效地克服传统物理样机开发模式的不足，加快产品开发速度，节约开发成本，为全系统、全性能设计、评价产品提供了一种有效的手段。实现虚拟样机技术的关键是开发高可信度的数字样机模型，能够模拟产品的各种功能，对产品的各种性能做出评价。而且，可以避免真实试验时可能发生的危险。虚拟样机技术应用于该系统的机械设计研发，从根本上解决了产品潜在的危险。通过分析设计软件 Solidworks、ANSYS 各自的特点，把两者联合起来进行送经机构的集成设计，发挥其各自优势。

（二）虚拟样机仿真技术

1. 虚拟样机的特点

虚拟样机（Virtual Prototyping，简称 VP）技术是一种新型的产品开发方法，它基于产品的计算机仿真模型的数字化设计方法，是对先进的建模技术、多领域的仿真技术、交互式用户界面技术和虚拟现实技术的综合应用。

随着当今科学技术的发展与计算机技术的广泛应用，市场竞争越来越激烈，而且市场竞争已逐渐趋于国际化、动态化和多元化。目前，我国国民经济各部门对质量好、效率高、消耗低、价格便宜的先进机电产品的需求越来越迫切，但产品设计是决定该产品使用性能、生产质量、应用水平和经济效益的重要环节。传统的机电产品设计突出的特点是：强度和低压控制为中心的安全系数设计、经验设计、类比设计和机电分离设计，也就是所谓的常规设计。而虚拟样机仿真技术则强调创新性，以计算机等辅助设备为手段，运用工程设计的新理论、新方法，得到最优化的计算结果，设计过程日趋高效化与自动化。因此，运用虚拟样机仿真技术可以适应市场竞争的需要，提高设计质量并缩短设计周期，可有效降低产品的设计成本，降低设计人员工作强度。

近年来，随着科学技术的快速发展，用户对产品功能的要求日益增多，产品复杂性增加，产品使用寿命缩短，更新换代速度加快，机械产品的设计方法更趋科学性、完善性，计算精度需求越来越高，计算速度越来越快。在常规设计方法的基础上更趋于现代设计方法的应用。虚拟样机仿真技术是一种工程性活动，更是一种创造性的智力活动，一个学科综合、方案决策、反复迭代和寻求最优解的过程。它具有以下几个方面的特点。

（1）在真实系统出来之前，预测系统的行为。

（2）在短时间内，进行多种设计的比较研究。

（3）在设计早期阶段确定关键的设计参数。

（4）和真正的物理实验相比，仿真方法更经济，灵活性更好。

（5）可视化地给出系统的行为。

2. 碳纤维多层角联织机送经机构虚拟样机研究的技术路线

要对复杂的机械系统进行精确的静力学分析与动力学仿真研究，一种比较流行的解决方案就是将专业的 CAD 软件和专业的 CAE 软件进行结合，先用 CAD 软件建立复杂机械系统各零部件的精确三维实体模型和机构的装配图，然后导入到 CAE 软件环境下，添加驱动力和约束副，最终形成系统的虚拟样机，并在虚拟样机上进行仿真研究。本章采用 Solidworks 软件进行碳纤维多层角联织机送经机构各部件的三维建模，并利用 ANSYS 进行结构静力分析，在碳纤维多层角联织机送经机构的现代设计与制造过程中，极大地提高了设计工作效率，降低了设计成本，同时确保了产品质量。图 3-6-21 为碳纤维多层角联织机送经机构虚拟样机技术路线图。

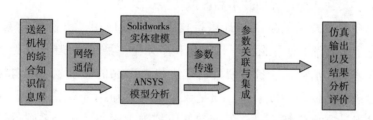

图 3-6-21　碳纤维多层角联织机送经机构虚拟样机技术路线图

3. 碳纤维多层角联织机送经机构模型的建立

（1）实体建模软件的选择。建模离不开软件，本节采用了当今世界上较为普及的高端 3D CAD/CAM 系统——Solidworks。

Solidworks 对于现代机械设计工作具有很大的帮助，因为 Solidworks 中具有专门的机械零件设计模块，根据不同零件的特点，选择不同的零件设计方法，设计方便、简单易学，软件中的参数不只代表设计对象的外观相关尺寸，更有实质上的物理意义。设计人员将设计参数（如三维尺寸、体积等）或由用户自行定义的参数要求（如实体密度、外观等）具有实体设计意义的物理量或字符串，加入设计构思中，从而表达设计者的设计思想。这种设计方式改变了人们对传统设计的认识，提高了设计的便捷性，推动了现代设计方法的发展。

（2）Solidworks 环境下三维模型的建立。机械产品设计普遍采用自上而下的方法，即由总装图开始，然后分拆各零部件，最后再进行零件的具体参数设计。Solidworks 具有专门的装配设计模块，模块主要包括自底向上的装配方法和自上向下的装配方法，可满足设计者各种设计思路。本节采用自下而上的设计方法进行产品建模，即从零件设计开始，几个零件组成一个初级部件，几个初级部件组成一个高级部件，逐级往向上级递推，最后完成产品的总装配图。

①建立零件模型。零件模型是运用计算机辅助设计软件对实体零件进行参数化虚拟建模，它包括实体零件的几何外形参数和零件实体属性参数。几何外形参数主要用于精确模拟零件实际外形尺寸，零件实体属性参数则包括零件加工方式、原材料、加工后处理方式等。

②建立部件模型。部件模型用于对实体工作部件进行参数模拟，它由实体部件外形参数和部件实体属性参数构成。部件几何模型由一系列下级零部件模型装配而成，它首先描述一个高级部件与下级零部件间的装配主从关系，同时描述其下级零部件间装配及定位关系。部件属性则包括部件名称及其附加属性。

③建立产品总装配模型。处于产品分级装配树最顶端的部件模型就是产品的总装模型，它模拟了实际产品总装效果，总装图可以是对现有设备的总体反映，也可作为未知产品的虚拟预测。图 3-6-22 为 Solidworks 环境下建立的碳纤维多层角联织机送经机构的三维实体造型。

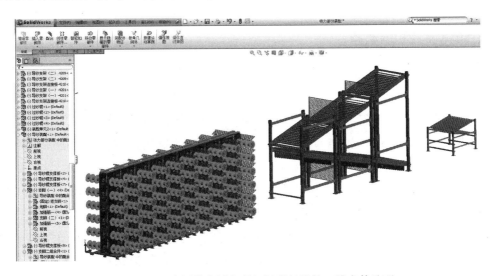

图 3-6-22　碳纤维多层角联织机送经机构三维实体造型

图 3-6-22 所示由左至右依次为送经部件、张力部件和拢纱部件。

第七节　三维织机织边机构设计

一、织边原理及设计方案

使用碳纤维多层角联织机织造三维立体织物，由于织机采用双剑杆两侧同时引纬，并且每次同时有两根纬纱引入，因此，当两侧剑杆引纬到对面时，经纬纱与织物在织物的一边形成一个三角形区域，织边的操作只能在这个区域内进行。因此，织边处理的技术难点是边部纬纱的捕捉，根据现有织机的设备情况，边部的处理有几种方案可选：一种是引纬剑杆到达对侧后，使用小梭子穿过纬纱圈，纬纱和立体织物形成的三角区域来进行交织，引纬剑杆后退时纬纱已经被钩住；二是采用针织的方案，使边纱套圈将纱环套结在一起；三是电子提花机联合筒子架织边。

采用预打纬装置与电子提花机织边机构联合进行布边，此方案不同于上述三种方案，它的特殊之处在于：①不管采用单侧多剑杆同侧引纬，还是采用双侧剑杆两边同时逐层引纬，织边不受引纬方式的变化而变化；②边经纱由边纱筒子架提供，边纱的运动由电子提花机控制，且不受层数的制约，只需增加经纱筒子架的数目；③形成的布面质量结实紧密，能形成牢固可靠的布边组织；④布边经纱参与纬纱的交织，形成的布边结构紧凑牢固。

二、电子提花机的选择

提花机是利用提升不同的综丝使经纱和纬纱参与交织，形成具有一定图案的织物，提花机是提升经纱的装置，在织物织造生产过程中控制综丝的升降实现对经纱的控制，从而使经纱或纬纱浮在织物表面形成要求织造的图案。如今，纺织提花技术已由最初的机械结构选针方式发展到电磁控制选针方式，而随着科学技术的迅速发展及普及，电子提花机的嵌入式控制系统设计成为目前纺织设备数字化技术发展的重点之一。电子提花机开口（Electronic Jacquard Shedding）融合了光机电一体化技术，在纺织 CAD 系统和新型机械自动化机构的配合下，实现了高速无纹版提花，极大地提高了产品性能和生产效率。其中采用工控机或微型机作为电子提花机控制中心，用磁盘存储器或网络文件等形式的数据存取器以适应不同织造环境要求，研制相应的传输接口电路读取传输到提花机的提花信息并产生时序信号，通过控制中心处理把提花信息发送至提花龙头控制板，实施综丝控制。

电子提花控制部分人机界面采用英汉两种语言提示，简洁明了，操作方便，十分友好。整个人机界面由三部分组成，采用彩色大字体菜单形式。

（1）织机运行：选中后分页显示出储存在硬盘上的所有＊·EP 提花文件，通过触摸屏移动彩色提示方块选中的文件，即要进行织造运行。

（2）信号测试：信号测试分控制信号测试与驱动卡测试两部分。为用户和维修人员迅速查找故障提供了有力的手段。控制信号有时序信号 CLK、吸合开放OE、储存允许 STB 等。驱动卡测试可在提示下输入要测试的驱动卡序号，即可进行，方便实用。

（3）文件管理：选中该项，系统退回到 DOS 状态，用户可以很方便地进行图像文件拷贝、文件删除、磁盘格式化等操作。

本节所研究的织机最多能织造 30 层碳纤维立体织物，其提花机部分装置也与以往织机不同。对碳纤维提花机的设计和安装需注意以下几个方面：

①提花机针数与提花机龙头安装高度的确定；

②木板上孔的数目和距离；

③由于层数较多，提花机主轴力矩要大；

④由于碳纤维是扁平状的，提综综丝眼形状最好做成扁平状，以利于打纬时减少对碳纤维的摩擦。

提花机整体结构及参数可参考本章第二节开口机构设计。

三、边纱梭口参数

在织机中，经纬的交织是立体织物形成的必要条件，要实现边纱与纬纱的编织必须把边纱像经纱一样按一定的规律分成上下两层，形成能够使引纬剑杆穿过的引纬通道——梭口。图 3-7-1 为边纱梭口的几何形状。

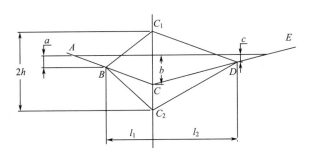

图 3-7-1　边纱梭口的几何形状

图 3-7-1 可以看出，BC_1C_2 为纬纱通道，BC_1D 为上层边纱，BC_2D 为下层边纱，BCD 为梭口闭合状态下边纱位置及综平位置。C_1C_2 为开口状态下边纱的位移，也是其最大位移及梭口高度。$BCDE$ 为边纱的位置线，梭口深度为拢纱机架 D 到织口 B 之间的水平距离为 $l_1 + l_2$。

四、织边机构筒子架设计

（一）织边机构筒子架的工艺要求

筒子架是碳纤维织边系统一个重要的组成部分，随着碳纤维多层织机速度的不断提高，对织边筒子架功能要求越来越高，不仅要求筒子架要满足其最基本的工艺要求，而且要求尽量减少三维织机在织造过程中边纱张力的变化，提高布边质量，同时还要尽量缩短换筒停机时间，提高织机的生产效率。因此，创新设计碳纤维多层角联织机的送边纱机构尤为必要，作为适用于碳纤维多层角联织机织造的辅助机构，除了具有一般送边机构的要求外，还应设计具有符合其功能的特殊要求，可总结为以下几个特点。

（1）所有筒子都使用宝塔筒子，便于边纱轴向退绕。

（2）装有快速灵敏的边纱断头自停装置，便于迅速查找纱线断头位置。

（3）筒子架自动提供纱线张力补偿，使其在织造过程中张力均匀。

（4）所有边纱经张力调节器后，再穿过综丝，可以时时调节边纱张力。

（二）断头自停装置

为了提高布边的质量，特别是降低由于边纱断头而产生的干扰，通常在筒子架上每根边纱都装有边纱断头自停装置，使每根边纱时时得到监测。断头自停装置直接安装在制动器上，反应灵敏，一触即发，并通过设置在每一行的指示灯显示断头位置，能很容易找到经纱断头的位置。本技术采用新型 TK-118 型整经机断纱监控器，此装置采用红外技术、电子电路控制与显示，不受纺织厂飞绒及灰尘的影响。此装置断经响应速度快，断经部位显示准确、直观，缩短了寻头寻经时间，方便挡车工操作，易于安装，维修方便，减轻劳动强度，提高了工作效率及经轴质量，产量能提高 10%~20%。

（三）织边机构筒子架装置的设计

针对碳纤维边纱数量多，且控制难度大，织机在织造生产过程中，每个时刻需要参与编织的边纱次序又不同。由于该碳纤维织物厚度大，碳纤维层数较多且每次参与编织的边纱数量大的特性，不能用传统的织边机构，只能考虑将单独边纱进行控制。针对碳纤维多层织机的特殊性，创新设计了一套带有张力调节的送边装置，该装置对称地安装在主机的两侧。织边筒子架结构简图如图 3-7-2 所示。

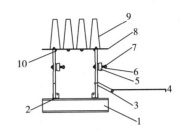

　　装置主要由安装边纱筒子部分、边纱张力控制部分、夹紧边纱弹簧部分、断头自停装置部分（标准件）组成。机构的工作原理为：首先宝塔筒子的边纱从纱筒子退绕下来，纱线线头从上面的空心螺纹管穿入到支撑板下面，然后穿入两个背靠背的 U 型夹紧器中间，调节旋转螺母，使穿出来的边纱带有一定的张力，然后边纱被分成上下两层，交叉穿过横杆，穿过横杆的边纱穿入弹性张力片，出来的边纱穿入到断头自停装置，当提花机带动边纱运动，

图 3-7-2　织边筒子架结构简图
1—底座　2—角座连接件　3—弹簧支撑片
4—弹性张力片　5—U 型夹紧器　6—弹簧
7—旋转螺母　8—上支撑板
9—宝塔筒子　10—空心螺纹管

弹性张力片的弹簧片发生弯曲，使边纱有一定的张力。织边筒子架三维模型如图 3-7-3 所示。

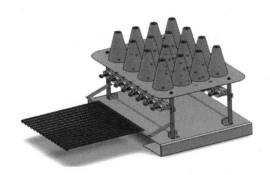

图 3-7-3　织边筒子架三维模型

参考文献

　　［1］杨建成.碳纤维多层角联机织装备及技术［J］.纺织机械，2014（4）：88-89.

　　［2］杨建成，周国庆.纺织机械原理与现代设计方法［M］.北京：海洋出版社，2006.

　　［3］滕腾.碳纤维多层角联织机送经机构研究及应用技术研究及应用［D］.

天津：天津工业大学，2012.

　　［4］阳凯．碳纤维多层角联织机开口装置关键技术研究与应用［D］．天津：天津工业大学，2013.

　　［5］刘薇，蒋秀明，杨建成，等．碳纤维多层角联机织装备的集成设计［J］．纺织学报，2016，37（4）：128.

　　［6］孙菊芳．有限元法及其应用［M］．北京：北京航空航天大学出版社，1990.

　　［7］薛定宇，陈阳泉．MATLAB /Simulink 的系统仿真技术与应用［M］．北京：清华大学出版社，2002.

　　［8］李军，邢文俊，覃文杰．ADAMS 实例教程［M］．北京：北京理工大学出版社，2002.

　　［9］滕兵．织机引纬机构的分析研究［J］．纺织机械，2008，（5）：46-48.

　　［10］谢文琳，缪仲勤．用双相剑杆引纬改造有梭丝织机的探讨［J］．苏州大学学报（工科版），1994，（1）：38-46.

　　［11］黄民柱，兰向军，何践，等．剑杆织机凸轮引纬系统的运动规律及动态综合［J］．纺织学报，2000，（1）：34-38.

　　［12］Zhan Wei, Guoguang Jin, Boyan Chang, et al. Dynamic Design of High-speed Planar Cam with Oscillating Follower［J］．Advanced Materials Research, 2011（308-310）：1845-1849.

　　［13］金国光，刘又午．含柔性梁机械系统动力学分析的有限段方法［J］．郑州工业大学学报，2000，21（3）：23-25.

　　［14］张策．机械动力学［M］．北京：高等教育出版社，2000.

　　［15］林仁邦．共扼凸轮机构运动副接触刚度分析及动态特性研究［D］．上海：东华大学硕士论文，2009.

　　［16］马秀清．步进电动机的选用计算方法［J］．中国新技术新产品，2009，（13）：120.

　　［17］华大年，唐之伟．机构分析与设计［M］．北京：中国纺织出版社，1983.

　　［18］祝凌云，李斌．Pro/Engineer 运动仿真和有限元分析［M］．北京：人民邮电出版社，2004.

　　［19］郑建荣．ADAMS—虚拟样机技术入门与提高［M］．北京：机械工业出版社，2002.

［20］王冒成，劭敏．有限单元法基本原理和数值方法［M］．北京：清华大学出版，1997．

［21］鲁宁，陈换过，胡旭东．剑杆织机打纬机构动力学分析及仿真［J］．现代纺织技术，2012（2）：33-38．

［22］寇剑斌．喷气织机打纬机构的动力学分析及虚拟样机设计［D］．上海：东华大学硕士论文，2010．

［23］陈静．喷气织机双侧四连杆打纬动态分析［D］．苏州：苏州大学硕士论文，2006．

［24］贾素会．织机打纬机构分析与研究［J］．纺织机械，2011（2）：35-39．

［25］陈金平．基于高速运动的织物与滚筒机械系统动力学性能研究［D］．上海：东华学博士论文，2008．

［26］姚孟利．研发碳纤维立体织造装备为发展纤维增强复合材料提供技术保障［J］．纺织机械，2012（3）：2-8．

［27］张立泉，朱建勋，张建钟，等．三维机织结构设计和织造技术的研究［J］．玻璃纤维，2002（2）：3-7．

［28］林富生，雷元强，陈燚涛，等．新型三维织机：中国，200810048114.8［P］．2008-10-29．

［29］许山青，施亚贤．储纬器定长方法的研究［J］．棉纺织技术，2003，31（2）：20-22．

［30］赵雄，徐宾，陈建能，等．几种典型的剑杆织机储纬机构及其机构创新．纺织机械，2008（2）：48-51．

第四章　三维织机装备静力学、动力学分析与优化

第一节　机械优化设计概述

优化设计是 20 世纪 60 年代初发展起来的一门新学科，它是将最优化原理和计算技术应用于设计领域，为工程设计提供一种重要的科学设计方法。优化设计过程就是一个反复迭代设计变量，以便在满足状态变量限制条件下使目标函数逼近最小值的过程。利用这种新的设计方法，人们就可以从众多的设计方案中寻找出最佳设计方案，从而大大提高设计效率和产品质量。本节将以优化设计为研究手段，对现有的三维织机的关键机构进行结构优化，以提高三维织机机构的运动稳定性，减小振动及摩擦，提高织机的织造效率及质量。

一、机械优化设计基本原理

优化设计由两个基本步骤组成：①数学模型的构建，即将实际的工程问题用数学表达式进行描述；②数学模型求解，即根据模型的数学特征，选择恰当的优化计算方法，以计算机作为求解工具获得最佳设计解。

ANSYS 程序提供的优化方法大体分为两种，这两种方法基本可以满足大多数的优化问题的求解。①零阶方法是一种非常完善的处理方法，可以有效处理大多数工程问题；②一阶方法能够进行精确的优化分析，原因在于它是以目标函数对设计变量的敏感程度为计算基础的。

对于以上两种方法，ANSYS 整合了一系列的分析—评估—修正的循环过程。换言之就是按照计算流程，首先对初始设计进行分析，按设计要求对分析结果进行评估，然后修正设计。这一循环过程不断重复，直至所有的设计参数都满足要求。除了这两种优化方法之外，ANSYS 还提供了各具特色的优化工具以提高优化效率。

二、机械优化设计分析流程

用优化设计方法解决工程问题，主要需完成两项工作：一是合理的数学模型的建立；二是寻找最合适的优化方法，因为每一种优化方法都有其适用性，通常只对某一类问题效果较好。此外，在具体进行优化设计时，还要掌握某些编程技巧等。图 4-1-1 直观展示了优化设计的具体数据流程。

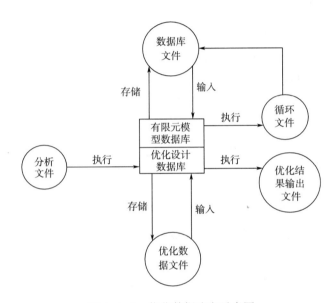

图 4-1-1　优化数据流向示意图

三、机械优化设计数学模型

优化设计中的工程问题，通常可用某种数学模型来抽象表达。优化设计的数学模型包括约束条件、设计变量和目标函数三大部分。该优化设计问题的数学模型可以抽象表示为：

求解设计变量向量 $x = [x_1, x_2, \cdots, x_n]^T$ 使：

$$f(x) \rightarrow \min$$

且满足如下约束条件：

$$h_k(x) = 0 \ (k = 1, 2, \cdots, l)$$

$$g_j(x) \leq 0 \ (j = 1, 2, \cdots, m)$$

引入可行域概念，可以进一步简化数学模型的表达方式。设同时满足 $h_k(x) =$

0 ($k = 1$, 2, $\cdots$, l) 和 $g_j(x) \leqslant 0$ ($j = 1$, 2, $\cdots$, m) 的设计点的集合为 R，即 R 为某优化问题的可行域集合，则该优化问题的数学模型可以表示成如下的向量形式：

求 x，使

$$\min_{x \in R} f(x)$$
$$\text{s.t.} \; g_j \; (x) \leqslant 0 \quad (j = 1, 2, \cdots, m)$$
$$h_k \; (x) = 0 \quad (k = 1, 2, \cdots, l)$$

符号"$\in$"表示"从属于"。

式中：$f(x)$——设计变量的目标函数；

x_n——设计变量；

$h_k(x)$——约束条件；

$g_j(x)$——约束条件；

l、m——状态变量的个数；

s. t. ——"满足于"。

第二节　引纬机构优化设计

引纬是织造工艺中的关键环节，为进一步提高三维织机的织造性能，对引纬机构的研究分析及优化设计具有明显的必要性。本节讨论造成引纬剑杆运行振动的原因，并对可能造成剑杆振动的运动规律及齿轮动态啮合的影响进行仿真对比，确定影响剑杆平稳运行和振动的主要因素，并设计新型的双齿轮异相位啮合引纬机构传动机构，改善剑杆运动的平稳性。

一、引纬机构结构分析

现有引纬机构采用刚性剑杆引纬，采用刚性剑杆，剑杆在进入梭口后不需要导向装置，依靠剑杆自身的刚度保持水平，将织物引到对侧，并且引纬过程中剑头剑杆均不与开口的经纱接触。织造高性能纤维织物时（如碳纤维织物），刚性剑杆不与开口经纱接触，可以很好地保护织物纤维，保证织造质量。刚性剑杆与织机靠剑杆尾部的滑块连接，相当于悬臂梁结构。实际操作中发现，刚性剑杆在引纬运动过程中会发生振动，当剑杆的振动剧烈时，剑头就会刺伤经纱，造成经纱纤维磨损，使织口经纱发生刮纱和起毛现象，导致织口堵塞及开口不清等严重影响织造质量的问题，如图 4-2-1、图 4-2-2 所示。

图 4-2-1　开口处经纱起毛

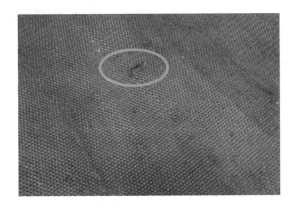

图 4-2-2　织物表面瑕疵

引纬机构采用电子引纬，由伺服电动机驱动，经过同步带轮传动，最终通过引纬齿轮与齿条啮合驱动剑杆往复运动完成引纬动作。其中引纬齿轮与剑杆内嵌的齿条直接啮合。齿轮传动时，由于轮齿的综合啮合刚度不仅具有时变性，而且具有很大的突变性，并且轮齿啮合为动态碰撞冲击过程，将导致齿轮传动产生振动，这种振动对高速运动的机构的动力性能和稳定性都存在不良影响。在此引纬机构中，齿轮齿条啮合的振动将直接反映到与齿条连接在一起的齿条上。

引纬剑杆长度达到 1.5m，剑杆与织机靠剑杆尾部的滑块连接，相当于悬臂梁结构，实际剑杆并不是严格刚体，所以剑杆并不是平直状态，剑杆会产生竖直方向上的挠度位移。因此，剑杆轴向运动的加速度会直接引起剑杆前端挠度大的部分产生纵向惯性力，从而使剑杆产生竖直方向上的振动位移，如果加速度变化，则相当于在剑杆前端产生一个竖直方向上的不断变化的激励，使剑杆产生受迫振动。因此，剑杆轴向运动的速度和加速度等运动参数影响剑杆运动的平顺性，当剑杆采用不同运动规律时，剑杆运动的速度和加速度分布和峰值不同，不恰当的运动规律会导致机构振动等问题。

因此，引纬剑杆运动规律的选择以及齿轮齿条的啮合是影响剑杆运动的原因。立体织机引纬机构由齿轮齿条机构组成，因此，齿轮啮合的影响不可避免，但是引纬剑杆的运动规律可以灵活地选择和设计。

二、引纬运动规律对剑杆运动的影响分析

ADAMS 是广泛应用的动力学仿真平台，可以非常方便地对虚拟样机进行动力学分析，现采用 ADAMS 对引纬机构进行动力学仿真分析。

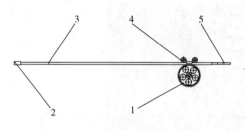

图 4-2-3　立体织机引纬机构

1—引纬齿轮　2—滑块　3—剑杆齿条
4—压导轮　5—剑头

（一）仿真三维模型的建立

由于引纬机构的升降运动与剑杆的伸出运动先后进行，彼此独立，互相之间影响微小。所以这里只考虑剑杆引纬动作，简化机构如图 4-2-3 所示。机构中齿轮齿数为 47 齿，模数为 4mm，齿厚为 10mm，齿条齿厚为 10mm，压力角为 20°，材料为碳钢 Q235。

利用三维建模软件 Solidworks 建立引纬机构各零件实体模型，整体装配后，检查装配，建立立体织机引纬机构模型如图 4-2-4 所示。

图 4-2-4　立体织机引纬机构模型

（二）数据转换

在 ADAMS 中仿真时，零部件的一些特征，如倒角、圆角等对于机构的动力学仿真没有影响，却会使模型数据臃肿，导致仿真分析效率低下。因此，在进行模型数据转换之前，将倒角、圆角等对仿真分析无益的特征删除，保留必要的模型特征数据。

Solidworks 与 ADAMS 之间数据转换接口不稳定易出错，因此采用中间数据格式将模型数据导入 ADAMS 软件中。在 Solidworks 中将模型数据另存为 step 格式，然后进入 ADAMS 中选择导入 step 格式数据，将 step 格式的引纬机构模型数据导入到 ADAMS 软件中。

（三）建立引纬机构动力学仿真模型

将模型导入 ADAMS 后，需要定义各零部件的约束、载荷以及接触对，根据机构运动的规律，引纬机构需要添加的约束为：引纬齿轮相对地面的旋转副；引纬剑杆壳相对地面的固定副；压导轮相对地面的旋转副；齿条相对剑杆的固定副；剑杆相对剑杆滑块的固定副；剑头相对剑杆的固定副；两个剑杆夹块夹板相对地面的固定副；引纬齿轮相对齿条的接触对；引纬滑块相对剑杆壳的接触对；压导轮相对剑杆的接触对；剑杆夹板相对剑杆的接触对。定义重力加速度方向大小，在引纬齿轮上施加引纬齿轮的角位移运动规律。立体织机引纬机构 ADAMS 动力学模型如图 4-2-5 所示。

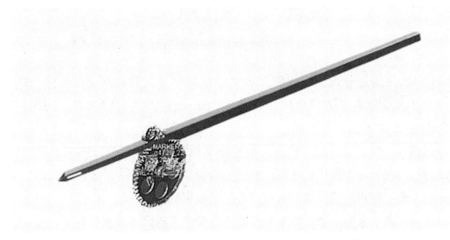

图 4-2-5　立体织机引纬机构 ADAMS 动力学模型

（四）剑杆引纬运动规律

剑杆采用正弦加速度运动规律时，引纬齿轮角位移规律为 $2\pi t \sin$ （$2\pi t - \pi/$

2）rad。

为保证引纬动程和引纬时间相同，采用修正梯形加速度作为剑杆引纬运动规律。由于该结果是剑杆往复运动的运动规律，需要转换为引纬齿轮旋转运动的规律。

根据齿轮旋转位移与线位移的关系：

$$S = r \cdot \theta \tag{4-2-1}$$

通过 MATLAB 计算，将剑杆的线性运动规律转换为引纬齿轮的旋转运动规律。将转换后的数据导出为 . txt 文件。在 MATLAB 中将时间和位移数据合并成一个矩阵，通过以下命令导出：

```
save 'shi. txt' T -ascii
```

将剑杆运动数据矩阵 T，写入 . txt 文件中，并将文件名字命名为 shi. txt，如图 4-2-6 所示。

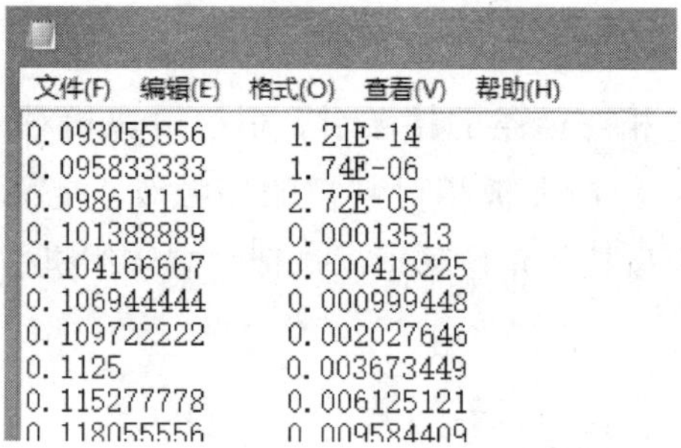

0.093055556	1.21E-14
0.095833333	1.74E-06
0.098611111	2.72E-05
0.101388889	0.00013513
0.104166667	0.000418225
0.106944444	0.000999448
0.109722222	0.002027646
0.1125	0.003673449
0.115277778	0.006125121
0.118055556	0.009584409

图 4-2-6　从 MATLAB 中导出二进制数据为 . txt 文件

在 ADAMS 中通过导入实验数据，将 MATLAB 中导出的数据读取为样条数据，导入对话框中独立列索引填写 “1”，表示将 . txt 文件中第一列数据作为索引即自变量，如图 4-2-7 所示。

对导入的样条数据需要进行检查。在前面 MATLAB 中计算曲线多项式表达式时是分段求解的，在分段点处，相邻两段曲线都会根据求解得到一个分段点数据，这就形成数据的重叠。如果两段曲线在分段点得到的数据的数值不同，则违反了数据的唯一性，必须从二者中舍弃一个；如果两段曲线在分段点得到的数据值相同，也必须去掉一个重复的数据，否则数据导入 ADAMS 中生成样条数据时会发生错误。

如图 4-2-8 所示，将数据导入 ADAMS 中后，可以在数据单元中找到导入数据形成的样条数据，通过改变数据显示形式，将样条数据显示为绘图形式，就可以看到导入数据形成的曲线以及曲线的一阶导数曲线。此外，也可以通过将数据显

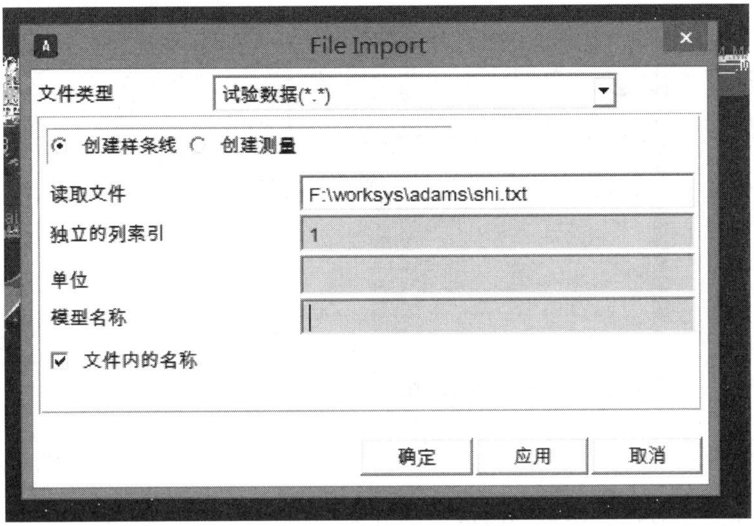

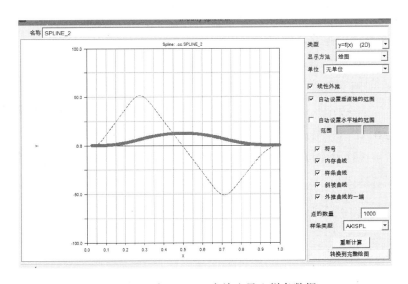

图 4-2-7 在 ADAMS 中创建样条数据

示为绘图格式来检查导入的数据是否存在重叠或其他错误，如果存在错误，就不能显示绘图曲线，并且软件会有错误提示。根据错误提示就可以在样条数据表格中进行修改。

图 4-2-8 在 ADAMS 中检查导入样条数据

然后对引纬齿轮的旋转驱动进行运动规律的定义，用 CUBSPL 命令导入的样条数据定义驱动的位移运动规律，如图 4-2-9 所示。

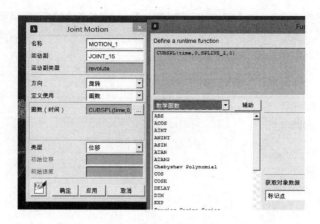

图4-2-9 定义引纬齿轮驱动运动规律

（五）基于 ADAMS 平台的碰撞力的计算

轮齿啮合的过程是从非接触状态到接触状态的变化过程，忽略物体弹性波和运动副的间隙，应用等效弹簧阻尼模型来描述齿轮接触力，其广义表示为：

$$F = K\delta^n + C(\delta)\dot{\delta} \tag{4-2-2}$$

式中：K——等效接触刚度，N/mm；

　　　δ——齿轮啮合法向变形量，mm；

　　　n——非线性弹性力指数；

　$C(\delta)$——接触阻尼多项式；

　　　$\dot{\delta}$——齿轮法向变形速度，m/min。

ADAMS 中用 Impact 函数来计算接触冲击力。设 x 为两接触轮齿间距离，x_1 为位移阀值。当 $x > x_1$ 时，两物体间距离大于阀值，判断此时两物体间没有接触，所以接触力为 0；当 $x < x_1$ 时，两物体间距离小于阀值，判断此时两物体发生接触，接触力的数值由接触刚度、非线性指数、阻尼系数以及两物体穿透量决定。

其计算表达式为：

$$F = \begin{cases} K(x_1 - x)^n + step(x,\ x_1 - d,\ C_{max},\ x_1,\ 0)\dot{x};\ x < x_1 \\ 0,\ x \geq x_1 \end{cases} \tag{4-2-3}$$

其中：C_{max}——接触阻尼最大值，N·s/mm；

　　　d——阻尼达到最大值时两接触物体的穿透深度，mm；

　　　$\dot{x}$——穿透速度，m/min；

　　　n——非线性弹性力指数。

由式可知接触力由非线性弹性分量 $K(x_1 - x)^n$ 和阻尼分量 $step(x,\ x_1 - d,$

C_{max}，x_1，$0)\dot{x}$ 组成。step 是一个三次多项式逼近的一阶导数连续的函数，其定义公式如下：

$$step(x, x_0, x_1, h_0, h_1) = \begin{cases} h_0, & x \leqslant x_0 \\ h_0 + a(3 - 2\Delta)\Delta^2, & x_0 < x < x_1 \\ h_1, & x \geqslant x_1 \end{cases} \quad (4-2-4)$$

其中：

$$a = h_1 - h_0 \quad (4-2-5)$$

$$\Delta = \frac{x - x_0}{x_1 - x_0} \quad (4-2-6)$$

x 为函数自变量，当 $x \leqslant x_0$ 时，step 函数值取初值 h_0；当 $x > x_1$ 时，函数值取终值 h_1；当 $x_0 < x < x_1$ 时，函数值依上述公式计算。

由 Herzi 接触理论，相互接触的两个轮齿：

$$\delta = \left(\frac{9 F^2}{16 R E^{*2}}\right)^{\frac{1}{3}} \quad (4-2-7)$$

$$\frac{1}{E^*} = \frac{1 - \mu_1^2}{E_1} + \frac{1 - \mu_2^2}{E_2} \quad (4-2-8)$$

$$\frac{1}{R} = \frac{1}{R_1} + \frac{1}{R_2} \quad (4-2-9)$$

式中：δ ——两个相互接触物体对应点接近的距离，mm；

　　F ——两轮齿间载荷，N；

R_1，R_2 ——两物体表面碰撞点处的曲率半径，mm；

E_1，E_2 ——两物体材料的弹性模量，N/m²；

　　E^* ——等效弹性模量，N/m²；

μ_1，μ_2 ——两物体的材料泊松比。

由式得知：

$$F = \delta^{\frac{3}{2}}\left(\frac{4 R^{\frac{1}{2}} E^*}{3}\right) \quad (4-2-10)$$

故：

$$K = \frac{4 R^{\frac{1}{2}} E^*}{3} \quad (4-2-11)$$

接触阻尼 C_{max} 可采用 Lankarani 和 Nikravesh 根据基于法向变形量的非线性滞后阻尼模型得到：

$$C_{\max} = \frac{3K(1 - e^2)}{4\dot{\delta}^{(-)}}\delta^a \qquad\qquad (4-2-12)$$

式中：e——碰撞恢复系数；

δ——接触面法向变形量；

$\dot{\delta}$——齿面啮合碰撞速度；

a——非线性阻尼力系数。

（六）引纬机构动力学仿真计算

根据前述公式计算，齿轮齿条接触刚度设为 1460.814 N/m，阻尼系数设为 0.01N·s/m，非线性弹性力指数设为 1.5，最大穿透深度设为 0.01mm。积分求解器设为 GSTIFF，积分格式为 SI2。仿真时间 1s，仿真步数 5000。仿真得到以剑头质心为参考点的剑杆运动规律曲线，如图 4-2-10~图 4-2-17 所示。

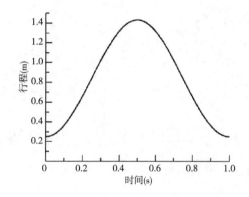

图 4-2-10　正弦加速度运动规律　剑头位移曲线

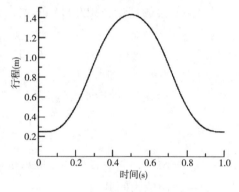

图 4-2-11　修正梯形加速度运动规律　剑头位移曲线

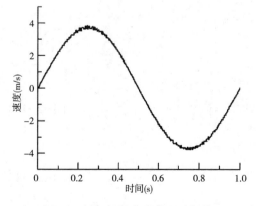

图 4-2-12　正弦加速度运动规律　剑头速度曲线

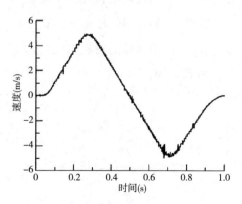

图 4-2-13　修正梯形加速度运动规律　剑头速度曲线

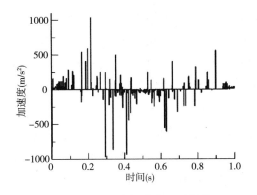

图 4-2-14 正弦加速度运动规律
剑头加速度曲线

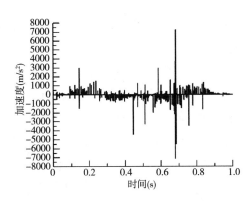

图 4-2-15 修正梯形加速度运动规律
剑头加速度曲线

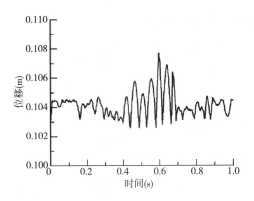

图 4-2-16 正弦加速度运动规律
剑头 Y 向位移曲线

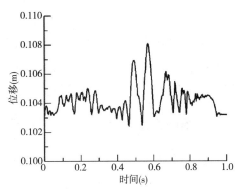

图 4-2-17 修正梯形加速度运动规律
剑头 Y 向位移曲线

对比引纬机构采用不同引纬运动规律得到的运动学曲线图，可以看出，在引纬行程和引纬时间相同的条件下，对于三维织机，在传统连杆凸轮引纬机构上相对具有优越性的修正梯形运动规律，对比正弦加速度规律并没有明显优势，采用修正梯形加速度运动规律时，剑头轴向运动速度峰值为 4.8m/s，正弦加速度运动规律峰值为 3.8m/s；加速度曲线由于剧烈的波动，已经基本不能看出加速度总体变化的趋势为正弦曲线或者修正梯形，修正梯形加速度运动规律加速度波动的幅度更剧烈。由图 4-2-12 和图 4-2-13 可以看出，采用两种不同运动规律，剑头在竖直方向的振动速度基本相同，达到 4.9m/s。

在引纬初始阶段，由图 4-2-15 可知，修正梯形加速度曲线由零开始，启动过程没有惯性冲击；而正弦加速度运动规律加速度不是由零开始而是直接达到加速度峰值，会造成启动冲击；但是由于初始阶段剑杆并未伸出，剑杆挠度较小，因此启动阶段剑杆的振动较小。由图4-2-16和图4-2-17可以看出，两种运动规律下，剑头在启动阶段的竖直方向振动位移基本相同，启动冲击并没有给剑杆的振动造成明显影响。在剑杆进入梭口后，随着剑杆的伸出，剑杆挠度变大，剑杆自身刚度带来的影响变大。两种加速度运动规律均光滑连续，不会造成惯性冲击。齿轮齿条啮合会造成啮合冲击，由于啮合速度不断变化，是变工况啮合。变工况啮合冲击具有时间短，冲击幅值大的特点。因此，图4-2-14和图4-2-15加速度曲线会在局部出现幅值的显著波动，并且由于修正梯形的速度峰值较大，齿轮啮合速度较大，因此引起的啮合冲击较大，所以图4-2-15中修正梯形加速度曲线的局部加速度冲击波动比较大。图4-2-16和图4-2-17中，剑头竖直方向上振动位移最大值分别为0.107m和0.108m，可以看出，由于修正梯形运动规律速度峰值较大，引起的啮合冲击较大，因此剑头的振动也更为强烈。

由上述分析，采用两种不同运动规律，机构的加速度波动剧烈并且剑头竖直方向的振动基本相同。因此，齿轮啮合碰撞导致的加速度的剧烈波动比不同运动规律对立体织机动力学性能影响更大。

三、考虑齿轮动态啮合力的三维织机引纬机构设计

由于该三维织机引纬机构的特殊性，通过对三维织机引纬机构建立三维模型，并导入ADAMS中对机构的动力性能进行研究。提出采用减小齿轮模数同时增加异相位啮合齿轮的方法，实现提高引纬机构动力性能，并且通过动力学分析验证设计的效果。

（一）方案设计

图4-2-18为三维织机采用的引纬机构。三维织机织造工艺特殊，需要进行多层织造，需要一次开口多次引纬，因此，三维织机采用电子引纬机构，使得引纬运动规律的选择更加多变。机构通过伺服电动机带动齿轮齿条机构，使安装在齿条上的剑杆完成往复引纬动作，采用丝杠传动完成引纬机构上下运动，从而完成不同层面的引纬。机构中

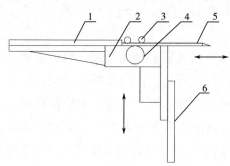

图4-2-18　三维织机引纬机构示意图

1—剑杆导轨　2—引纬支撑架

3—剑杆压导轮　4—引纬齿轮

5—剑杆（内含齿条与引纬齿轮啮合）　6—直线滑轨

齿轮齿数为 47 齿，模数为 4mm，齿厚为 10mm；齿条齿厚为 10mm；压力角为 20°，材料为碳钢 Q235。经过计算，该齿轮齿条啮合的重合度为 1.754，在实际啮合过程中，啮合齿数为单齿啮合和双齿啮合交替循环出现。这就导致齿轮齿条机时构综合啮合刚度周期性变化，导致变啮合刚度，同时由于齿轮啮合为碰撞接触，从而对机构整体的运动稳定性造成不良影响，并且由于引纬剑杆作速度往复运动，剑杆受力及其加速度的波动将对引纬机构产生显著影响。

为改善引纬机构运动平稳性，提高引纬质量，这里提出增加一个引纬齿轮，并且使两个引纬齿轮保持一个相位差，使两个齿轮同齿条处于不同的啮合状态，从而降低齿轮齿条机构啮合刚度的变化幅度，进而达到提高机构稳定性的目的。将两齿轮的相位差调整为：

$$k = \frac{360°}{n_1 \, n_2} \tag{4-2-13}$$

式中：$n_1 = 47$——齿数；

$n_2 = 2$——齿轮个数。

带入后得到齿轮相位差为 3.83°。根据相位差及齿轮参数，计算得到增加齿轮的齿轮轴与原齿轮轴之间的轴距。从而建立三种引纬机构方案。由于引纬机构的升降运动与剑杆的伸出运动先后进行，彼此独立，互相之间没有影响。所以这里只考虑剑杆引纬动作，故得到简化机构如图 4-2-19 所示。

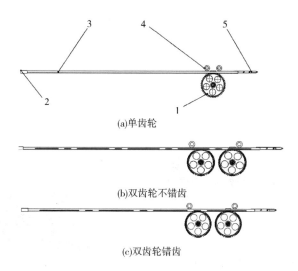

(a)单齿轮

(b)双齿轮不错齿

(c)双齿轮错齿

图 4-2-19　三种引纬机构方案结构示意图

1—引纬齿轮　2—滑块　3—剑杆齿条　4—压导轮　5—剑头

（二）模拟仿真

通过 Solidworks 软件，根据已知设计参数建立引纬机构关键部分三维模型，然后导入 ADAMS 动力学仿真软件。在 ADAMS 软件中定义各部件的材料属性，对各部件施加约束及载荷，定义接触力及运动副等，设置仿真参数。根据前述接触理论公式计算，确定各方案齿轮啮合综合刚度，阻尼系数设为 10N·s/mm，非线性弹性力指数设为 1.5，最大穿透深度设为 0.01mm，积分求解器设为 GSTIFF，积分格式为 SI2。设置引纬齿轮角位移为 $2\pi\sin(2\pi t - \pi/2)$ mm，仿真时间 2s，仿真步数 5000。

通过 ADAMS 动力学仿真模拟引纬机构齿轮齿条引纬动作，得到方案以剑头质心为参考点的加速度曲线图以及其频域曲线图，如图 4-2-20~图 4-2-29 所示。

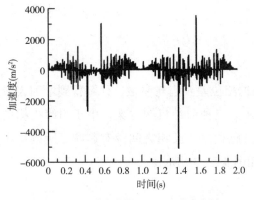

图 4-2-20　单齿轮（$m=4$）啮合剑头
加速度曲线

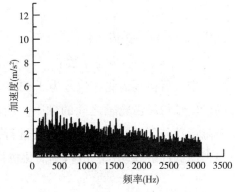

图 4-2-21　单齿轮（$m=4$）啮合剑头
加速度频谱

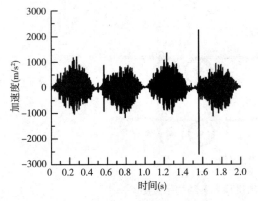

图 4-2-22　双齿轮（$m=4$）啮合剑头
加速度曲线

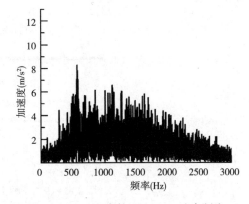

图 4-2-23　双齿轮（$m=4$）啮合剑头
加速度频谱

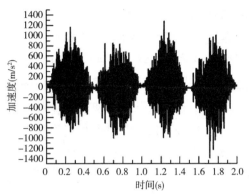

图 4-2-24 双齿轮异相位啮合 ($m=4$)
啮合剑头加速度曲线

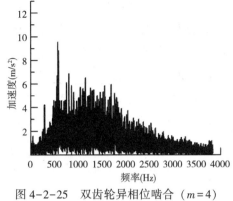

图 4-2-25 双齿轮异相位啮合 ($m=4$)
啮合剑头加速度频谱

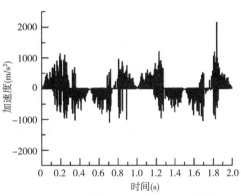

图 4-2-26 单齿轮 ($m=2$) 啮合剑头
加速度曲线

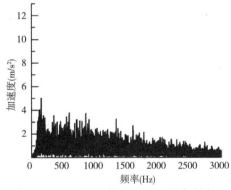

图 4-2-27 单齿轮 ($m=2$) 啮合剑头
加速度频谱

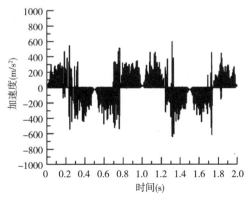

图 4-2-28 双齿轮异相位啮合 ($m=2$)
加速度曲线

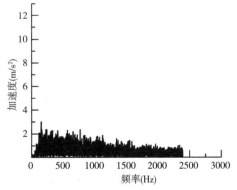

图 4-2-29 双齿轮异相位啮合 ($m=2$)
剑头加速度频谱

由图 4-2-20~图 4-2-29 可以看出，由于齿轮啮合碰撞，剑头加速度曲线呈现明显的调制现象。由引纬齿轮角位移运动规律可知，加速度曲线总体趋势为正弦曲线，由于轮齿啮合碰撞，使得加速度曲线呈现显著的波动。对比引纬齿轮运动规律可知，因为引纬齿轮运动速度为一周期三角函数，因此，加速度的振动随啮合速度变化而呈现周期性变化。当齿轮啮合速度越大，轮齿啮合冲击越强烈。单齿轮啮合时这种震荡最剧烈，可达 $5 \times 10^3 \text{ m/s}^2$。从加速度的频谱图可以看出，由一个齿轮变为两个齿轮同相位啮合后，加速度波动的主频率提高，但中间 500~2600Hz 部分的波动加强，整体加速度波动更加强烈。当两个齿轮异相位啮合后，加速度曲线图中加速度的波动幅度有一定程度减小，频谱图中，290Hz 以下和2900Hz 以上频率上加速度的波动减小；其他频率上的波动仍较单齿轮啮合时强烈。由此说明：单纯由两个齿轮同相位啮合变为不同相位啮合时，剑头运动加速度的波动得到一定程度上的改善，但仍然比单齿轮啮合时加速度波动剧烈。

由齿轮啮合理论，减小齿轮模数能改善齿轮啮合性能。所以，对比分析了齿数不变情况下 ($m = 2$)，单齿轮啮合时剑头加速度曲线图及其频谱图如图 4-2-26和图 4-2-27 所示，可以看出，高频率部分的加速度波动情况较 $m = 4$ 单齿轮啮合时更平稳。

由式 4-2-11 可知，齿轮齿条啮合时，由于齿条的节圆半径无限大，所以轮齿啮合刚度主要取决于啮合齿轮的节圆半径。因此，齿数不变的情况下降低模数可以使齿轮齿条啮合刚度减小，有助于减小啮合时的碰撞力。同时，模数减小，齿距和齿厚都相应减小，啮合性能提高，但齿轮传动的承载能力将下降。

模数不变，单纯减少齿数也可以减小齿轮啮合节圆半径，从而降低啮合刚度。但是由齿轮齿条重合度计算公式可知，轮齿啮合的重合度降低，齿轮啮合条件变差，不利于改善齿轮啮合传动性能。ADAMS 仿真也证实：模数不变情况下，单纯减少齿数，单齿轮啮合和双齿轮错齿啮合均不能使齿轮齿条啮合动力性能得到提高。

结合以上两种方法，采用减小齿轮齿条模数并两个错相位齿轮同时传动的方式。如使用 $m = 2$、齿数 47 齿的两不同相位齿轮啮合传动，得到加速度曲线及其频谱如图 4-2-26 和图 4-2-27。对比 $m = 4$ 时单齿轮啮合方案，可以看出加速度在各频率的波动均大幅减弱，振幅最大频率由 288Hz 左右降为 168Hz 左右，并且 100Hz以下及 600Hz 以上频率的振幅得到较大抑制，最大振幅由 4m/s^2 降到 3m/s^2，各频率幅值平均降低 25%，加速度幅值加速度最大波动幅度为 600m/s^2，远小于 $m = 4$时单齿轮啮合齿条方案最大幅值，剑头运动加速度的波动情况比 $m = 4$ 单齿轮啮合时得到较大改善。

虽然模数减小轮齿的齿厚减小，轮齿承载能力下降，但由于两个齿轮同时传动，负载被分配到两个齿轮上，减小了单个齿轮的负载，从而消除了模数减小引起轮齿承载能力下降的弊端。图4-2-30为$m=4$时单齿轮啮合传动时轮齿接触力，图4-2-31为$m=2$时双齿轮错齿啮合传动是轮齿接触力曲线图，对比两图可知，轮齿啮合接触力由最大2000N降低到最大900N。

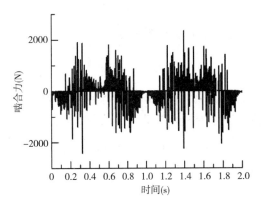

图4-2-30　$m=4$单齿轮轮齿接触力

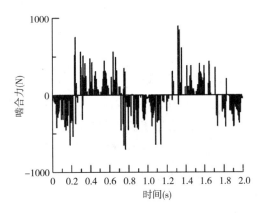

图4-2-31　$m=2$双齿轮异相位啮合轮齿接触力

同时，以剑头质心为参考点，剑杆往复运动为X方向，剑杆竖直运动为Y方向，剑杆在水平面内垂直于X的为Z方向，采用新设计方法后，剑头在Y向和Z向的振动位移如图4-2-32与图4-2-33所示，显然新的设计方案使得剑杆的运动平稳性显著提高，Y向和Z向的位移大大减小，能够有效地防止剑杆在Y向和Z向方向上振动造成剑头刺伤或刺穿经纱层。

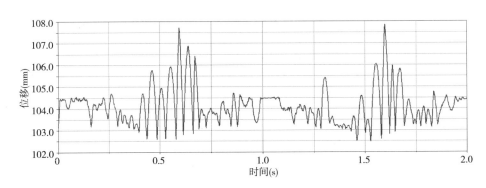

图4-2-32　单齿轮啮合（$m=4$）剑头竖直位移（Y向）

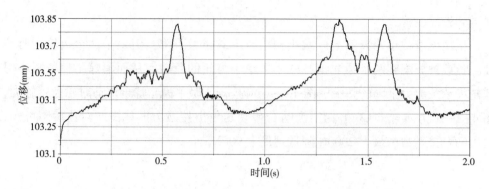

图 4-2-33　双齿轮异相位啮合（$m=2$）剑头垂直位移（Z 向）

综合上述分析，可以得到以下结论。

（1）单纯由一个齿轮啮合变为两个齿轮错齿啮合并不能提高传动动力性能。结合减小模数与错齿传动两种方法，可以显著提高齿轮齿条啮合传动动力性能。

（2）减小模数虽然降低了轮齿的承载能力，但是结合两个异相位齿轮一起传动，使负载分配到两个齿轮轮齿上，降低了单个齿轮轮齿的负载，从而消除了模数减小带来的弊端。

（三）双齿轮异相位啮合引纬传动机构设计

考虑齿轮动态啮合力的引纬机构设计方案的分析结果，采用双齿轮异相位啮合的齿轮齿条引纬传动机构，可以大幅提高剑杆运动的平稳性，减少剑杆的振动。

根据设计方案，给出具体的机构设计。机构简图如图 4-2-34 所示：

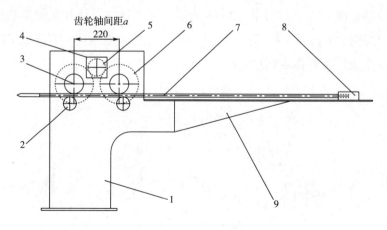

图 4-2-34　机构简图

1—引纬支架　2—支撑导轮　3—引纬齿轮　4—伺服电动机　5—电动机齿轮

6—齿轮轴驱动齿轮　7—剑杆　8—剑杆滑块　9—剑杆导轨斜支撑

新型三维织机引纬传动机构，包括支撑引纬部件的引纬支架 1，两个支撑和导向作用的支撑导轮 2，两个参数一致的引纬齿轮 3，伺服电动机 4，电动机输出动力齿轮 5，两个参数一致的齿轮轴驱动齿轮 6，其中驱动齿轮的齿数为引纬齿轮齿数的 2 倍，内含与引纬齿轮啮合齿条的刚性剑杆 7，支撑剑杆与剑杆导轨滑动接触的剑杆滑块 8，提高导轨支撑刚度的剑杆导轨斜支撑 9。

为了保证两个引纬齿轮能够与齿条异相位啮合，两引纬齿轮齿轮轴的间距 a 应当设置为：

$$a = \left(\frac{kn_1}{360} + b\right)\pi m \qquad (4-2-14)$$

式中：m——引纬齿轮模数，m 在允许范围内取小值；

b——两引纬齿轮中心在剑杆齿条上相隔的齿数，根据实际需要确定（图 4-2-35）。

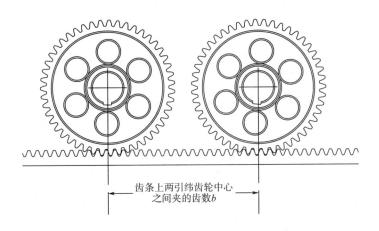

图 4-2-35 参数 b 的图示

按照齿轮轴轴距 a 安装引纬齿轮和齿条后，两引纬齿轮与齿条保持同向啮合接触时，两齿轮相位差即为 k。然而由于啮合侧隙，两齿轮并不能稳定地维持相位差。

在此，设置齿轮轴驱动齿轮 6 的齿数是引纬齿轮齿数的两倍。由式 4-2-13 可知两齿轮相位差 k 为齿轮两齿之间夹角的二分之一，因此，齿轮轴驱动齿轮 6 旋转一个齿距转过的角度恰为 k。于是安装时，两引纬齿轮与齿条同相位啮合后，只需再调整第二个齿轮轴驱动齿轮 6 转过一个齿距，再与电动机齿轮啮合，就能够保证两引纬齿轮始终保持相位差 k 与齿条啮合，实现稳定可靠的双齿轮异相位啮合。

第三节　预打纬机构优化设计

一、预打纬技术背景

三维织机需完成 30 层织造，经纱 20000 根，同一纵列的纬纱 30 根。初始经纱处于平展状态，经过综丝的拉力作用，形成开口形状，纬纱从中间穿过，钩针钩住纬纱，引纬器退纬，钩针脱纬，形成了纬纱自由端，综眼带动经纱运动，进行后一层经纬纱的编织；此时前一层纬纱两端形成自由端，经纱运动，使纬纱挠度发生了变化，中间部分纬纱容易发生卷曲。同时由于碳纤维的纬纱根数多，经纱运动过程中，在打纬时，还会引起不同纬纱层之间的纬纱相互干涉。上述因素均会导致碳纤维严重磨损，造成布面产生不规则的瑕疵，严重影响布面质量。为了提高布面质量，本节中设计了一套预打纬装置，对称安装在三维织机两侧，分别对每纬纬纱进行一次预打纬，使纬纱在正式打纬前移动到负压吸嘴处，并且始终使碳纤维处于拉直状态。

二、吸气系统的创新设计

吸风系统的工作需要一个稳定负压环境的支持，才能顺利完成对纬纱的吸取，负压环境的产生是通过一个吸风风机对吸风系统吸纱风道进行吸风来实现的。吸纱风道结构影响到风道内部流场结构，从而决定了吸纱风道内部的压力分布，稳定的负压环境能够保证吸纱动作的顺利完成，并且决定着吸纱动作的效率和可靠性。吸纱动作效率的提高和可靠性的增加能在一定程度上提高吸风系统整体机的工作效率，所以风道结构优化设计在吸风系统优化中占有重要的地位。

吸纱风道结构是一个侧面多进气孔的空腔结构，其内部流体的流动具有鲜明的特点，即非定常、三维、黏性、湍流流动。对吸风系统吸纱风道结构进行研究分析就需要对风道内部的流动结构进行研究，由于流动所具有的三维特性和不稳定性导致流体的流动较为复杂，但是流体力学的控制方程是流体流动时应该遵循的基本物理定律的数学表达式，方程组中包含了描述流体流动的物理变量，如压力、速度、温度等。基本物理定律得到的控制方程包含连续性方程、运动方程、能量方程。负压吸气系统的工作过程中，管内的气流具有湍流性质，湍流是一种高度复杂的非稳态三维流动，流动状态极其不规则，流动的参数随空间和时间作随机变化，因此，对湍流流动的数值模拟是极其必要的。

1. 基本方程

（1）连续方程。连续方程所依据的物理定律为质量守恒定律：

$$\frac{\partial \rho}{\partial t} + \frac{\partial}{\partial x_i}(\rho u_i) = 0 \tag{4-3-1}$$

式中：u_i——气流速度在 x_i 方向的分量，m/min；

ρ——气体密度，kg/m^3。

（2）运动方程。黏性气体的运动方程式，可由牛顿定律方程推出，方程如下：

$$\frac{\partial}{\partial t}(\rho u_i) + \frac{\partial}{\partial x_j}(\rho u_i u_j) = -\frac{1}{a^2}\frac{\partial p}{\partial x_i} - A_0 \frac{\partial}{\partial x_i}\left(\frac{2}{3}\rho k\right) + \frac{\partial}{\partial x_j}\sigma_{ij} \tag{4-3-2}$$

式中：α——无量纲数；

P——流体静压力，Pa；

K——湍流脉动的动能，即：$k = \frac{1}{2}\overline{u_i u_j}$；

σ_{ij}——表示牛顿流体黏性应力张量，MPa。

即：

$$\sigma_{ij} = \mu\left[\frac{\partial u_i}{\partial u_j} + \frac{\partial u_j}{\partial u_i}\right] - \frac{2}{3}\mu\frac{\partial u_k}{\partial x_k}\delta_{ij}$$

μ——气体的动力黏性系数，为常数。

（3）能量方程。

$$\frac{\partial(\rho T)}{\partial t} + \frac{\partial(\rho u_j T)}{\partial x_j} = \frac{\partial}{\partial x_j}\left(\frac{\lambda}{c_\rho \partial x_i}\right) + s_T \tag{4-3-3}$$

式中：T——温度；

c_ρ——定压比热；

λ——导热系数；

s_T——源项。

（4）气体状态方程。

$$P = \rho RT \tag{4-3-4}$$

式中：R——气体常数。

2. 湍流模型

湍流的数值研究是目前学术界的热点问题，同时也是计算流体力学中最困难的领域之一。湍流数值研究的方法主要可分为三大类，即直接模拟（DNS）、大涡模拟（LES）和雷诺时均方程法（RANS）。其中，直接模拟方法目前多局限于理论研究；大涡模拟法有一定的工程应用前景，但尚未普及；雷诺时均方程法在工程上应用最为广泛，这种方法将非稳态控制方程对时间做平均，在所得的关于时均物理量的控制方程中包含了脉动量乘积的时均值等未知量，称为雷诺应力，用湍流模型使方程封闭。

目前主要的湍流模型有代数应力模型、k—ε 双方程模型和雷诺应力模型等，k—ε 双方程模型在工程上广泛应用。本节采用标准 k—ε 双方程模型进行数值分析，标准 k—ε 模型需要求解散率方程及其湍动能耗。通过精确的方程推导得到湍动能输运方程，但耗散率方程是通过数学上模拟相似原形方程和物理推理得到的。该模型假设流动为完全湍流，分子黏性的影响可以忽略。因此，标准 k—ε 模型只适合完全湍流的流动过程模拟。

标准 k—ε 模型的湍动能 k 和耗散率 ε 方程如下：

$$\rho \frac{\mathrm{d}k}{\mathrm{d}t} = \frac{\partial}{\partial x_i}\left[\left(\mu + \frac{\mu_t}{\sigma_k}\right)\frac{\partial k}{\partial x_i}\right] + G_k + G_b - \rho\varepsilon - Y_M \qquad (4-3-5)$$

$$\rho \frac{\mathrm{d}\varepsilon}{\mathrm{d}t} = \frac{\partial}{\partial x_i}\left[\left(\mu + \frac{\mu_t}{\sigma_k}\right)\frac{\partial \varepsilon}{\partial x_i}\right] + C_{1\varepsilon}\frac{\varepsilon}{k}(G_k + C_{3\varepsilon}G_b) - C_{2\varepsilon}\rho\frac{\varepsilon^2}{k} \qquad (4-3-6)$$

在上述方程中，G_k 表示由于平均速度梯度引起的湍动能产生；G_b 是由于浮力影响引起的湍动能产生；Y_M 为可压速湍流脉动膨胀对总的耗散率的影响。湍流黏性系数 $\mu_t = \rho C_\mu \dfrac{k^2}{\varepsilon}$。

在 FLUENT 中，作为默认值常数，$C_{1\varepsilon} = 1.44$，$C_{2\varepsilon} = 1.92$，$C_\mu = 0.09$，湍动能 k 与耗散率 ε 的湍流普朗特数分别为 $\sigma_k = 1.0$，$\sigma_\varepsilon = 1.3$。可以通过调节黏性模型面板来调节这些常数值。

三、吸纱风道流场的 FLUENT 计算与模拟

负压吸封嘴实际上是一个多进气孔模型，为了研究气孔数量对进气及对风道内部气流流动的影响，建立了单个进气孔风道与出气孔口的简单模型，如图 4-3-1 所示。同时建立一个九个进气口风道与出气孔口平行的模型，如图 4-3-2 所示，进气孔直径大小为 0.048m，出口边界直径大小为 0.25m，流体性质的黏度为 1.7894×10⁻⁵kg/（m·s），密度为 1.225kg/m³。速度进口边界条件为 5.5m/s；压力出口边界条件为 0；固体壁面边界条件为无滑移边界条件。

1. 单进气孔风道与出气孔口垂直的简单模型

Gambit 软件包含了一整套易于使用流体模型建模的工具，可以快速地建立几何模型。另外，Gambit 软件在读入其他 CAD/CAE 网格数据时，可以自动完成几何

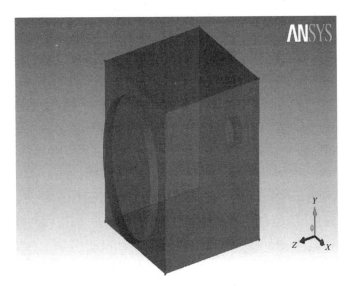

图 4-3-1　单个进气孔单元的简化模型

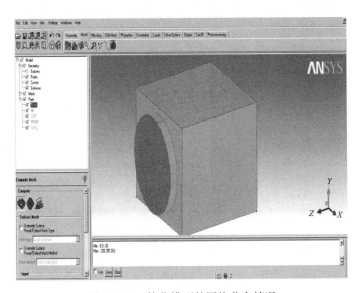

图 4-3-2　简化模型的网格分布情况

清理（即清除重合的点、线、面）和进行几何修正，箱体部分的参数为：长320mm，宽285mm，高332mm。

2. 网格划分

Gambit 软件提供了功能强大、灵活易用的网格划分工具，可以划分出满足 CFD 特殊需要的网格，具体的网格分布情况如图 4-3-2 所示。网格采用非结构体网格，单元数量为232272。

3. 计算结果分析

设定残差值大小为10^{-4}，经过 FLUENT 软件模拟分析之后，得到进口中心水平截面上的压力和速度分布，如图 4-3-3 所示和图 4-3-4 所示。由图 4-3-3 可以看出，由进口通道到低压腔内的时压力变化是非常大的，其次就是出口压力变化不是很大，与出口处相对应的腔体后壁面的压力有一个较大的变化，形成两个负压中心。

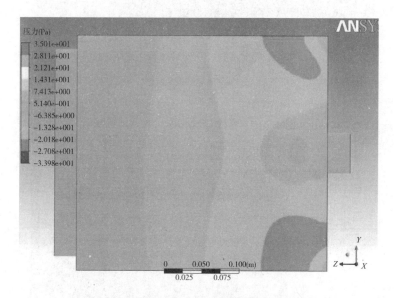

图 4-3-3　进口中心水平截面的压力分布

由图 4-3-4 明显可以看出，只有一个进气口时，进口气流速度大于出口气流速度，速度的减小主要是由于气流冲到出口壁面返回到进气口左右两侧的壁面处形成一个比较强的涡流，使通道内部出现一个死区。从对一个进气口单元的数值模拟的结果可以得出，对于一个进气口来说，压力的损失主要是在进口管道左右两侧，速度在其他壁面的减小比较小。

4. 多进气孔与出气孔口平行的模型建立

DM（Design Modeler）是 ANSYS Workbench 中一个模块，主要用于几何模型创建及计算模型准备。DM 提供了一系列工具用于流体计算域的生成。本次模拟利用 Design Modeler 建立的具体的模型如图 4-3-5 所示，箱体部分的参数为：长320mm，宽285mm，高332mm。

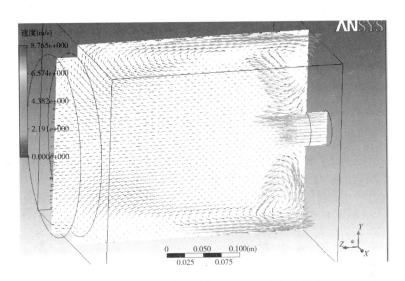

图 4-3-4 进口中心水平截面的速度矢量分布

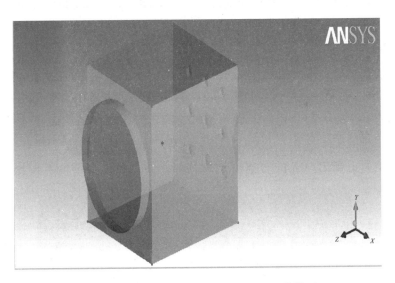

图 4-3-5 多进气孔风道与吸气孔口三维模型

5. 网格划分

采用 Hex 与 Tet Primitive 相结合自动网格划分功能，具体的网格分布情况如图 4-3-6 所示。

6. 计算结果分析

区域设置、边界条件设置、求解控制设置与前面单进气孔相同。经过 FLUENT

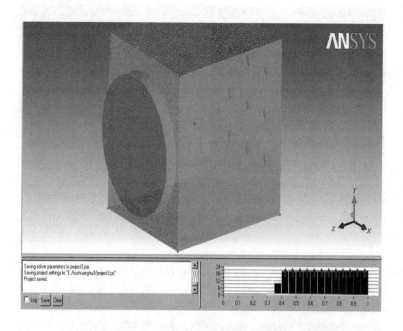

图 4-3-6　模型的网格分布图

软件模拟仿真之后，得到进口中心水平截面上的压力、速度和空气流线图分布如图 4-3-7~图 4-3-9 所示。通过图 4-3-7 可以看出，进口压力变化不是很大，出口处压力有一个较大的变化，形成一个较大的负压中心区域。而腔体进口处左右两侧形成一个低压区，上下压力值关于对称中心成轴对称。通过图 4-3-8 可以看出，由进口通道到出口处的时速度比较均匀，除了吸气口两侧有较小涡流现象，

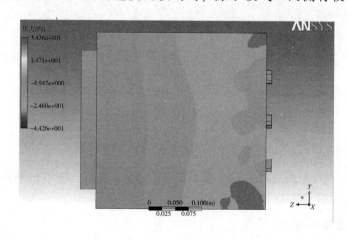

图 4-3-7　进口中心水平截面的压力分布

其他部分流体速度比较均匀。通过图 4-3-9 可以清晰地看出空气的流动比较均匀，涡流区域很小。

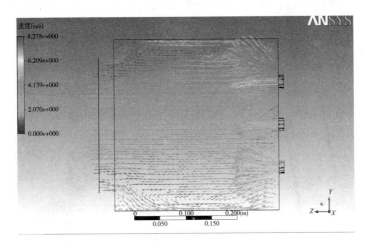

图 4-3-8　进口中心水平截面的速度分布

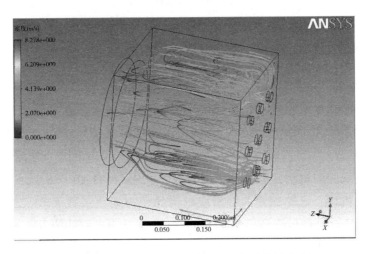

图 4-3-9　进口中心水平截面的空气流线图分布

四、负压吸嘴模型的创新设计

通过前面简单模型对吸气仿真的模拟，可以明显看出进气孔与吸气孔平行可以减小涡流现象的发生，同时气流速度比较均匀；此外，本节亦采用多进气孔平行的方式设计负压吸嘴。吸气系统主要作用是将引纬过来的碳纤维吸到吸嘴上。由于碳纤维是无捻长丝、剪切强力低，故退绕时容易分叉起毛、相互之间易粘连、丝束断头相互缠绕，造成织造困难，若采用传统的捕纱办法会使纱线产生起毛、加捻、断头等现象。因此，三维织机的捕纬采用吸气系统来使碳纤维保持绷紧状态。针对碳纤维的特殊性，设计了一套吸气系统装置，该装置对称地安装在主机的两侧。吸气系统机构简图如图 4-3-10 所示。

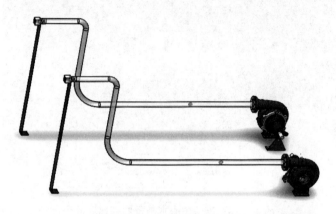

图 4-3-10　吸气系统机构

五、预打纬装置偏置曲柄滑块的 MATLAB 优化设计

偏置曲柄滑块机构是机械设计中常用机构。按照行程速比系数 K 设计平面曲柄滑块机构的问题一般归纳为：已知滑块行程 H、行程速比系数 K，通常根据辅助条件，如偏距 e（或给定曲柄长度 r_2，或给定连杆长度 r_3），来设计曲柄滑块机构（即确定未知长度尺寸），最后校验最小传动角 X_{min}。对该问题的求解，传统方法是采用简单直观的图解法，但设计精度较低。利用 MATLAB 解析法可迅速精确地设计曲柄滑块机构，已知偏置曲柄滑块机构的行程速比系数 $K = 1.25$，滑板行程 $H = 80mm$。当原动件曲柄作整周匀速转动时，为了获得良好的传力性能，要求滑板在整个行程中的最小传动角最大，因此，以传动角作为优化设计目标。

1. 设计目标的建立

如图 4-3-11 所示，偏置式曲柄滑块机构主要尺寸包括：曲柄 l_1，连杆 l_2，偏心距 e。当曲柄与滑块导路垂直且曲柄上铰链 B 离导路较远时，有最小的传动角，可表示为：

$$\gamma_{min} = \arccos \frac{l_1 + e}{l_2} \tag{4-3-7}$$

在图 4-3-11 的 ΔAC_1C_2 中，根据余弦定理和正弦定理分别有：

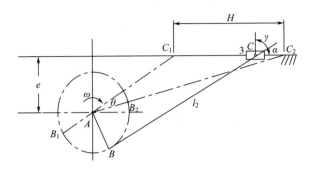

图 4-3-11　偏置式曲柄滑块机构简图

$$l_2 = \sqrt{\frac{H^2 - 2l_1^2(1 + \cos\theta)}{2(1 - \cos\theta)}} \qquad (4-3-8)$$

$$e = \frac{(l_2^2 - l_1^2)\sin\theta}{H} \qquad (4-3-9)$$

式中，H 是滑块的行程。当滑块行程 H 和极位夹角 θ（行程速比系数 K）已知时，连杆长度 l_2 和偏心距 e 与曲柄长度 l_1 相关，它们不是独立的设计参数，因此，以 l_1 作为设计变量。

根据已知的行程速比系数 K 计算机构极位夹角 θ：

$$\theta = \pi\frac{K - 1}{K + 1} = \pi\frac{1.25 - 1}{1.25 + 1} = 20° \qquad (4-3-10)$$

2. 根据设计要求，确定约束条件

以曲柄长度 $x = l_1$ 作为设计变量，它的取值范围可以按照下面的关系确定：

$$x_{\min} = \frac{H(1 - \cos\theta)}{2\sin\theta} = \frac{80(1 - \cos20°)}{2\sin20°} = 3.526 \qquad (4-3-11)$$

$$x_{\max} = \frac{H}{2} = \frac{80}{2} = 40 \qquad (4-3-12)$$

由于要求最小的传动角最大，因此该机构的设计目标为：

$$\max f(X) = \gamma_{\min} = \arccos\frac{l_1 + e}{l_2} \qquad (4-3-13)$$

即：

$$\min f(X) = \frac{l_1 + e}{l_2} \qquad (4-3-14)$$

3. 利用 MATLAB 编制优化程序并得到运行结果

由此得到：$x = 18.6217$；$l = 0.7336$

即 $\min f(X) = 0.7336$，$l_1 = 20$，将其分别代入式（4-3-7）~式（4-3-9），可得：$\gamma_{\min} = 42.8114°$；$l_2 = 45.9584 \text{mm}$；$e = 15.0951 \text{mm}$。

4. 对优化结果进行验证和分析

对设计的结果进行验证，优化结果满足曲柄滑块机构的曲柄存在条件：$l_1 + e \leqslant l_2$，最小传动角 $\gamma_{\min} > 40°$。当原动件曲柄作匀速转动时，为了获得良好的传力性能，滑块在整个行程中的最小传动角最大。

此结果与设计要求完全符合，可见采用 MATLAB 对偏置式曲柄滑块机构进行优化设计效率高，设计也比较简单。

5. 预打纬装置偏置曲柄滑块 Simulink 机构仿真模拟

偏置式曲柄滑块机构的向量模型如图 4-3-12 所示。

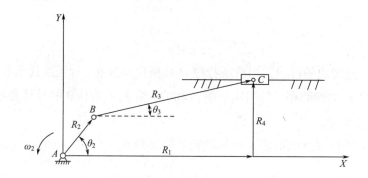

图 4-3-12　偏置式曲柄滑块机构向量模型

对于曲柄 R_2，向量 R_2 的模为 r_2，转角为 θ_2，连杆 R_3，向量 R_3 的模为 r_3，转角为 θ_3；R_1 为滑块的位移，模为 r_1；R_4 为偏距，模为 e。建立偏置曲柄滑块机构的位置运动方程如下。

（1）偏置式曲柄滑块机构的闭环位移矢量方程：

$$R_2 + R_3 = R_1 + R_4 \tag{4-3-15}$$

（2）闭环矢量方程在 X 轴与 Y 轴上的分解，得到：

$$r_2\cos\theta_2 + r_3\cos\theta_3 = r_1 \tag{4-3-16}$$

$$r_2\sin\theta_2 + r_3\sin\theta_3 = e \tag{4-3-17}$$

（3）将上式对时间求导，可以得到偏置式曲柄滑块机构的速度方程：

$$-r_2\omega_2\sin\theta_2 - r_3\omega_3\sin\theta_3 = \dot{r}_1 \tag{4-3-18}$$

$$r_2\omega_2\cos\theta_2 + r_3\omega_3\cos\theta_3 = 0 \tag{4-3-19}$$

式中：$\dot{r}_1$ 是矢量 R_1 大小的变化率，是滑块相对于地面的平移速度；ω_3 为连杆的角速度。为了便于编程，将式（4-3-18）、式（4-3-19）用矩阵的形式表达：

$$\begin{bmatrix} r_3\sin\theta_3 & 1 \\ -r_3\cos\theta_3 & 0 \end{bmatrix} \begin{bmatrix} \omega_3 \\ r_1 \end{bmatrix} = \begin{bmatrix} -r_2\omega_2\sin\theta_2 \\ r_2\omega_2\cos\theta_2 \end{bmatrix} \qquad (4-3-20)$$

（4）函数的编制及初始参数的设定。根据建立起来的数学模型，进行功能运算程序的编制。在仿真运行之前，必须为每个积分器设定适当的初始值。初始条件可以通过简单的几何关系求解给出，为了仿真方便，可以假设曲柄的初始位置为 $\theta_2 = 0°$，将其代入式（4-3-18）、式（4-3-19）中，根据前面部分优化所得到的曲柄和连杆的参数：$r_2 = 18.6217$，$r_3 = 45.9584$，即可求得初始参数如表4-3-1所示。

表 4-3-1　仿真的初始条件

积分器	初始值
θ_2（°）	0
θ_3（°）	19.1778
r_1（mm）	62.03

（5）构建Simulink仿真框图。在Simulink中建立的偏置式曲柄滑块机构的仿真模型如图4-3-13所示。其中MATLAB Function模块中添加式（4-3-20）所编写的函数，该函数输出两个变量：曲柄速度 r_1 和连杆的角速度 ω_3。

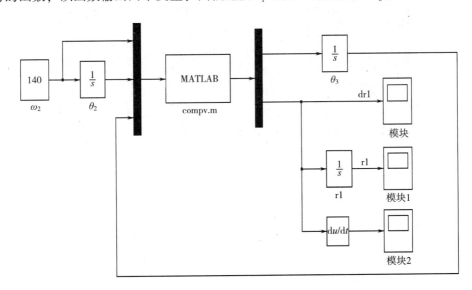

图 4-3-13　偏置式曲柄滑块机构的仿真模型

假设曲柄以 140rad/s 做匀速圆周转动，仿真时间设为 0.1s，在上图积分器中输入表 4-3-1 的初始值，在 MATLAB 环境下运行，从三个示波器模块中可以得到滑块的平移速度、位移以及加速度随时间变化的曲线图。

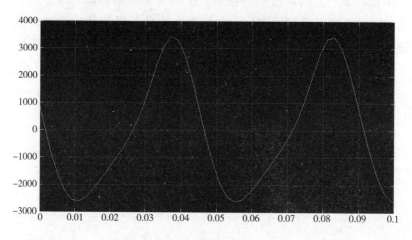

图 4-3-14　滑块的平移速度曲线

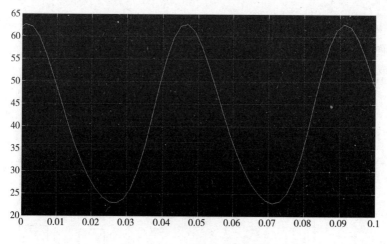

图 4-3-15　滑块的位移曲线

6. 对仿真结果进行分析

从仿真结果可以看出，偏置曲柄滑板机构的曲柄从 $\theta_2 = 0$ 位置开始运动时，滑板相对地面的平移速度下降到 0 时，滑块的位移从 62.03mm 上升到最大位置，而在此时滑块的加速度从最大值向最小转变。从图 4-3-14 所示的滑块平移速度曲线可以明显地发现，滑板速度的上升曲线斜率比下降曲线斜率小，即滑板上升的速度比下降

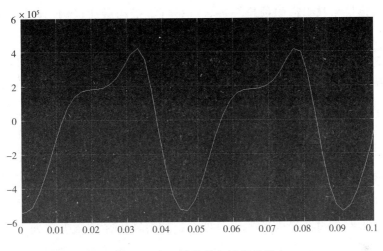

图 4-3-16　滑块的加速度曲线

的速度缓和，这说明在曲柄做匀速圆周转动的情况下，滑板来回运动的速度不同，从而使偏置曲柄板块机构具有急回特性；从图 4-3-16 所示滑板的加速度曲线可以看出，加速度在极限位置点有一个突变的高峰，也说明其具有急回特性。

六、预打纬装置模型的建立

1. 预打纬装置工作原理

图 4-3-17 所示为碳纤维多层角联织机的预打纬装置的主视图以及俯视图。

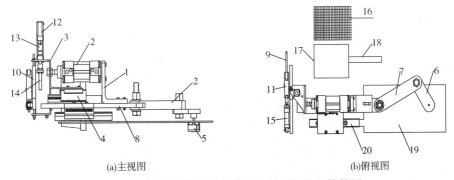

(a)主视图　　　　　　　　　　　　　　(b)俯视图

图 4-3-17　碳纤维多层角联织机的预打纬机构简图

1—L 型支座　2—推动气缸　3—Z 形连接板　4—第二线性滑轨　5—驱动曲柄步进电动机

6—曲柄　7—连杆　8—滑块移动板　9—半圆形钩针　10—升降移动板　11—气缸连杆

12—驱动升降装置电动机　13—联轴器　14—滚珠丝杠　15—限位气缸　16—碳纤维布

17—负压吸嘴　18—吸气管　19—主机连接板　20—第一线性滑轨

　　碳纤维多层角联织机的预打纬装置包括气缸推动避让机构、曲柄滑块送纬机构、摆动钩针机构和负压吸嘴机构。摆动钩针机构包括半圆形钩针、升降移动板、气缸连杆和限位气缸。摆动钩针机构固定在升降移动板上，升降移动板由滚珠丝杠带动，根据每次纬纱升降的高度计算出摆动钩针机构上下移动的距离，进而计算出步进电动机所需要的脉冲。曲柄滑块送纬机构包括驱动曲柄步进电动机、曲柄、连杆及滑块移动板。曲柄滑块送纬机构是将钩针挂住纬纱之后将纬纱送到负压吸嘴处，曲柄由步进电动机驱动，整个滑块装置由摆动钩针机构安装在滑块移动板上前后移动，挂完一纬，整个滑块装置移动一次，将纬纱送到负压吸嘴处，整个动作使纬纱一直处于有张力状态，避免了纬纱在运动过程中产生卷曲。负压吸嘴机构是将摆动钩针机构送到负压吸嘴处的纬纱吸在负压吸嘴处，使纬纱一直处于张力状态，织机进行打纬，吸嘴处的纬纱同时被打纬，随着织机进行工作，负压吸嘴处的纬纱随着卷取装置离开吸嘴，因此吸嘴处不会聚集大量纬纱。当整机出现故障时，传感器接收到信号后控制气缸动作，气缸推动避让装置包括L型支座、推动气缸、Z形连接板，使摆动钩针机构向后移动避免相撞。预打纬装置将引入的纬纱钩住，从梭口位置送到织口位置，完成纬纱的预打纬。动作重复进行直到完成这层所有纬纱的预打纬动作，最后这层所有纬纱都停留在织口处，再进行打纬。

2. 三维模型的建立

　　在Solidworks下建立碳纤维多层角联织机预打纬装置的三维模型，如图4-3-18所示。

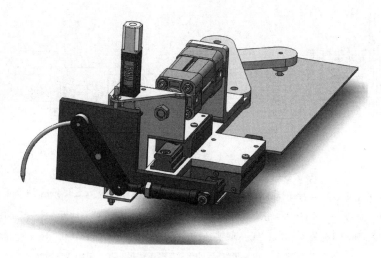

图4-3-18　碳纤维多层角联织机预打纬装置三维模型

第四节　打纬机构优化设计

本节提出基于无急回特性的曲柄摇杆机构串联转动—转动—移动副（简称 RRP）型Ⅱ级杆组的轴向六连杆打纬机构，在考虑打纬动程和机构压力角的情况下，利用刚体导引与曲柄摇杆机构几何关系相结合的方法进行机构运动学分析、尺度综合和参数优化，确定合理的机构尺寸参数，实现碳纤维多层织物的垂直均匀打纬。

一、轴向六连杆打结机构工作原理

图 4-4-1 所示为碳纤维多层织机打纬机构的工作原理。打纬机构由无急回特性的曲柄摇杆机构串联 RRP 型Ⅱ级杆组的六连杆实现，伺服电动机驱动曲柄 1 匀速转动，通过连杆 2 牵动摇杆 3 绕轴 O_3 摆动；同时，摇杆 3 牵动连杆 5 驱动滑块 6 沿机架水平移动，钢筘与滑块固结，则钢筘产生的打纬力垂直作用于织物截面，各层纬纱受力均匀一致。当打纬机构位于 $O_1A_1B_1Q_1P_1$ 位置时，钢筘位于极限初始位，即前死心位置，打纬力垂直均匀作用于织物；当打纬机构位于 $O_1A_2B_2Q_2P_2$ 位置时，钢筘位于极限终了位，即后死心位置。钢筘在前、后死心位置时，AB 连线通过固定轴 O_1，即轴向打纬。在一个织造循环中，引纬全部完成后，主令时基信号伺服电动机控制间歇运转并驱动打纬机构。

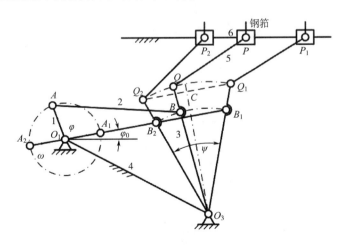

图 4-4-1　碳纤多层织机打纬机构

1—曲柄　2—连杆　3—摇杆　4—机架　5—连杆　6—滑块

二、轴向六连杆打纬机构尺度综合

为满足织造工艺和织机设计要求，机构尺度综合要兼顾机构尺寸和力传递性能，若给定尺寸要求，则以力传递性能最佳为优。打纬机构尺度综合分为摇杆滑块机构与曲柄摇杆机构两部分，其中摇杆滑块机构设计以力传递性能最佳为设计目标。

（一）摇杆滑块机构刚体导引综合

摇杆3与RRP型Ⅱ级杆组串联构成摇杆滑块机构，在图4-4-2中摇杆滑块机构的两个极限位置为P_1和P_j。图中，滑块6位于前死心位置P_1时，P_1Q_1与水平机架的夹角（压力角）为α；滑块6由前死心位置P_1运动到后死心位置P_j时，P_1Q_1的转角为θ_{1j}，且滑块6的最大动程为S_{max}。以O_3为原点，建立坐标系，则P_1Q_1的斜率为：

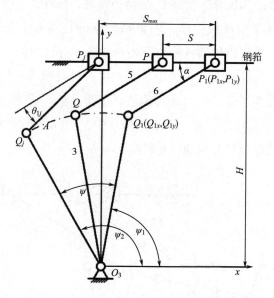

图4-4-2　摇杆滑块机构

$$Q_{1x}M - Q_{1y} = N \tag{4-4-1}$$

式中：$M = \tan\alpha$；$N = P_{1x}\tan\alpha - P_{1y}$。

摇杆3作为联架杆的等长约束方程为：

$$[Q_j - O_3]^T[Q_j - O_3] = [Q_1 - O_3]^T[Q_1 - O_3] \tag{4-4-2}$$

式中：Q_1、O_3和Q_j分别为点Q_1、O_3和Q_j的坐标矢量；$j = 2, 3, \ldots, n$。

由刚体的平面运动可知：

$$[Q_j \quad 1]^T = [D_{1j}] [Q_1 \quad 1]^T \qquad (4-4-3)$$

式中：D_{1j} 为刚体自位置 1 至位置 j 的位移矩阵。

将式（4-4-3）带入式（4-4-2）并化简可得：

$$Q_{1x} E_j + Q_{1y} F_j = G_j \qquad (4-4-4)$$

式中：$E_j = d_{11j}d_{13j} + d_{21j}d_{23j} + (1-d_{11j}) O_{3x} - d_{21j}O_{3y}$；

$\qquad F_j = d_{12j}d_{13j} + d_{22j}d_{23j} + (1-d_{22j}) O_{3y} - d_{12j}O_{3x}$；

$\qquad G_j = d_{13j}O_{3x} + d_{23j} O_{3y} + (d_{13j}^2 + d_{23j}^2) / 2$；

$\qquad d_{11j} = d_{22j} = \cos\theta_{1j}$；

$\qquad d_{12j} = -d_{21j} = \sin\theta_{1j}$；

$\qquad d_{13j} = P_{jx} - P_{1x} \cos\theta_{1j} + P_{1y} \sin\theta_{1j}$；

$\qquad d_{23j} = P_{jy} - P_{1y} \cos\theta_{1j} - P_{1x} \sin\theta_{1j}$；

$\qquad d$ 为刚体位移矩阵 D_{1j} 中的元素。

联立式（4-4-1）和式（4-4-4），可得 Q_1 的坐标：

$$\begin{cases} Q_{1x} = (G_j + F_j N) / (E_j + F_j M) \\ Q_{1y} = (G_j M - F_j N) / (E_j + F_j M) \end{cases} \qquad (4-4-5)$$

令 $l_{3Q} = O_3 Q$、$l_5 = PQ$ 和 $\psi = \psi_2 - \psi_1$，则连杆长度与摆角分别为：

$$l_{3Q} = \sqrt{(Q_{1x} - O_{3x})^2 + (Q_{1y} - O_{3y})^2} \qquad (4-4-6)$$

$$l_5 = \sqrt{(Q_{1x} - P_{1x})^2 + (Q_{1y} - P_{1y})^2} \qquad (4-4-7)$$

$$\psi = \arctan\frac{Q_{2y} - O_{3y}}{Q_{2x} - O_{3x}} - \arctan\frac{Q_{1y} - O_{3y}}{Q_{1x} - O_{3x}} \qquad (4-4-8)$$

（二）$K=1$ 的曲柄摇杆机构几何关系

图 4-4-3 所示为无急回特性（行程速比系数 $K=1$）的曲柄摇杆机构。图中，$O_3 C$ 与 $B_1 B_2$ 的中垂线交于 C 点，则中垂线与机架夹角 $\beta = \angle CO_3 O_1$，且 $\beta \in (\psi/2$, $\pi/2)$。

曲柄、连杆、摇杆和机架的长度分别为 $l_1 = O_1 A_1$、$l_2 = A_1 B_1$、$l_3 = O_3 B_1$ 和 $l_4 = O_1 O_3$，则几何关系的比率方程分别为：

$$\begin{cases} \lambda_1 = l_1/l_3 = \sin(\psi/2) \\ \lambda_2 = l_2/l_3 = \cos(\psi/2) \tan\beta \\ \lambda_3 = l_4/l_3 = \cos(\psi/2) / \cos\beta \\ \lambda_4 = l_2/l_1 = \cot(\psi/2) \tan\beta \end{cases} \qquad (4-4-9)$$

曲柄回转中心 O_1 坐标的比率方程为：

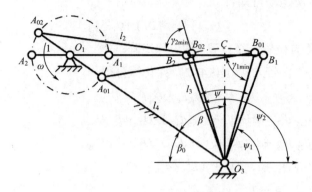

图 4-4-3 $K=1$ 的曲柄摇杆机构

$$\begin{cases} \lambda_x = O_{1x}/l_3 = \lambda_3\cos(\psi_1 + \psi/2 + \beta) \\ \lambda_y = O_{1y}/l_3 = \lambda_3\sin(\psi_1 + \psi/2 + \beta) \end{cases} \qquad (4\text{-}4\text{-}10)$$

当曲柄与机架共线时，得到两个最小传动角 $\gamma_{1min} = \angle A_{01}B_{01}O_3$ 和 $\gamma_{2min} = \pi - \angle A_{02}B_{02}O_3$，且：

$$\cos\gamma_{1min} = 0.5[\lambda_2^2 + 1 - (\lambda_3 - \lambda_1)^2]/\lambda_2 \qquad (4\text{-}4\text{-}11)$$

$$\cos\gamma_{2min} = 0.5[\lambda_2^2 + 1 - (\lambda_3 + \lambda_1)^2]/\lambda_2 \qquad (4\text{-}4\text{-}12)$$

将式（4-4-9）带入式（4-4-11）与式（4-4-12）得：

$$\cos\gamma_{1min} = \cos\gamma_{2min} = \sin(\psi/2)/\sin\beta \qquad (4\text{-}4\text{-}13)$$

三、结果与讨论

（一）设计参数

考虑织造工艺、机构尺寸和力传递性能要求，取 $j=2$，表 4-4-1 所示为给定的设计参数。

表 4-4-1 给定的设计参数

H（mm）	P_{1x}（m）	P_{2x}（m）	α（°）	θ_{12}（°）	$[\gamma_{min}]$（°）	n（r/s）
687	490	330	1.235	2.160	62	30

注 $[\gamma_{min}]$ 为最小许用传动角；n 为曲柄转速。

（二）摇杆滑块机构设计结果

由给定的设计参数可知，滑块位于前死心时，摇杆滑块机构的传动角 $\gamma = 90°-$

$\alpha = 88.765°$，力传递性能优越，打纬力越大，适宜厚重的碳纤维多层织物。表 4-4-2 为刚体导引尺度综合结果。数据表明：ψ 的大小决定于钢箱的极限位置参数，与 l_3 的长度无关。

表 4-4-2　刚体导引尺度综合结果

设计参数	数值	设计参数	数值
Q_{1x}（m）	2.650	ψ（°）	13.61
Q_{1y}（m）	676.49	l_{3Q}（mm）	676.49
Q_{jx}（m）	-156.6	l_5（mm）	487.46
Q_{jy}（m）	658.12		

（三）$K=1$ 的曲柄摇杆机构设计讨论

当 ψ 为定值，最小传动角 γ_{min} 和 β 的关系为 $\beta = \arcsin [\sin (\psi/2) / \cos\gamma_{min}]$。图 4-4-4 所示为 γ_{min} 取不同值时 β 的变化情况。由图可知：当 $\gamma_{min} = 40°$ 时，$\beta = 8.906°$；当 $\gamma_{min} = 90° - \psi/2 = 83.195°$ 时，$\beta = 90°$，但实际 $\beta < 90°$，故 $\gamma_{min} < 83.195°$；当 $\gamma_{min} = 76°$ 时，$\beta = 29.354°$，且 $\gamma_{min} > 76°$ 时，β 随 γ_{min} 的增加而急剧增加，故 $\gamma_{min} \leq 76°$，因此，β 宜在 $9° \sim 30°$ 范围内取值。

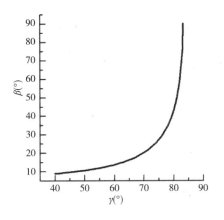

图 4-4-4　γ_{min} 与 β 的关系（$\psi = 13.610°$）

当 $\psi = 13.610°$ 时，$\lambda_1 = \sin (\psi/2) = 0.119$。表 4-4-3 所示为 γ_{min} 和参数比率随 β 变化情况。数据表明：γ_{min} 和参数比率随 β 增加而增加，负号表示方向相反。当 $\beta = 15°$ 时，$\gamma_{min} > [\gamma_{min}]$。当 $\beta \leq 19°$ 时，$\lambda_4 < 3$，为短牵手；当 $20° \leq \beta \leq 30°$ 时，$3 < \lambda_4 < 6$，为中牵手。λ_x 和 λ_y 在平行于 Q_1Q_j 的直线上，且 λ_x 的变化速度比 λ_y 快。

令 $l_3 = 550$mm，则 $l_1 = l_3 \sin (\psi/2) = 65.168$mm。表 4-4-4 为 β 分别为 10°、15°、20°、25° 和 30° 的曲柄摇杆机构设计结果。数据表明：曲柄摇杆机构的连杆尺寸随 β 增加而变大，且曲柄回转轴坐标 O_{1x} 和 O_{1y} 位于平行于 Q_1Q_j 的直线 $y = 0.1154x + 549.75$ 上，且 O_{1x} 的变化速度比 O_{1y} 快。

表 4-4-3　不同 β 值的 γ_{min} 和参数比率

β (°)	γ_{min} (°)	λ_2	λ_3	λ_4	λ_x	λ_y	β (°)	γ_{min} (°)	λ_2	λ_3	λ_4	λ_x	λ_y
9	40.762	0.157	1.005	1.327	-0.270	0.968	20	69.731	0.361	1.057	3.050	-0.473	0.945
10	46.973	0.175	1.008	1.478	-0.288	0.966	21	70.693	0.381	1.064	3.217	-0.492	0.943
11	51.613	0.193	1.012	1.629	-0.306	0.964	22	71.561	0.401	1.071	3.386	-0.512	0.940
12	55.257	0.211	1.015	1.781	-0.324	0.962	23	72.347	0.422	1.079	3.557	-0.533	0.938
13	58.216	0.229	1.019	1.935	-0.342	0.960	24	73.064	0.442	1.087	3.731	-0.553	0.936
14	60.674	0.248	1.023	2.089	-0.360	0.958	25	73.718	0.463	1.096	3.908	-0.574	0.933
15	62.755	0.266	1.028	2.246	-0.378	0.956	26	74.319	0.484	1.105	4.087	-0.595	0.931
16	64.541	0.285	1.033	2.403	-0.397	0.954	27	74.871	0.506	1.114	4.270	-0.616	0.928
17	66.092	0.304	1.038	2.562	-0.415	0.952	28	75.381	0.528	1.125	4.456	-0.638	0.926
18	67.454	0.323	1.044	2.723	-0.434	0.949	29	75.854	0.550	1.135	4.645	-0.661	0.923
19	68.658	0.342	1.050	2.886	-0.453	0.947	30	76.292	0.573	1.147	4.838	-0.683	0.921

依据表 4-4-2 和表 4-4-4 的设计结果，利用 Ⅱ 级杆组法依次分析刚体（图 4-4-1 中构件 1）、RRR 型 Ⅱ 级杆组（构件图 4-4-1 中 2~3），RRP 型 Ⅱ 级杆组（图 4-4-1 中构件 5~6），由图 4-4-1 中滑块 6 的运动规律得到打纬动程及其变化情况。

表 4-4-4　曲柄摇杆机构设计结果

β (°)	γ_{min} (°)	l_2 (mm)	l_4 (mm)	O_{1x} (mm)	O_{1y} (mm)
10	46.973	96.297	554.550	-158.247	531.492
15	62.755	146.334	565.391	-207.954	525.758
20	69.731	198.773	581.175	-260.049	519.749
25	73.718	254.663	602.583	-315.569	513.344
30	76.292	315.306	630.612	-375.813	506.395

图 4-4-5 为不同 β 值时打纬机构运动规律。可以看出：β 取值变化均满足打纬动程要求；β 越小，在前死心位置筘座运动速度越快，利于织物打紧，但对称性差；β 越小，打纬时筘座加速度值越大，对打紧织物有利，但是筘座加速度变化均匀性差，织机震动厉害，不利于高速运动。

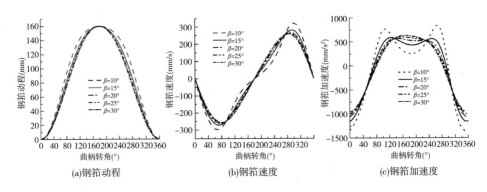

(a)钢筘动程　　　　　　　(b)钢筘速度　　　　　　　(c)钢筘加速度

图4-4-5　不同β值的打纬机构运动规律

（四）打纬机构设计参数优化

针对碳纤维多层织机低速且织物厚重的特点，考虑机构尺寸、制造精度和力传递性能等因素，表4-4-5为打纬机构的设计优化结果。

表4-4-5　打纬机构优化结果

设计参数	结果	设计参数	结果
l_1（mm）	65.2	O_{1x}（mm）	208
l_2（mm）	146.5	O_{1y}（mm）	526
l_3（mm）	550	l_{3Q}（mm）	676.5
l_4（mm）	565.6	l_5（mm）	487.5

在坐标系 xO_3y 中对轴向六连杆打纬机构进行运动学分析，图4-4-6所示为钢筘运动规律。由图可知：钢筘运动到两个极限位置的坐标及最大动程分别为 P_{1x} = 490.3mm，P_{2x} = 330.2mm，则 S_{max} = P_{1x} - P_{2x} = 160.1mm，且动程与位置坐标的误差率均为0.06%，利于织物打紧；钢筘运动到前死心时，加速度为-1159.7mm/s^2，且在后死心附近加速度变化较小，利于碳纤维多层织物打紧和机器降噪。

综上所述，可得出如下结论。

（1）基于 K = 1 的曲柄摇杆机构串联 RRP 型 Ⅱ 级杆组的轴向六连杆打纬机构实现钢筘水平运动，且打纬力均匀垂直作用于织物组织截面，满足所有纬纱受力一致的需求。

（2）针对轴向六连杆打纬机构提出刚体导引与曲柄摇杆机构的几何关系相结合尺度综合方法，分析结果表明：摇杆摆角的大小取决于钢筘的极限位置参数，

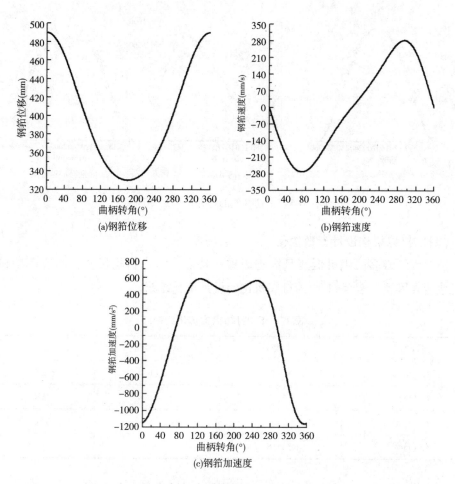

(a)钢筘位移

(b)钢筘速度

(c)钢筘加速度

图4-4-6　钢筘的运动规律

与摇杆长度无关，且调整摇杆铰接点位置可改变钢筘极限位置和打纬动程；摆角确定后，曲柄摇杆的机构尺寸与最小传动角均随夹角的增加而增加，当机构传动角不小于最小许用传动角时，调整夹角大小以获得合理的机构尺寸。

（3）轴向六连杆打纬机构优化结果表明：钢筘运动到两个极限位置的位移与动程的误差分别为0.3mm、0.2mm与0.1mm，但误差率均为0.06%；钢筘位于前死心时，加速度为-1159.7mm/s²，在后死心附近加速度变化较小，利于碳纤维厚重织物打紧和机器降噪。

第五节 送经机构的优化设计

由于原有的送经机构在送经过程中存在纱路距离长、纱线因自重而下垂等问题，为避免这些问题，设计一套能够织造拥有变截面特点的深角联织物的送经机构，该送经机构将传统的统一送经经过优化设计，改为经纱和法向经纱分别独立的送经，结构独立但是又相互关联，以实现整个送经系统恒定的经纱张力。同时利用安装在送经机构上的多个位置的传感器，对不同位置的经纱张力进行在线检测，将多个传感器检测的信息进行融合后反馈给伺服电动机，控制送经主轴的转角，以送出一定长度的经纱，从而能够完成经纱张力在不同时间、不同空间的检测及调整，实现恒张力地送经。

一、法向经纱送经机构的结构设计要求

三维织机送经机构主要由送经部分、张力部分及拢纱部分构成。本节采用模块化设计，在原有立体织机送经机构的工作部件保持不变前提下，在拢纱部件上安装法向经纱输送模块，其结构要求如下。

（1）法向经纱送经机构选用能够调节的机构，即能够对织造速度进行调节，能够适用于不同种类的碳纤维织物。

（2）张力检测装置中的张力检测辊及导纱辊和法向经纱之间滑动摩擦，同时能够在送经过程中保持恒张力。

（3）在送经机构当中，防止经纱因折角过大而产生磨损。

（4）送出的法向经纱高度与拢纱部件中心高度保持一致，可使送入主机部分的法向经纱不发生偏移。

1. 传动方案的设计

根据送经机构的功能要求，初定以下两种传动方案。

（1）传动方案一。如图4-5-1所示，该方案的电动机输出轴与经轴平行，中间通过三组带传动进行减速，达到控制经轴速度和转向的目的。但是由于带传动本身没有自锁功能，经轴在主机打纬过程中出现震动时，很难保证静止不动，这样就影响了经纱张力的控制精度。

（2）传动方案二。如图4-5-2所示，该传动方案的电动机输出轴和经轴垂直，输出轴先经过蜗轮蜗杆减速器减速，再由同步带传动带动经轴转动，达到控制经

轴速度和转向的目的。由于蜗轮蜗杆减速器本身有很好的自锁功能，所以一旦电动机停止转动时，经轴也相应地停止转动，且不会因为打纬产生的震动而发生微小的转动，很好地保证了经纱张力的控制精度。故本节采用此传动方案。

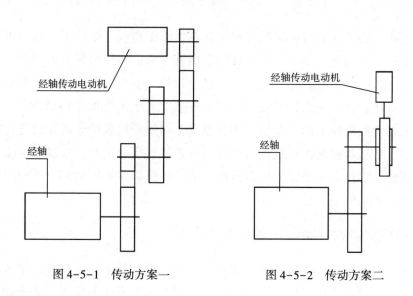

图 4-5-1　传动方案一　　　　　　　图 4-5-2　传动方案二

2. 经轴组件的设计

根据法向经纱送经机构以及主机部分的工作要求，法向经纱送经机构经轴组件采用图 4-5-3 所示结构。

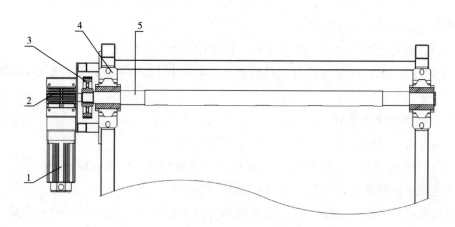

图 4-5-3　法向经纱送经机构的经轴装配俯视图

1—伺服电动机　2—蜗轮蜗杆减速器　3—同步带轮　4—带座轴承　5—经轴

（1）为了实现送经机构模块化设计，并且便于满经纱盘头与空经纱盘头的切换，送经主轴的轴端用带座轴承固定的形式。该带座轴承由上下两部分构成，在更换经纱盘头时，只需将带座轴承的上顶盖拆卸下来，实现经纱盘头的更换。此外，为了满足主机的送经速度、织物类型可变更和经纱张力的灵活控制，选用伺服电动机和二级减速装置配合的传动方式，如图4-5-2所示，第一级传动为蜗杆蜗轮减速器，第二级传动为同步带传动。法向经纱送经机构的经轴装配俯视图，如图4-5-3所示。

（2）按照三维织机的织造需求，织物的幅宽大小可以调节，卷取织物距离大于等于500m，与纱线盘头一样，同样选取短卷绕长度、直径较大的经纱盘头，该送经主轴可装配四个法向纱线盘头，于送经主轴上均匀装配。法向经纱盘头在送经主轴上的安装状况，如图4-5-4所示。

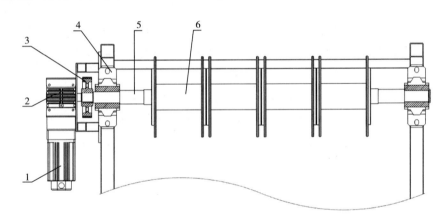

图4-5-4 法向经纱送经机构的法向经纱盘头装配俯视图

1—伺服电动机 2—蜗轮蜗杆减速器 3—同步带轮 4—带座轴承 5—经轴 6—法向经纱盘头

3. 张力检测组件机构设计

根据三维织机织造时，主机对法向经纱张力的要求，法向经纱送经机构张力检测部件机构设计如下。

（1）为防止法向经纱和张力检测辊之间发生滑动摩擦，并避免碳纤维在送经系统上的磨损，将张力检测辊设计成内外独立式的组合，如图4-5-5所示。

图4-5-5中，内部是张力检测辊组件的支撑轴，材质选用45号钢，外部是不锈钢复合管，内外部分通过滚针轴承配合连接。支撑轴和张力检测摆杆是固定连接，采用图4-5-5中的结构，能够达到支撑轴与不锈钢复合管互不影响。法向经纱通过特定的方式绕过张力检测辊，在法向经纱输送过程当中，法向经纱与不锈

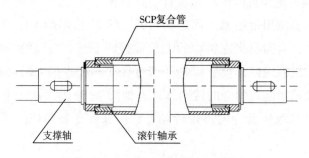

图 4-5-5　张力检测辊结构简图

钢复合管处于相对不运动的状态，能够有效防止接触面之间的磨损。

（2）同样基于防止法向经纱和导纱辊发生滑动摩擦，并避免碳纤维在输送过程当中发生磨损的目的，将导纱辊设计成内外一体式的结构，这与张力检测辊结构不同，如图 4-5-6 所示。导纱辊支撑轴通过带座轴承固定在张力检测支座上，其作用是改变法向经纱的方向，与张力检测辊配合完成法向经纱的实时检测。

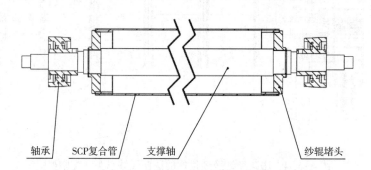

图 4-5-6　导纱辊结构示意图

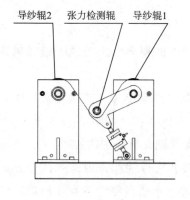

图 4-5-7　张力检测机构简图

（3）如图 4-5-7 所示，在张力检测模块中，导纱辊 1 和导纱辊 2 通过轴承固定在导纱辊支座上，而导纱辊支座与张力检测机架通过螺栓连接；张力检测辊通过一对轴承与一对张力检测摆臂固定，张力检测摆臂固定在导纱辊 1 上。在法向经纱送经机构送经过程中，法向经纱经过导纱辊 1 进入张力检测机构中，经过张力检测辊的实时检测，再由导纱辊 2 送出。

4. 模块化送经机构设计

法向经纱送经机构模块很好地实现了三维织机在织造深角联织物过程中，法向经纱输送的工艺，该结构作为一个模块，通过螺栓固定在三维织机送经机构中的拢纱部件上，如图4-5-8所示。法向经纱由伺服减速机控制送经主轴从法向经纱盘头上平行退绕下来，经过张力检测部件后送入主机。

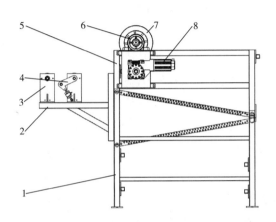

图4-5-8　法向经纱送经机构模块结构示意图

1—拢纱部件　2—张力检测组件支架　3—张力检测组件支座　4—张力检测摆杆
5—主轴组件机架　6—同步带　7—法向经纱盘头　8—伺服减速机

二、送经张力系统CCD织口检测技术

（一）无梭织机上常用的织口移动控制方法

1. 比利时喷气织机

在PICANOL-OMNI型织机上，首先将经纱张力的设定值以数字形式输入计算机或记忆卡中。在后梁设置张力传感器，将检测到的经纱实际张力信号反馈给电脑并与设定值进行比较，由此来控制送经量的多少。在启动织机时，通过电脑调节送经系统的张力，使其与设定张力值相符，以避免形成开车档。PICANOL-MNIPLUS型喷气织机配备电子送经和电子卷取部件，能更有效地控制织口的移动，且有利于消除开车档。

2. 丰田喷气织机

丰田喷气织机同样采用电子送经，活动后梁装有张力传感器以感知张力，将张力传感器所测数据输入控制系统并与设定值进行比较，控制经轴伺服电动机的转速和转动量，而后再驱动织轴转动。同时由于系统具有反馈功能，在织机开机启动时能自动对经纱张力进行微调，以控制织口位置。为了防止形成开车档，可预先设定停机时的送经补偿量。停机时间分别为 0、5min、10min、20min、40min，补偿量为±1.99mm 且连续可调，精度可达 0.01mm，以停机时间的长短为参考进行线性补偿。

3. 津田驹喷气织机

津田驹喷气织机装有电子送经板（ELO），后梁处的经纱张力由传感器检测，进而传送给 ELO 的中央处理器（CPU）与设定张力进行比较，并根据纬密的大小控制伺服电动机的转速，经减速后驱动织轴转动。另外还配备测速电动机，用来测定伺服电动机转速，CPU 作负反馈。织轴一转，织轴直径传感器便发出 6 个脉冲信号，供 CPU 分析判断经轴直径，这一信号也可以控制送经电动机的转速。ZA 型电子送经系统采用的是超高速反应型交流伺服电动机，能在 1/100s 内将转速从 0 提升到 3000r/min，故张力控制精度高，且张力波动小于 2%。

（二）织口的 CCD 检测

由于本织机的送经部分纱路较长，最长的可达十几米，经纱张力很难达到均匀一致，再加上开口综丝在装造时无法避免的误差，必然会导致织口的上下位置偏离预设的理想位置，而开口量也存在不一致性。如果不对上述位置误差进行修正，必然会引起引纬位置错误。随着误差的累积，将发生剑杆剐蹭经纱的现象，严重时会导致经纱被磨断、开口不清等诸多问题，使得织造过程被迫终止。基于以上问题，开发出一套基于 CCD 高速摄影技术的织口位置的实时检测装置，从而对织口位置进行实时监测，并将测定的信号及时地反馈给控制系统，再由控制系统驱动引纬机构进行位置的调整，达到消除引纬误差的目的。图 4-5-9 为碳纤维多层织机整机布局图，图 4-5-10 为某一时刻的织口位置。

图 4-5-9　碳纤维多层织机整机布局图

图 4-5-10　某一时刻的织口位置

如图 4-5-11 所示，织机采用电子及多臂组合式开口方式，碳纤维经纱穿入与综丝固接的综眼中，由电子提花机驱动综丝上下运动，带动经纱进行上下运动，随之形成织口。换言之，由于经纱织口的形成是由综丝运动引起的，其位移量也应与综丝的位移量保持一致。由于本织机的经纱数量大，织口上方的综丝排布密集，开口时各层经纱的运动不尽相同，不仅无法确定恰当的位移参考点，而且织口区域位于钢筘和综丝间的狭小区域内，在该区域内安装检测装置根本无法实现。因而，本方案另辟蹊径，将测试位置改换到穿综板上方的开阔位置。

图 4-5-11　标记后的开口综丝

具体的操作是按照某种织物的提花程序的经纱提升走向图进行设计，如图 4-5-12所示，在 10 排综丝中依次选择样本点进行标记并测试位移量，多次测量后通过数据对比，找出 6 次开口时位移量最大的综丝所在的排，然后在其上的某一位置安装用于 CCD 测试的发光器件，由安装在提花机主梁上的 CCD 相机对其发出的光线进行捕捉，通过信号的传递与计算得出该参考点的坐标位置，进而由主机控制单元驱动引纬机构进行上下位置的调整。

纬数	层数														
	第三层			第一层			第二层			第四层			第五层		
	3-b	3-a1	3-a2	1-b	1-a1	1-a2	2-b	2-a1	2-a2	4-b	4-a1	4-a2	5-b	5-a1	5-a2
1	−	−	−	↓	↑	↓	↓	↓	↓	↑	↑	↑	↑	↑	↓
2	−	−	−	↑	↑	↑	↑	↓	↑	↑	↓	↑	↓	↑	↓
3	−	↑	↓	↑	↑	↑	↑	↓	↓	↓	↑	↓	↓	↓	↓
4	−	↓	↑	↑	↑	↑	↑	↑	↑	↓	↓	↓	↓	↑	↓
5	−	↑	↓	↑	↑	↑	↑	↑	↓	↑	↓	↑	↓	↑	↑
6	−	−	−	↓	↓	↑	↓	↓	↓	↑	↑	↑	↑	↓	↑

图 4-5-12　加强角联锁织物经纱提升走向图

（三）织口移动理论分析

织口的几何形状如图 3-7-1 所示。织口检测系统的主要功能是实时检测图中 C_1 和 C_2 两点的动态位置。

停机后，织物和经纱的张力 T 不可能保持恒定不变，根据实际情况，织机停机后，织物和纱线的张力松弛量基本服从负指数函数。

（1）以织物为隔离体，计算考虑松弛时的织物变形量。

停车后织物张力 T'：

$$T' = Te^{-At} \tag{4-5-1}$$

式中：A——织物的渐息系数。

得：

$$\delta' = \frac{T}{C_1} + \frac{T}{C_2^{-At}}(e^{-At} - e^{-\frac{C_2}{\eta}t}) \tag{4-5-2}$$

（2）以经纱为隔离体，计算考虑松弛时的经纱变形量。

停车后经纱张力：

$$T' = Te^{-Bt} \tag{4-5-3}$$

式中：B——经纱的渐息系数。

得：

$$\delta' = \frac{T}{C_1'} + \frac{T}{C_2^{-Bt}}(e^{-Bt} - e^{-\frac{C_2'}{\eta}t}) \tag{4-5-4}$$

（3）考虑松弛情况时的织口位移量。综上可得：

$$\Delta = T\left[\frac{1}{C_1} - \frac{1}{C'_1} + \frac{T}{C_2^{-At}}(e^{-At} - e^{-\frac{C_2}{\eta'}t}) - \frac{T}{C_2^{-Bt}}(e^{-Bt} - e^{-\frac{C'_2}{\eta'}t})\right] \tag{4-5-5}$$

同样，如 $\Delta\delta$ 的值为正，则织口移向后梁，有可能产生密路；如 $\Delta\delta$ 的值为负，则织口移向胸梁，有可能产生稀路。

综合考虑松弛和蠕变等影响因素，影响织口移动的主要因素包括织物和经纱的缓弹性和急弹性刚性系数、织物和经纱的缓弹性黏性系数、织物和经纱张力 T 及张力的渐息系数以及停机时间。从织口移动量的表达式可知，降低停机后织物和经纱的张力及停机时间，可减少停机后织口的移动量。要达到这一要求，必须有设备和管理上的双重保证。

（四）CCD 织口检测系统组成

本织口检测系统拟采用高速 CCD 摄像机来实时采集经纱开口处的图像信号，并将其传送到图像处理系统中进行图像处理，织口检测系统主要包括图像采集系统和图像处理系统两部分，其硬件部分主要包括 CCD 高速彩色摄像机、图像处理器以及照明设备。

1. CCD

CCD 英文全称为 Charge Coupled Device，即电荷耦合器件，又叫 CCD 图像传感器，它也是一种半导体元件，能够把光学信号转化为数字信号供控制系统进行分析计算。在 CCD 上包含有大量光敏物质，一般称为像素，其所包含的像素越多，拍摄所获取的图像的分辨率也就越高。CCD 摄像机是指利用 CCD 来获取图像的光学设备，它的特点是分辨率高、体积小巧、性能稳定。按照使用的器件的不同的工作原理，CCD 照相机分为线阵式和面阵式两种类型。面阵 CCD 摄像机一次可以获得全幅图像的信息，而线阵 CCD 照相机每次拍照仅能获得图像的一行信息，且需要被拍摄的物品匀速从其前移动，方能获得完整的位置图像，所以它在线性匀速运动的测量中备受青睐。

由于本织口检测系统用于检测参考点的线性运动位置，因而采用线阵 CCD。通过分析计算，选择了像素为 2400 像素×2400 像素，1600 万色彩，视野范围为 100mm。

2. 光源系统

光源是 CCD 应用技术中的重要组成部分，选好光源是 CCD 应用的重要环节。作为整个织口检测系统的重要组成部分，它是影响机器图像采集系统的重要因素，也是整个检测系统正常工作的基础条件，所以其选型的合理与否直接影响相机的拍摄效果，进而影响织口检测的准确率。

目前光学检测领域常用的主流光源有高频荧光灯和 LED 光源两大类。荧光灯光源的优势是：光照均匀、柔和、成本较低且维护方便；其劣势是：工作温度高，光衰较严重，使用寿命短，可靠性差。而 LED 光源的优势是：使用寿命长，平均可达 2 年以上，且光照稳定性好，运行成本低；其劣势是：制造成本高且照明光线不柔和。

综合分析，本检测系统选用 LED 条形光源作为照明光源，总共用四条光源，在穿综板上方分别对称固定两条光源，每条光源长度为 250mm，这样可以给 CCD 相机提供充足的光照，此外为了减小环境中其他光源对光照效果的影响，须在本照明系统外加避光罩，从而减少环境光的影响，提高检测系统的精确度。

(五) 线阵 CCD 织口瞬时位置测量原理

如图 4-5-13 所示，用两台线阵 CCD 相机，使其光轴在空中交汇于 O 点，光轴所在平面与地平面垂直，两相机视场的重叠部分即构成光幕靶（图中的阴影部分）。根据实验需要可设置不同的光轴夹角 α_0、β_0 和基线长 d_0（两相机光敏面中点间的距离）以及相机的视场角 ω 来形成不同形状和面积的靶面。通常采用正交法则使两相机光轴夹角为 90°，在交汇区构成方形立靶。设两相机的焦距均为 f，CCD 光敏面的尺寸为 l，则视场角 $2\omega = 2\arctan(0.5l/f)$，由此产生的方形靶的边长 L 为：

$$L = (d_0 - \sqrt{2}f)\tan\omega = \frac{0.5d_0l}{f} \tag{4-5-6}$$

当织口参考点穿过靶面时，CCD 相机获得目标图像，经过一定的计算和处理得到目标的角坐标 Φ、φ，最后根据系统参数（α_0、β_0、d_0、f）和目标的角坐标 Φ、φ 便可得到空间点目标的坐标值。

如图 4-5-13 所示，以靶面中心 O 为坐标原点建立坐标系。设某一时刻穿过靶面的织口参考点位于点 P，它在两 CCD 相机上形成的相高分别为 h_1 和 h_2，图像在 CCD 光敏面上方（以通过光敏面中心的水平线为基准）h 取正，在光敏面下

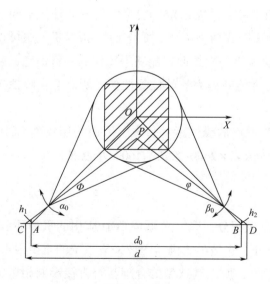

图 4-5-13 织口瞬时位置测量原理图

方 h 取负。由图 4-5-17 中几何关系可得：

$$\Phi = \arctan\left(\frac{h_1}{f}\right) \tag{4-5-7}$$

$$\alpha = \angle PCB = \alpha_0 - \Phi \tag{4-5-8}$$

$$CA = \frac{f\sin\Phi}{\sin\alpha} \tag{4-5-9}$$

$$\varphi = \arctan\left(\frac{h_2}{f}\right) \tag{4-5-10}$$

$$\beta = \angle PDA = \beta_0 - \varphi \tag{4-5-11}$$

$$BD = \frac{f\sin\varphi}{\sin\beta} \tag{4-5-12}$$

$$d = d_0 + CA + BD = d_0 + f\left(\frac{\sin\Phi}{\sin\alpha} + \frac{\sin\varphi}{\sin\beta}\right) \tag{4-5-13}$$

在 $\triangle CPD$ 中：

$$\frac{CP}{\sin\beta} = \frac{CD}{\sin(\pi - \alpha - \beta)} \tag{4-5-14}$$

$$CP = \frac{d\sin\beta}{\sin(\alpha + \beta)} \tag{4-5-15}$$

P 点的坐标表达式为：

$$x = CP\cos\alpha - CA - \frac{d_0}{2} = \frac{d\sin\beta\cos\alpha}{\sin(\alpha + \beta)} - \frac{f\sin\Phi}{\sin\alpha} - \frac{d_0}{2} \tag{4-5-16}$$

$$y = CP\sin\alpha - \frac{d_0}{2} = \frac{d\sin\beta\sin\alpha}{\sin(\alpha + \beta)} - \frac{d_0}{2} \tag{4-5-17}$$

（六）织口检测控制系统设计

织口实时检测装置的控制系统在整个织口检测系统中占有很重要的位置，CCD 高速摄像机织口检测系统、图像处理系统都是通过控制系统进行控制驱动的，而且检测出来的织口的位置精度很大程度上取决于所设计的控制系统的好坏。

1. 控制方案选择

织口在线检测装置的控制系统需要实现对 CCD 高速摄像机的精确控制，CCD 高速摄像机在工作状态时，会将所拍摄的参考点的图像传输到图像处理器进行图像处理，为了实现对所有参考点的图像检测，图像处理装置必须每隔一段时间完成对当前拍摄图像的处理，时间控制的精确度是织口检测精确性和连续性的重要保证。再者，织口图像数据的采集是经过 CCD 高速摄像机实现的，由于织口检测是实时在线的，且数据传输计算和图像处理需要一定的延时，所以引纬机构的上下微调需要在织口检测过后一定时间内完成，而这个时间的控制也是该控制系统的一个关键工作。工业上常用的控制系统设计方案如下。

（1）方案一：单片机控制系统。单片机又称单片微控制器，在工业控制领域有很广泛的应用，单片机因其体积小、重量轻、价格便宜、功耗低、控制功能强及运算速度快等特点，被广泛应用于国民经济建设、军事及家用电器等领域，但单片机也存在很多问题，主要表现在故障率高、抗干扰能力差、开发周期长、可靠性差等方面，使得它的应用范围大打折扣。

（2）方案二：DSP 控制系统。DSP 控制器也叫数字信号处理器，其中 2000 系列的 DSP 是专门针对工控领域而产生的。这一系列的 DSP 集合了很多伺服系统中常用的功能模块于一身，比如 QEP 电路、CAN 总线控制器、PWM 电路、AD 转换器等，给伺服系统的设计带来了很大方便。而且 DSP 是 32 位的处理器，精度快，运算速度快，可以实现复杂先进的控制算法，广泛应用在伺服控制领域。但其控制过程必须进行模数转化，处理信号范围不大，且编程复杂，需要拥有专业系统的 DSP 编程知识才可以对其进行编程。另外，其产品价格相对昂贵，实用性不是很强。

（3）方案三：PLC 控制系统。PLC（Programmable Logical Controller）即可编程逻辑控制器，具有很强的逻辑控制和定时功能，可以根据生产过程对多任务进行顺序控制，可以替代继电器进行开关量控制，可扩展模拟输入输出模块，高档的系列还兼具图形终端。其开发周期短、系统抗干扰能力强（电源、输入/输出隔离、防尘等特殊功能），使其涉及面越来越广泛，在各种不同场合得到了使用。PLC 控制简单灵活，且易于扩展，可以根据实际工作需求，通过增加扩展模块来扩展输入输出点，同时可以方便地与上位机进行通信连接，且编程简单。另外，其可靠性高，抗干扰能力强，性能远远超过其他控制系统。

综合以上三种方案的优缺点，选择 PLC 控制系统，因为 PLC 控制系统编程简单，易操作，故障率低，性能稳定，有利于对织口在线检测系统进行稳定精确地控制。

2. 控制方案设计

织口实时检测系统的最终目的是对织口的位置进行实时检测，进而驱动引纬系统进行上下位置的微调。采集到的参考点图像，经过图像传输和识别系统，由 PLC 控制系统判定织口的位置偏移量，然后驱动引纬机构进行上下运动，从而与织口对齐，实现精确引纬。

图 4-5-14 所示为织口位置实时检测控制系统组成框图，PLC 每隔一固定时间给 CCD 图像处理装置一个触发信号，在触发信号的触发下 CCD 图像处理装置将

CCD 彩色摄像机拍摄的织口位置图像通过图像处理算法进行图像处理，从而判定织口与理论位置的偏移量，并将判定信息和织口位置信息反馈给 PLC，若出现偏移，经过一定的延时后 PLC 控制驱动引纬机构上下运动的伺服电动机运动，使剑杆到达与织口对应的正确位置，消除两者之间的偏移，实现精确引纬。

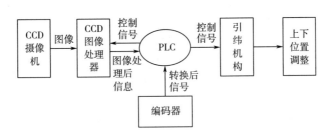

图 4-5-14　控制系统组成框图

由于检测出织口偏移量与引纬机构运动有一定的时间间隔，所以 PLC 对电磁阀的控制需要一定的延时，因而需要一个触发装置来确定延时时间，选用旋转编码器作为触发装置，在引纬机构升降装置的丝杠上装有编码器，PLC 通过采集编码器发出的脉冲数来确定 PLC 的延时触发控制。

旋转增量式编码器转动时会输出脉冲，在原棉织口检测控制系统中，编码器的输入轴与升降装置的丝杠固结，当引纬机构上下运动时，旋转编码器的输入轴也相应地发生运动，且旋转编码器与 PLC 保持通信连接，故当旋转编码器输出轴旋转时，它会发出脉冲信号，且每旋转一圈发出的脉冲数是定值，PLC 中的计数器会对收到的脉冲数进行统计。由于升降丝杠是匀速运动的，所以单位时间内收到的编码器触发的脉冲数是一定的，通过计算其脉冲数便可得知延时时间，达到触发引纬机构上下运动的目的。

3. 织口位置参考点定位方法研究

（1）质心定位法。质心定位法就是一种通过计算目标的区域矩，从而确定质心位置的方法，而目标区域矩是对区域形状的一种数学描述。该检测系统目标织口图像 $f(x, y)$ 的目标区域矩可参考如下表述：

$$m_{pq} = \sum_{x \in s} \sum_{y \in s} x^p y^q (x, y) \tag{4-5-18}$$

式中：p、q 为阶数；S 为目标域值。

要确定图像中目标点的质心位置，需要引入目标区域的零阶矩和一阶矩。在定位目标图像时，二值图像区域等价于目标区域，也就是 $f(x, y) = 1$。如此，目标区域的零阶矩 m_{00} 就可以表示为：

$$m_{00} = \sum_{x \in s} \sum_{y \in s} 1 \qquad (4-5-19)$$

其中，零阶矩表征目标区域的面积；而一阶矩可表示为：

$$m_{10} = \sum_{x \in s} \sum_{y \in s} x$$

$$(4-5-20)$$

$$m_{01} = \sum_{x \in s} \sum_{y \in s} y$$

则目标区域的质心坐标 (x_c, y_c) 可表示为：

$$x_c = \frac{m_{10}}{m_{00}}$$

$$(4-5-21)$$

$$y_c = \frac{m_{01}}{m_{00}}$$

（2）基于目标区域的外切矩形定位法。作为图像的一个重要特征，目标图像的外切矩形可以精确显示图像的几何形状特征，而利用目标区域的外切矩形，便可以对图像目标进行定位。而目标外切矩形的中心通常被选择来为目标位置进行定位。

综上所述，基于目标区域的外切矩形定位方法是一种简便实用的定位方法。通过对图像边界的联码搜索，获取图像目标的区域边界信息，进而计算出区域的外切矩形，并得到外切矩形的中心坐标，则该坐标就是所需目标的位置坐标。这种方法比较简单，可以快捷地确定目标位置，比较适合目标的实时在线处理，故本织口在线检测系统选择这种方法进行织口目标的定位。

参考文献

［1］覃文洁，程颖．现代设计方法概论［M］．北京：北京理工大学出版社，2012．

［2］袁越锦，徐英英，张艳华．ANSYS Workbench 14.0 建模仿真技术及实例详解［M］．北京：化学工业出版社，2013．

［3］买买提明·艾尼，陈华磊．ANSYS Workbench 14.0 仿真技术与工程实践［M］．北京：清华大学出版社，2013．

［4］郝秀清，胡福生，郭宗和，等．基于 ADAMS 的 3-PTT 并联机构运动学和动力学仿真［J］．机械科学与技术，2006，23（9）：9-11．

［5］朱大培，徐永安，杨钦，等．基于 STEP 标准的数据交换的研究与实现［J］．计算机工程与设计，2001，22（4）：5-8．

［6］郭会珍，谭长均，陈俊锋．基于 ADAMS 的行星轮系动力学仿真［J］．机

械传动，2013（5）：86-89.

　　[7] 张德丰. MATLAB 数值分析与应用 [M]. 北京：国防工业出版社，2007.

　　[8] 吴丽娟，唐进元，陈思雨. 齿轮系统的 KV 和 NSD 接触力模型对比研究 [J]. 中南大学学报：自然科学版，2014（5）：1443-1448.

　　[9] 徐方舟，魏小辉，张明，等. 基于 ADAMS 的齿轮齿条刚柔耦合啮合分析 [J]. 机械设计与制造，2012（7）：200-202.

　　[10] 李进良，李承曦，胡仁喜. 精通 FLUENT6.3 流场分析 [M]. 北京：化学工业出版社，2007.

　　[11] 王福军. 计算流体动力学分析：CFD 软件原理与应用 [M]. 北京：清华大学出版社，2004.

　　[12] 李佳. 立体织机经纱系统和打纬机构的设计 [D]. 上海：东华大学，2013：25-40.

　　[13] 韩斌斌，王益轩，陈荣荣，等. 基于 ADAMS 的三维织机平行打纬机构的设计研究 [J]. 产业用纺织品，2015（10）：22-26.

　　[14] 刘薇，蒋秀明，杨建成，等. 碳纤维多层角联机织装备的集成设计 [J]. 纺织学报，2016，37（4）：128-136.

　　[15] 华大年，华志宏. 连杆机构设计与应用创新 [M]. 北京：机械工业出版社，2008：127-135.

　　[16] 王长钧. $K=1$ 的平面曲柄摇杆机构最佳传动角设计原理及其参数选择 [J]. 南京林业大学学报（自然科学版），1989，13（2）：69-72.

　　[17] 田宁波，袁嫣红，张建义，等. 高速经编机电子送经控制系统的设计 [J]. 机电工程，2011，28（2）：188-194.

　　[18] 许文海，吴厚德. 超高分辨率 CCD 成像系统的设计 [J]. 光学精密工程，2012（7）：1603-1610.

　　[19] 盛翠霞，张涛，纪晶，等. 高分辨率 CCD 芯片 FTF4052M 的驱动系统设计 [J]. 光学精密工程，2007（4）：564-569.

　　[20] 谢印忠，庄松林，张保洲. 基于线阵 CCD 的光谱仪定标研究 [J]. 仪器仪表学报，2011（3）：546-550.

　　[21] 唐启敬，田行斌，耿明超，等. CCD 视觉检测系统的整体标定 [J]. 光学精密工程，2011（8）：1903-1910.

　　[22] 罗通顶，李斌康，郭明安，等. 科学级 CCD 远程图像采集系统 [J]. 光学精密工程，2013（2）：496-502.

第五章 三维织机装备控制技术

随着电子控制技术和计算机控制技术的发展，织机控制技术进入了新的迅速发展阶段，为研制低价格、高性能的织机控制提供了可能，为不断提高织物质量创造了条件。织机控制技术的发展经历了纯人工控制、纯机械控制、机电（或机电液）控制、机电一体化、单台计算机的集中控制、多台微机的分级和分层控制等几个阶段。

第一节 系统控制功能要求

一、织机控制概述

织机是一种周期性循环工作的机器，每织一根纬线，各部分机构均按规定动作一次。织机主轴曲柄的转角与各机构的工作状况相对应，即正常工作时主轴转到不同角度，必然发出某些规定信号或完成某些规定动作。因此，织机的控制可分为如下几个方面。

（一）投入控制

（1）经、纬纱有无的控制：有各种形式的探纬装置和断经断纬自停装置的控制。

（2）经、纬纱长度的控制：在喷射引纬织机上，纬纱长度由各种形式的定长储纬器加以控制；所有织机均由送经机构对经纱进行自动调节。

（3）经、纬纱张力的控制：经纱张力由经纱张力感应装置控制，纬纱张力由各种形式的张力器控制。

（4）经、纬纱顺序的控制：经纱顺序在织轴上织机前已被确定，纬纱顺序则由各种形式的多色供纬装置控制。

（二）产出控制

（1）织物长度控制：由纬计数器或测长仪控制，当达到所需长度时指示或停机。

（2）织物宽度控制：借助边撑的作用和恰当地控制织物幅缩率来实现。

（3）织物密度控制：通过对卷取装置的设定和控制织物长缩率来达到。

（4）织物组织控制：借助踏盘、多臂、提花或电子多臂、电子提花等形式的开口机构来完成。

（5）织物质量控制：通过保证经纬纱质量、合理调节与设定工艺参数以及加强生产管理和提高控制系统性能来实现。

（三）加工过程控制

（1）织机的启停控制：通过各种按钮、开关、自停装置和电子线路来实现。

（2）织机运行状态控制：通过各种自动检测装置和监测系统来实现。如通过微机自检电控系统，防止织机在电控局部有故障的状态下运行；剑杆织机剑头飞行的监控系统等。

（3）润滑状态控制：通过自动润滑系统来完成。

（4）安全保护控制：通过各种安全保护装置来实现。

（四）人机交互控制

人机交互是为了方便操作、减轻劳动强度和提高机械效率而设置的织机控制功能，如自动对梭口功能、梭口中断纬自动修复功能、断经自动修复功能、机器状体的自动显示及与中央计算机的双向通信功能等。

二、三维织机控制要求

织机的机电一体化控制首先从微机监测系统开始，但作为第一代的微机监控系统仅能提供正确的数据，作用管理人员和操作人员判断的依据，从而采取相应的措施。由于生产体制向多品种、少批量转移，以及产品循环和交货日期的变化，要求更迅速和正确地判断，因此第一代的监控系统已不能满足现代化生产的要求，从而又发展了能够帮助管理人员做出判断的第二代监控系统，即称为"专家系统"的人工智能系统。"专家系统"是为了模仿人类的决策过程而设计的一种强有力的计算机程序，它不仅容纳了理论数据，而且还存有许多非逻辑因素，如背景信息、经验和战略知识等。

随着生产自动化要求的不断提高，织机的单机自动化已不能满足快速反应生产的灵活性要求，因而目前已向整体化织造生产系统迈进。例如，意大利的Vamatex公司开发的整体化控制系统由 Datatess、Gamtess 和 Easytex 三部分组成，其功能如下。

（1）Datatess 用以采集和指示有关织布车间的生产数据，并把来自公司其他部门的数据进行综合，最后向用户显示有关生产计划和评价的重要信息。

（2）Gametess 能解决结构复杂的织物设计、生产管理和技术问题，即从 CAD 到 CAM。

（3）Easytex 则能通过图像系统准备样品的采集。它利用彩色印刷机或高分辨率的录像机对材料样品进行高保真度的模拟，还能将织造图纸和色别转移到电子多臂机的存储器中。

该系统的特点是使用方便，具有高的计算功能和分辨力，对任何织物的形象都能具体化，此外还具备同各种外围设备的接口，同织机之间能进行双向的信息交流。

全伺服系统为卷取、送经、主轴传动全部采用高精度的交流伺服系统，以克服传统机械传动结构的不足，使得安装方便，维护工作量小，并且有一定的节能效果。主轴电动机采用油冷伺服电动机，更加适合潮湿、高温、多飞絮的工作环境，避免了普通风冷电动机散热效果不佳带来的问题；采用电子卷取送经系统，可以有效消除停车档、隐档、开机浪纹等由于张力变化带来的布匹瑕疵，同时可以实现不用更换齿轮就可改变纬密的功能。

图 5-1-1 是一个双经轴带机外卷的剑杆织机控制系统方案，由双送经伺服控制模块、主轴伺服控制模块、卷取伺服模块和机外卷模块组成。

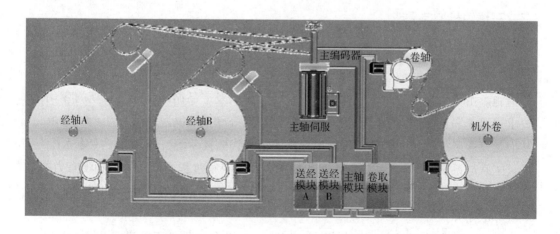

图 5-1-1　织机全伺服系统

三、控制系统总体功能设计

本书设计剑杆织机控制系统来实现三维织机的整体运动控制，包括主控制器、主轴伺服驱动系统、电子卷取送经伺服系统、机外卷系统、选纬系统、探纬系统、多臂—提花控制系统、人机界面系统、操作台系统、断经检测系统等，各子系统功能描述如下。

（1）主控制器：主控制器是整个系统的核心，通过 CAN 通讯和 I/O 双总线信号控制和协调各子系统的动作，从而组成一个有机体，实现织机的高效运转。

（2）主轴伺服驱动系统：负责控制织机的主要机构动作，驱动打纬、开口和引纬机构的运动。

（3）电子卷取送经伺服系统：控制织机的卷取和送经机构，取代了传统机械式传动结构。

（4）机外卷系统：实现对已织造完成的织物的张力卷取控制。

（5）选纬系统：负责对选纬指的控制，实现纬纱的选择。

（6）探纬系统：负责检测纬纱是否正常，在异常状态下及时报警停机。

（7）多臂—提花控制系统：实现对织机开口机构的控制。

（8）人机界面系统：实现人机交互，方便操作人员进行参数设定和查看。

（9）操作台系统：实现人工对织机操控，负责控制织机不同阶段动作，主要由挡车工使用。

（10）断经检测系统：负责检测经纱是否断纱，异常状态下及时报警停机。

三维剑杆织机电控系统通过对多臂+提花开口系统、选纬系统、伺服主轴系统、伺服电子卷取系统、伺服电子送经系统的控制，协助剑杆织机完成经、纬纱线的交织。系统通过经停开关、探纬器完成断经自停、缺纬自停、纬纱补给等辅助运动。

整个系统不但实现织机启动、停车、经停、纬停及自动寻纬等基本功能，同时系统又由主轴、电子送经、电子卷取、张力传感器及相关机构通过伺服控制器分别调节主轴电动机、送经电动机和卷取电动机的转速，以维持织物所要求的纬密，并保证张力控制在合适的范围内。

另外，整个系统还可实现电子绞边功能，风机、油泵的自动控制。同时，通过油泵压力开关实现对油路的监测功能，控制系统整体功能如图 5-1-2 所示，硬件构架如图 5-1-3 所示。

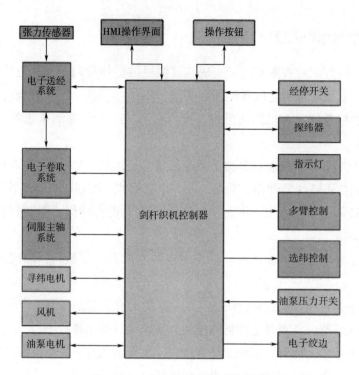

图 5-1-2　控制系统整体功能框图

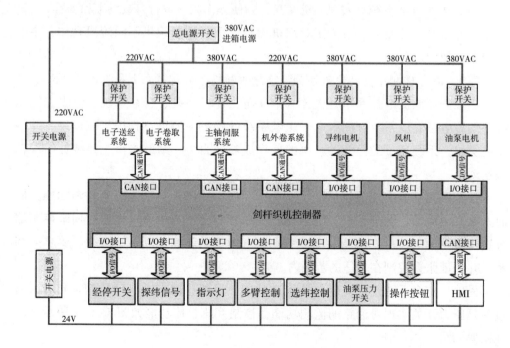

图 5-1-3　控制系统整体硬件构架

第二节 主控制器

一、主控器结构

本次设计对于处理器的选型主要考虑以下几个应用特性。

（1）通过矢量运算实现对永磁同步电动机的精确控制。

（2）各个控制模块之间的通讯要求。

（3）高可靠性和控制成本的要求。

主控制器采用 ARM 和 CPLD 的架构。主控芯片采用 32 位 ARM Cortex-M3 内核的 STM32F103VBT6，它拥有强大的计算能力，可实现矢量算法，具备专门用于电动机控制的高级定时器、高速 A/D 和较低的 CPU 占用率，片内资源非常丰富，如 RTC、GPIO、DMA 控制器、USART 接口、I^2C 接口、SPI 接口和 CAN 总线接口，还包括 20 KB SRAM、128 KB Flash 以及一个 USB2.0 的全速外围设备等。STM32F103VBT6 芯片详细参数列表如表 5-2-1 所示。

表 5-2-1 STM32 芯片规格参数表

芯片规格	参数	芯片规格	参数
磁芯尺寸（bit）	32	位数（bit）	32
输入/输出数	80	器件标号	（ARM Cortex）STM32
程序存储器大小（KB）	128	存储器类型	Flash
RAM 存储器大小（KB）	20	定时器位数	16
处理器速度（MHz）	72	封装类型	剥式
振荡器类型	External，Internal	接口类型	CAN，I^2C，SPI，USART，USB
计算器数	4		
接口	CAN，I^2C，SPI，USART，USB	时钟频率（MHz）	72
封装形式	LQFP	模数转换器输入数	16
电源电压范围（V）	2~3.6	最大电源电压（V）	3.6
工作温度范围（℃）	−40~105	最小电源电压（V）	2
针脚数	100	芯片标号	32F103VB
串行通信	2x SPI，2x I^2C，3x USART，USB，CAN	输入/输出线数	80
		闪存容量（KB）	128

CPLD 采用 ALTERA 公司的 EPM240T100 实现系统内部各种控制算法与时序逻辑控制，协助 ARM 来减轻 CPU 负荷，使 CPU 能实现更实时地响应。由 ARM 和 CPLD 组成的系统具有更好的灵活性、扩展性和可移植性。

供电电路分别提供三路电压给 STM32 芯片、CPLD 芯片和主轴编码器处理电路。主轴编码器信号输入到 CPLD，通过对主轴编码器脉冲信号进行处理来判断主电动机的转速和方向，通过隔离光耦电路处理所有外部 I/O 信号，如指示灯信号、操作按钮信号、风机、油泵电动机等。主控制器的结构如图 5-2-1 所示。

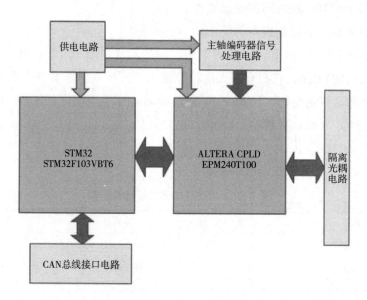

图 5-2-1　主控器结构图

二、主控板硬件设计

主控板的所有外部 I/O 接口均采用光耦隔离设计，以增强系统的抗干扰性和可靠性。外部 I/O 电平为 24V，输入与输出均为高电平有效。存储采用不小于 8KB 容量的 EEPROM 或 Flash。采用 USB 接口，可方便地实现数据复制与传递。多个 CAN 总线接口，能满足与多个子系统之间的通信需求。所有接口插头均采用防呆设计。此外主控板还定义了主轴编码器接口、卷取送经伺服控制接口、机外卷伺服控制接口、机外卷主编码器信号接口，这些接口均可兼容电平信号和差分信号。主控板主要元器件的选用见表 5-2-2。

表 5-2-2 主控板主要元器件

产品名称	产品规格	生产商
CPU	STM32F103VBT6	ST
逻辑元件	EPM240T100	ALTERA
CAN 控制器	SJA1000	Philips
CAN 收发器	PCA82C250	Philips

主控板采用 CAN 总线与主轴伺服系统、电子卷取送经系统、机外卷系统以及显示面板通讯，从而实现主轴伺服和电子卷送伺服的驱动控制。主控板具备增量式编码器信号的输入输出接口，脉冲速率在 51.2kHz 以上，主轴伺服系统通过该接口获取织机主轴编码器信号，从而带动五大运动在一个周期内实现循环动作。

主控板根据织机主轴编码器脉冲信号反馈，计算织机主轴所转过的角度，根据角度的变化，控制和协调主轴、卷取、送经三个电动机轴工作；并且发出多臂和选纬控制信号；根据相应的错误信号，控制织机外围设备实现经停、纬停等功能。其中，选纬、探纬控制器将断纬信号、储纬器报警信号反馈给主控制器，主控制器将停车信号发给主轴伺服驱动器，使织机停车；多臂控制器将报警信号和产量完成信号反馈给主控制器，主控制器收到这两个信号之后就通知主轴伺服驱动器使织机停车。主控板接口定义见表 5-2-3，主控板外形如图 5-2-2 所示。

表 5-2-3 主控板接口定义

序号	接口名称	用途及功能
1	J1	主控电源输入口
2	J5	485 通信口（供触摸屏使用）
3	J6, J7, J8, J9	CAN 通信接口（去主轴、卷取、送经控制器）
4	J10	织机主轴编码器信号输入口
5	J11, J12, J13	织机主轴编码器信号输出口
6	J16	主轴控制器信号口
7	J17	电子卷取、送经信号口
8	J18	机外卷装置信号口
9	J24	电子绞边机控制输出口
10	J25	备用信号输入输出口（备用输入 1：检修招呼开关）

续表

序号	接口名称	用途及功能
11	J14	选纬信号输出口
12	J20	塔灯输出口
13	J21	按键输入口
14	J19	经停、油压低、油压差小输入信号口
15	J15	纬纱信号处理板输入输出口
16	J26	寻纬电机信号返回口
17	J27	寻纬电机动作信号输出口
18	J22	风机、油泵控制输出口

主控板的外形如图5-2-2所示。

图5-2-2　主控板外形图

三、主控板接口设计

（一）主轴编码器接口

主轴编码器采用旋转变压器。旋转变压器是一种用来测量旋转物体的转轴角位移和角速度的小型交流电动机，由定子和转子组成。适用于所有使用旋转编码器的场合，特别是高温、严寒、潮湿、高速、高振动等旋转编码器无法正常工作的场合。根据织机特殊的工作环境，高温、潮湿、高速和高振动的情况，选用旋转变压器作为主轴编码器，其中主编码器线接口带零位，如图 5-2-3 所示。

接口兼容电平信号和差分信号。织机的所有运动与主轴的运动密切相关，主轴编码器用于测量主轴旋转的角度，本设计选择 720 线的旋变，每当主轴旋转一周，编码器输出 720 个脉冲信号。编码器输出 A、

图 5-2-3　旋转变压器

B、Z 三相方波差分信号，若 A 相信号超前 B 相信号 90°，则主轴正转；若 B 相信号超前，则主轴反转。与主轴编码器接口定义见表 5-2-4。

表 5-2-4　与主轴编码器接口定义

引脚号	输入/输出	名称	含义
1	—	GND	地
2	—	24V	电源
3	输入	A+	主编码器 A+信号
4	输入	A−	主编码器 A−信号
5	输入	B+	主编码器 B+信号
6	输入	B−	主编码器 B−信号
7	输入	Z+	主编码器 Z+信号
8	输入	Z−	主编码器 Z−信号
9	—	SHIELD	屏蔽地

（二）主轴伺服系统接口

主控板通过该接口输出控制信号以及设定的相关参数信号到主轴伺服控制器，从而控制主轴电动机转动、停止。该接口包括 2 个输入接口、4 个输出接口和 1 个主轴编码器信号输出接口，如图 5-2-4 所示。其中，输入接口包括：故障停机

（包括故障和正常两个状态）和主轴电动机运行信号（包括电动机旋转和运行两个状态）；输出接口包括启动/停止、模式 1、模式 2 和模式 3 各模式控制信号；主轴编码器接口与主轴伺服控制器相连，使主轴伺服系统得到从织机主轴编码器传递过来的信号，同时需兼容电平信号和差分信号，电平通常取高/低 24V/0。

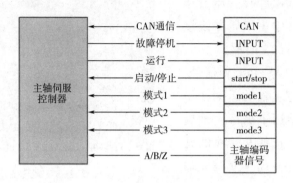

图 5-2-4　与主轴伺服驱动器接口定义

主轴伺服系统包括主轴伺服电动机和伺服驱动器，其中主轴伺服电动机采用专为织机启停工况开发的油冷电动机，过载能力达 5 倍以上，冷却效率高、功率因素高、电能利用率高，且适应现场多飞絮的恶劣环境。

（三）与电子卷取送经系统接口

主控板通过该接口输出控制信号、主轴编码器信号到电子卷取装置，从而控制卷取电动机按一定转速运转；输出控制信号和张力变化信号到电子送经装置，从而控制送经电动机转动或停止。该接口与主轴伺服接口定义相同，其中输出口与主轴伺服接口共用：启动/停止、模式 1、模式 2、模式 3 和主轴编码器信号，如图 5-2-5 所示。卷取送经主轴编码器信号接口兼容电平信号和差分信号。电平通常取高/低 24V/0V。

（四）与多臂—提花控制器接口

高速电子多臂开口机构已是高档剑杆织机的标准配置，多臂控制器根据织物纹版图所决定的提综顺序，控制综框升降的次序，控制织口动作，使织物获得所需的组织结构。

主控板通过该接口发送多臂动作信号给多臂控制板，指导织口是向前、向后动作还是保持不变，多臂控制板输出相应的驱动电流给外围的多臂电磁铁，同时对应的 LED 灯也会点亮。多臂控制信号 8 个为一组，默认 16 个即两组，最大 32 个即四组，硬件易于扩展。接口定义见表 5-2-5。

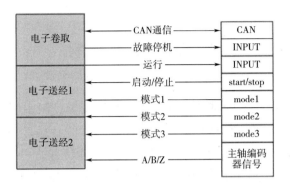

图 5-2-5　与电子卷取送经伺服系统接口定义

表 5-2-5　与多臂—提花控制板接口定义

脚号	输入/输出	名称	含义	电平
1	—	GND	地	—
2	—	24V	电源	—
3	输出	Outl	多臂控制 1	24V 高有效
4	输出	Out2	多臂控制 2	24V 高有效
…	…	…	…	24V 高有效
26	输出	0ut24	多臂控制 24	24V 高有效
27	输入	In1	多臂反馈 1	24V 高有效
28	输入	In2	多臂反馈 2	24V 高有效

（五）HMI 通信接口

HMI 采用 10.4 英寸真彩触摸屏实时监控系统运行状态，完成多种花型编辑和保存，实现自动数据统计和报表管理。主控制器采用以 CAN 总线接口实现与 HMI 之间的通信。HMI 通信接口定义见表 5-2-6。

表 5-2-6　HMI 通信接口定义

引脚号	名称	含义	电平
1	CAN_ H	CAN +	标准 CAN 信号
2	CAN_ L	CAN −	标准 CAN 信号
3	SHIELD	屏蔽地	

第三节　总线控制

随着计算机网络技术的迅速发展，由全数字现场控制系统代替数字与模拟型分散控制系统已成为工业自动化控制系统结构发展的必然趋势。现场总线控制系统（Field Bus Control System，FCS）适应了工业控制系统向分散化、智能化和网络化的发展和需要，是 20 世纪 80 年代国际自动化控制领域出现的一项革命性技术，是集网络技术、通信技术、计算机技术、智能现场仪表、控制装置等多种科技成果而成。现场总线（Field Bus）是安装在生产过程区域的现场设备与控制室内的自动控制装置（系统）之间的一种串行、数字化、多点通信的数据总线，是连线智能现场设备和自动化系统的开放式、数字化、双向传输、多分支结构的通信网络，是现场总线控制系统的核心。因此，现场总线不仅是用数字仪表代替模拟仪表，而是用 FCS 代替传统的 DCS，实现现场总线通信网络与控制系统的集成。

CAN 总线诞生于 1986 年初，在 20 世纪 20 年代早期的时候，由于消费者对汽车功能要求越来越多，需要完成的具体工作越来越具体，这样使通信部分的难度越来越高。Uwe Kiencke 教授等针对存在的这些问题研究了新的通信总线。该通信总线使电气系统中烦琐的接线变得越来越少，传输速率越来越快，抗电磁干扰能力越来越强。Wolfhard Lawrenz 博士将新网络方案命名 Controller Area Network，简称为 CAN。

CAN（Controller Area Network）总线是国内乃至世界上应用最为普遍的一种现场总线。CAN 总线解决了现代汽车中各种测量控制部件之间的数据传输问题。CAN 总线之所以得以普遍的应用主要是基于 CAN 总线的成本低、抗干扰强、实时性能强以及可靠性能高等优点。目前，CAN 已经形成国际标准，为了避免 CAN 总线在使用中的不兼容问题，CAN 总线制定了 ISO（International Organization for Standardization）国际标准，称 ISO 11898 标准。

CAN 总线作为一种普遍应用的现场总线，与其他总线相比，具有很高的可靠性、灵活性以及实时性。CAN 总线具有以下特点。

（1）结构简单，只有两根线和外部连接，且内部含有错误检测和管理模块。

（2）灵活的通信方式。

（3）可以点对点、多点、全局地发送和接收。

（4）采用总线仲裁（非破坏性）技术，当存在两个不同节点同时向总线上发送信息时,可通过分析两个节点之间的优先级关系来判断哪个节点首先通过信息发送。这大大节省了总线仲裁的冲突时间,这样在网络中负载相当严重的情况下网络也不会形成瘫痪。

(5)传输距离最远可达 10km(速率为 5kbps 以下时)及最高传输速率为 1Mbps(距离为 40m 以下时)。最大节点数为 110 个,传输介质可用双绞线、同轴电缆或光纤方式,选择灵活。

(6)CAN 总线的通信可应用于传输网络中的物理层及数据连接层,可完成电气特性及数据帧的处理,包括位填充、数据区编码、循环冗余检测、优先级判别等。

(7)采用短帧传输,传输时间短,受干扰率降低,从而保证了通信的实时性。

(8)基于报文的通信协议,可实现节点直接与总线接收报文信息,这样直接通过报文滤波实现点对一点、多点和全局之间的数据传输,使数据传输更加简单、快捷。

(9)当存在错误并且很严重的情况下,节点会在不影响其他节点工作的情况下退出总线。

(10)CAN 总线上的节点数目与总线驱动电路密切相关。

(11)CAN 总线结构具有结构相当简单、价格低、开发技术简单等优点,使其具备了相当高的性价比。

一、CAN 总线协议的结构模型

由于本系统设计使用的是通信协议(CAN2.0B)规范。数据链路层和物理层组成了 CAN 协议的划分结构。物理层包括介质相关接口(MDI)、物理介质附属装置(PMA)、物理信令(PLS)。介质与介质之间实现互相访问的电气或机械接口统称为介质相关接口(MDI)。物理介质附属装置(PMA)是一种提供总线上检测总线故障方案和实现接收/发送功能的功能电路的装置。物理信令(PLS)可达到位编码/解码、位定时和同步等功能。数据链路层有介质访问控制子层(MAC)和逻辑链路控制子层(LLC)。其协议的结构模型如图 5-3-1 所示,CAN 总线的位电平如图 5-3-2 所示。

V_{CANH}:传输介质中高电平值。

V_{CANL}:传输介质中低电平值。

V_{diff}:CAN 总线上高电平线和低电平线之间构成的差分电压。

$$V_{diff} = V_{CANH} - V_{CANL}$$

显性和隐形状态构成了 CAN 总线的两种逻辑状态。

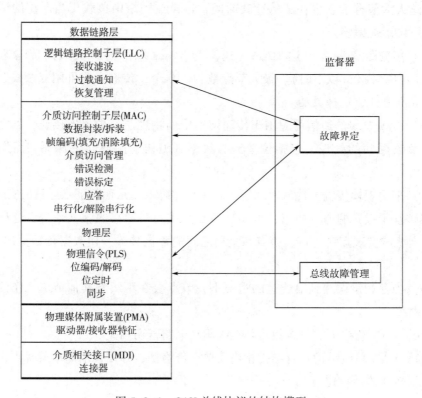

图 5-3-1　CAN 总线协议的结构模型

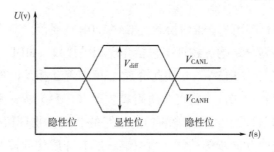

图 5-3-2　CAN 总线的位电平

二、CAN 总线的帧结构

CAN 总线上的信息以不同的固定帧格式发送。CAN 协议支持四种不同的帧格式：数据帧、远程帧、错误帧和过载帧。

（一）数据帧

数据帧的组成部分有仲裁场、帧起始、数据场、控制场、应答场、帧结束场和 CRC 校验场，如图 5-3-3 所示。

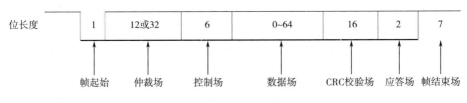

图 5-3-3　数据帧的组成顺序

在 CAN2.0B 规范文件中，包括标准格式和扩展格式两种数据帧。标准格式的数据帧如图 5-3-4 所示，扩展格式的数据帧如图 5-3-5 所示。

图 5-3-4　数据帧（标准格式）结构

图 5-3-5　数据帧（扩展格式）结构

下面详细介绍以下数据帧的七个组成部分。

1. 帧起始（SOF）

帧起始一般位于数据帧、远程帧的起始位置，当帧起始出现，则代表数据帧和远程帧开始。帧起始位发送的前提是总线处于空闲阶段。在发送帧起始位时，要求总线的所有节点必须与数据帧或远程帧的帧起始位的前沿处于同步状态并同时发送，这样就做到了所有节点处于严格相同的位置。帧起始位是一个显性位。

2. 仲裁场

标识符、远程发送请求位（RTR）组成了仲裁场。在 CAN2.0B 规范中，数据帧的标准格式和数据帧的扩展格式中的仲裁场是不一样的。数据帧的标准格式由 11 位标识符（ID.28~ID.18）和远程发送请求位组成。标识符位由高到低位顺序发送，RTR 位在数据帧中必须是显性位。数据帧的扩展格式由 29 位标识符和远程请求替代位（SRR）、识别符扩展位（IDE）和远程发送请求位（RTR）组成。标识符位由高到低位顺序发送。

3. 控制场

标准数据帧和扩展数据帧的控制场有所不同，其具体区别如图 5-3-6 所示。DLC 为数据长度代码，它代表数据场的数据字节数，其长度为 4 位。控制场包括标准数据帧格式和扩展数据帧格式。标准数据帧的控制场由 IDE 位、保留位 r0 及数据长度代码组成。扩展数据帧的控制场由两个保留位 r1 和 r0 及数据长度代码组成。

图 5-3-6 控制场的结构示意图

4. 数据场

存在于数据帧中并等待发送的数据统称为数据场。数据场有 8 个字节组成，根据优先级，最先被发送的是最高有效位（MSB）。

5. CRC 场

CRC 场包括 1 个隐性位的 CRC 界定符和 CRC 序列。其结构示意图如图 5-3-7 所示。

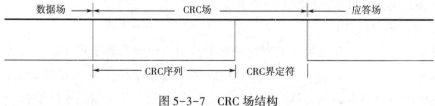

图 5-3-7 CRC 场结构

6. 应答场

应答场（ACK）结构如图 5-3-8 所示。

7. 帧结束

在数据帧或远程帧中，当出现帧结束标志位时，则代表该数据帧的结束，其

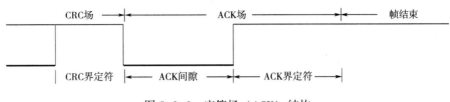

图 5-3-8　应答场（ACK）结构

由 7 个隐形位组成。

（二）远程帧

远程帧具有远程控制功能。当需要节点的数据通过接受节点进行发送时，需实现远程数据请求，此时会通过发送远程帧来实现。远程帧也分为标准和扩展两种格式。标准格式的远程帧结构如图 5-3-9 所示，扩展格式的远程帧结构如图 5-3-10 所示。

图 5-3-9　标准格式的远程帧结构

图 5-3-10　扩展格式的远程帧结构

远程帧和数据帧的不同点如下。

（1）远程帧的 RTR 位为隐性位。

（2）远程帧无数据场，数据长度代码的值无任何意义，可以为 0~8 之间的任何值。

（3）数据帧的优先级高。

（三）错误帧

在错误帧中，错误标志、错误界定符组成了错误帧。活动型和认可型是错误标志的两种标志形式，如图 5-3-11 所示。

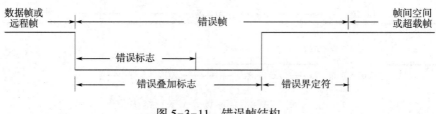

图 5-3-11　错误帧结构

（四）帧间空间

帧间空间起到的是数据帧（远程帧）与前一帧的隔离作用。帧间空间包括非错误认可节点的帧间空间和错误认可节点的帧间空间。非错误认可节点的帧间空间结构如图 5-3-12（a）所示，错误认可节点的帧间空间结构如图 5-3-12（b）所示。

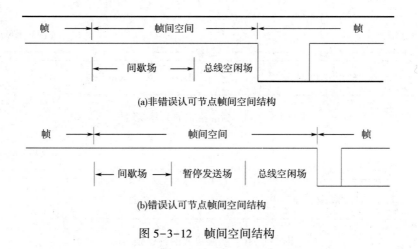

(a)非错误认可节点帧间空间结构

(b)错误认可节点帧间空间结构

图 5-3-12　帧间空间结构

（五）过载帧

过载帧的位场由过载标志和过载界定符组成。

（1）过载标志：由 6 个显性位组成，其他节点检测到过载条件时将发送代表过载的标志位，其标志产生可发生叠加。若在间歇场的某一位检测到是显性位，则该节点的位置为帧起始位。

（2）过载界定符：与错误界定符的形式相同，有 8 个隐性位，当过载标志位成功发送后，各个节点均发送 1 位隐形位。若在总线上的某一位检测到隐形位时，则代表各个节点都成功发送了表示过载的标志位，然后发送其他的 7 位隐性位，当另外的 7 位发送完成时，则代表过载帧成功发送完。

在 CAN2.0 协议，有会产生过载帧的三种情况：

（1）接收器由于内部原因需要延迟下一个数据帧（远程帧）。

（2）节点在帧间空间中间歇场的第一或第二位检测到非法显性位。

（3）在错误界定符（过载界定符）的低 8 位检测到显性位。

第四节　经纱张力仿真计算与控制算法

张力控制是织造过程中的重要参数之一，它直接影响了织物的质量和品质。根据织物的种类和结构的不同，对经纱张力的性能要求也有所不同。在整个织造过程中，送经张力受到多方面影响在不同时刻发生不同的变化，在整个织造过程中显示出一种动态周期性。

经纱与纬纱交织成布卷取到布辊上，先后经过了送经、开口、打纬、卷取等五大运动，这些运动都会引起经纱张力的变化，引起经纱张力变化的主要因素如下。

（1）开口运动中，经纱受到拉伸、弯曲、摩擦等作用造成张力变化，梭口对称度与梭口长度都会引起张力变化。

（2）打纬运动过程中，当钢筘打向纬纱时，经纱的张力最大，织口附近的纬线密度也达到最大值；反之，钢筘向回移动时，纬纱也会有一定的回移，经纱张力和织口附近的纬线密度都会有所减小。

（3）卷取过程中，送经部分通过经轴退绕实现纱线补偿需求，可以使纱线张力维持在合理范围内。在机器运动过程中，送经机构、主轴和卷绕机构需同时运动，经轴退绕、卷取辊牵引织物，从而实现织物的卷取。其中，织轴直径对纱线其张力的影响为：织轴退绕时，织轴的转角 φ 与直径必须满足 $\varphi \times D = H$ 的要求，即保证恒定的送经量。如果在送经过程中，$\varphi \times D = H$，就会产生送经不均匀，造成张力波动。

对经纱张力的控制是整个织机控制系统中的关键和技术难点，能否精确控制经纱张力关系到织机的基本性能。想要得到高质量的织物，就必须保证织造过程中的经纱张力波动小，响应速度快，超调与滞延小。而经纱张力波动过大则容易形成纬缩、稀密路、边撑疵等各种疵点，并造成纱线疲劳，严重时甚至会断裂，从而对生产造成很大影响。

经纱张力控制系统如图 5-4-1 所示，张力传感器检测到的张力信号送至送卷控制器，根据与设定张力值的误差采用一定的控制策略，由交流伺服电动机调节经轴送经速度，维持经纱张力动态稳定。送卷控制器根据主轴编码器发来的脉冲数可得主轴角速度，再设定纬密，从而可算出卷取电动机的转速，并据此通过交流伺服控制器控制卷取机构。

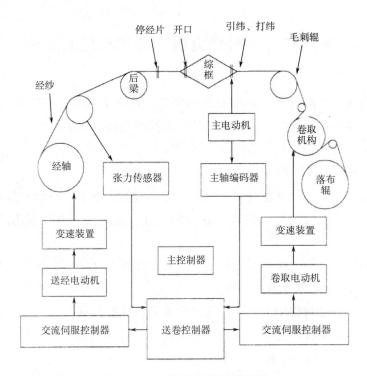

图 5-4-1 经纱张力控制系统图

从图 5-4-1 中可以看出，经纱张力主要受开口、打纬、纬密、经轴直径、织机速度以及张力设定值影响。其中，开口和打纬对经纱张力的影响属于高频影响，可通过活动后梁的位置变化对张力值进行补偿。纬密和经轴直径的变化对经纱张力的影响属于低频影响。对于这两者，更换纬密时，需通过调节送经量保持经纱张力稳定；送经过程中，经轴直径会不断减小，此时送经轴转速应依据双曲线规律增加，以保持恒定的送经量。

一、送经系统张力分析计算

碳纤维三维织机送经系统原理如图 5-4-2 所示，碳纤维经纱依次经过送经装置、分层装置、张力反馈装置和拢纱装置。

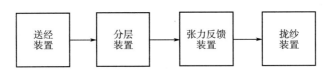

图 5-4-2 碳纤维三维织机送经系统原理图

三维织机经纱最多可达 30 层,因此,需对张力反馈装置与拢纱装置进行合理的分配,确保织造时不会出现纱线交叉、粘连现象,且碳纤维抗剪切强度差,织造时经纱不能产生过大折角。根据织造的原则,织机纱路设计如图 5-4-3 所示。

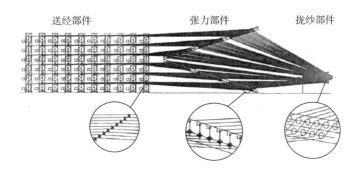

图 5-4-3 织机纱路图

送经装置按照 6×10 的行列方式进行布置,这种装配方式使得纵向主轴数量为偶数,方便经纱层对称进入 V 型张力反馈装置,同时还可以有效节省空间,但这种布置方式使得张力在横向各层经纱之间的差异较大。因经纱层数较多,为了避免纱线经纱在送经过程中发生交叉和粘连,张力反馈装置采用 V 字型布置,开口的中心与送经部件中心保持一致的高度且对着织机织口。拢纱辊安装方案可以采用 V 形方式进行设置,与张力部件的布置方式类似,每层经纱各经过两根拢纱辊。

三维织机需要满足角联织物、深角联织物、角联锁织物的织造要求,且同时满足幅宽可调、织物厚度可调的设计要求。因此,送经系统需要具有柔性制造的功能。三维织机的送经系统配备 60 套相对独立的退绕装置,可满足柔性制造的要求,同时减小织机的占地面积,并且应降低纱线之间发生干涉的可能。通过与其他送经形式比较,最终织机选用多经轴积极式送经装置。多经轴式送经装置的特征如下。

(1) 占地面积小,易满足多层织物的织造要求。

(2) 在送经过程中,经纱退绕后只存在单个方向的折角,这对碳纤维纱线有一定的保护作用，且经轴式送经系统在织造过程中纱线张力平稳。

（3）积极式多经轴送经装置更适用于长距离送经的场合，三维织机送经系统的总长度接近30m，因此，采用多经轴送经系统较合理。

对于碳纤维三维织机而言，在织造30层织物时，由于碳纤维纱线的拉伸强度高、剪切强度低且经纱密度高、层数多，碳纤维纱线在送经时会出现下垂现象。织机存在多个工段，长度达30m、幅宽900mm，高300mm的区间上分布着2万多根碳纤维经纱，且不同层、不同工段上经纱张力不一致，要确保每一根碳纤维纱线在退绕30m后都能运动平稳且不加捻，这就要求织机配备多套独立的张力控制系统，且对张力控制的稳定性要求较高。综合考虑碳纤维特性，织机采用主动小经轴式送经系统。

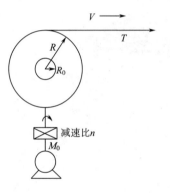

图 5-4-4　纱线退绕模型图

（一）退绕张力计算

在立体织造时中，经轴的纱线质量、转动惯量以及经纱与水平方向的夹角始终在变化，进而导致经纱张力产生波动，首先将单个经轴作为研究对象，纱线退绕模型如图 5-4-4 所示。

图 5-4-4 中 T 为退绕过程中碳纤维经纱所受张力；R_0 为送经主轴空轴半径；R 为送经轴半径。

经轴力矩平衡方程式为：

$$\frac{\mathrm{d}}{\mathrm{d}x}(J\omega) + \beta\omega + M_0 = M_1 \qquad (5-4-1)$$

$$J = J_\mathrm{D} + n^2 J_\mathrm{k} + n^2 J_\mathrm{c} \qquad (5-4-2)$$

$$M_\mathrm{T} = nTR \qquad (5-4-3)$$

式中：M_1 为经纱张力产生的力矩；M_0 为交流伺服电动机产生的转矩；J_D 为交流伺服电动机转子的转动惯量；J_k 为经轴的转动惯量；J_C 为纱线的转动惯量；n 为减速比；ω 为电动机角速度；β 为黏性摩擦系数。

对式（5-4-1）微分项展开得：

$$\frac{\mathrm{d}}{\mathrm{d}t}(J\omega) = J\frac{\partial\omega}{\partial t} + \omega\frac{\partial J}{\partial t} \qquad (5-4-4)$$

$$K_1 = \frac{\rho b\pi}{32} \qquad (5-4-5)$$

$$\frac{\partial J}{\partial t} = \frac{\partial}{\partial t}(n^2 J_\mathrm{c}) = 4n^2 K_1 R^3 \frac{\mathrm{d}R}{\mathrm{d}t} \qquad (5-4-6)$$

$$R = R_{\mathrm{m}} - N\delta \tag{5-4-7}$$

$$\frac{\mathrm{d}R}{\mathrm{d}t} = \frac{\mathrm{d}}{\mathrm{d}t}(R_{\mathrm{m}} - N\delta) = \frac{\mathrm{d}}{\mathrm{d}t}(R_{\mathrm{m}} - \frac{\delta\mu}{2\pi}\int_0^\varepsilon \omega\mathrm{d}t)$$

$$= -\frac{\mathrm{d}}{\mathrm{d}t}(\frac{\delta\mu}{2\pi}\int_0^\varepsilon \omega\mathrm{d}t) = -\frac{\delta\mu}{2\pi}\omega = -K_3\omega \tag{5-4-8}$$

$$K_3 = \frac{\delta\mu}{2\pi} \tag{5-4-9}$$

已知单位时间内退绕减少的经纱截面积等于经纱展开的面积，则：

$$\mathrm{d}S = \mathrm{d}\pi\left(\frac{D}{2}\right)^2 = -\delta\mathrm{d}L = -\delta v\mathrm{d}t \tag{5-4-10}$$

$$D = \sqrt{D_{\mathrm{m}}^2 - \frac{4h}{\pi}\int v\mathrm{d}t} \tag{5-4-11}$$

$$\frac{\mathrm{d}\omega}{\mathrm{d}t} = \frac{2}{D}\frac{\mathrm{d}v}{\mathrm{d}t} - \frac{4\delta}{\pi D^3}v^2 \tag{5-4-12}$$

式中：δ——每一层碳纤维经纱的厚度，mm；

b——碳纤维经纱宽度，mm；

ρ——经纱密度，kg/cm^3；

μ——摩擦系数；

R_{m}——经轴满轴时的半径，m；

N——经轴上经纱的卷绕层数；

v——经纱线速度，m/min。

图 5-4-5 所示为织机经纱退绕张力系统结构图，从图中分析得出，退绕张力受到送经轴半径 R、经轴空轴半径 R_0、转动惯量 J、摩擦系数 μ、碳纤维经纱厚度 δ 等多个因素的影响。退绕张力是线速度、线速度的平方、经轴半径的平方以及经轴半径的四次方的多项式，因此，纱线退绕张力是非线性、时变的控制对象。

以系统机理分析为基础，可以将非线性因素进行线性化，在处理时由于织造速率相对比较低，并且碳纤维一层的经纱厚度很小，所以，经轴的半径在极短时间内基本不会发生变化，可以认为是定值，同时其对应的经轴半径求导为零，求得经轴系统化简的结构，如图 5-4-6 所示。

假设输入、输出量分别对应为伺服电动机的电磁转矩和碳纤维纱线所受的张力，则多经轴送经系统的传递函数为：

$$\frac{T(S)}{M_0(S)} = \frac{K_{\mathrm{T}}K_2 nR}{\dfrac{J}{K_1}S^2 + \beta S + K_{\mathrm{T}}K_2 n^2 R} \tag{5-4-13}$$

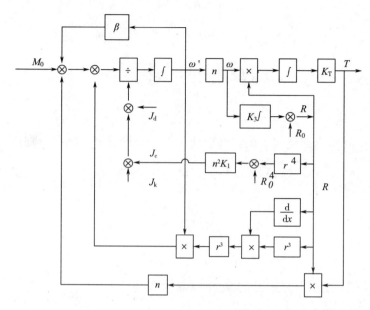

图 5-4-5 经纱退绕张力系统结构图

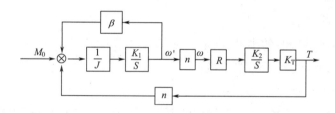

图 5-4-6 经轴系统化简结构图

根据以往研究可知，经纱张力受纱线退绕线速度的影响最大，根据式（5-4-1）～式（5-4-12）将相关方程带入 MATALB 中，假设退绕半径 $R = 0.5\text{m}$，经纱在不同线速度下的退绕张力变化如图 5-4-7 所示。经纱退绕线速度越大，经纱张力越大，且高速退绕与低速退绕产生的张力差随着退绕时间的增加而增加。

（二）张力反馈上经纱张力计算

张力部件包含 90 套双辊式张力补偿装置，采用 V 字型布置，中心高度与送经部件中心高度一致，则根据图 5-4-8 所示的受力关系可得出：

$$J_\text{h} \frac{\text{d}^2 \varphi_\text{h}}{\text{d}t^2} + \left(2\eta_0 \frac{\text{d}\varphi_\text{h}}{\text{d}t} + E_0 \varphi_\text{h}\right) d_3^2 = -G_1 \cdot x_\text{c} + F_5 \cdot \left(\frac{L_1}{\cos\alpha_1}\right) + F_4 \cdot d_1 \quad (5\text{-}4\text{-}14)$$

式中：J_h——摆动辊的转动惯量；

φ_h——摆动辊的摆角，摆角的大小与开口参数有关；

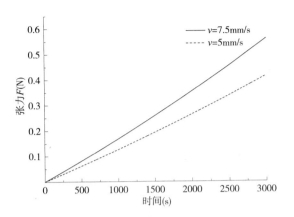

图 5-4-7 不同线速度下经轴退绕张力

η_0——阻尼系数；

E_0——活动后梁弹簧的弹性模量；

L_1——双棍间的间距；

G_1——摆动辊的重力。

考虑到纱线与活动后梁之间存在摩擦力，简化计算过程，可得以下关系：

$$F_4 = F_5 + F_f = F_5 e^{\mu_3(\alpha_2 - \alpha_3)k} \qquad (5-4-15)$$

式中：F_f——后梁与碳纤维经纱之间的摩擦力；

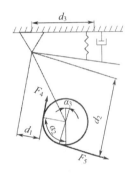

图 5-4-8 张力反馈装置简化示意图

μ_3——摩擦因数；

k——半径系数，变形量增大取正值，变形量减小取负值；

α_2，α_3——经纱与后梁的包角，其中 α_3 为变量，与经纱所处的层数有关，α_2 为常量。

由于三维织机送经机构具有经纱层数多、送经距离长的特点，所以被送入张力部件的经纱与回转辊之间的包角有所不同，这就导致了各层经纱所受的张力不一致。

张力部件采用 V 字型对称布置，碳纤维纱线与各张力部件之间的包角不同，因此，经纱张力也各不相同。张力部件的运动规律主要由开口运动决定，张力部件摆角的变化曲线如图 5-4-9 所示，张力部件摆动补偿量的变化如图 5-4-10 所示。

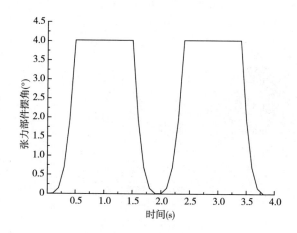

图 5-4-9　张力部件摆动规律

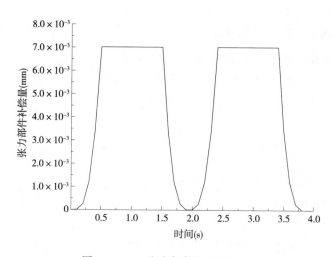

图 5-4-10　张力部件摆动补偿量

　　三维织机 90 套张力部件平均分为 6 部分，且采用 V 字型对称布置，这种结构的独特性直接导致了张力部件上经纱张力不一致。以张力部件的第一部分为例，不同层经纱受力情况如图 5-4-11 所示。从图中可以看出：层数不同，经纱所受张力的大小也存在明显差异，且上层经纱所受张力较大。

　　（三）拢纱装置经纱张力计算

　　拢纱和张力部件采用相同的 V 字型安装方案，且 V 字型开口对着织机开口，拢纱辊采用 SCP 复合材料，因此，在计算时可忽略纱线与导纱辊之间的滑动摩擦力。纱线在拢纱部件上的受力情况如图 5-4-12 所示。

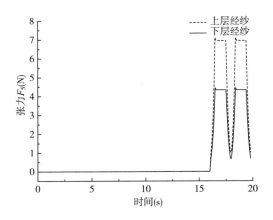

图 5-4-11　张力部件第一部分中不同层经纱受力情况

$$F_6 = F_5 e^{\mu_3 (\alpha_4 - \alpha_3)} \tag{5-4-16}$$

$$F_7 = F_6 e^{\mu_3 \alpha_4} \tag{5-4-17}$$

$$F_7 = F_5 e^{\mu_3 (2\alpha_4 - \alpha_3)} \tag{5-4-18}$$

　　拢纱装置上每次一层经纱各要通过两根拢纱辊，经纱在拢纱部件上的张力变化如图 5-4-13 所示，拢纱部件上经纱张力有明显的增大，且不同层的经纱张力大小不一致，上层的经纱由于其与拢纱辊之间的包角较大，所以所受张力较大。

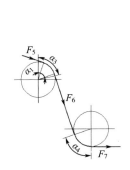

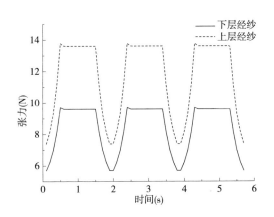

图 5-4-12　拢纱部件受力图　　　　图 5-4-13　拢纱部件中上层经纱受力曲线

　　除此之外，还有多种因素会对经纱张力产生影响，如经纱粗细、密度、排列均匀度、织机回转不匀率等。从伺服电动机到经轴之间有复杂的传动机构，都有可能对经纱张力造成影响。而且，通过张力传感器引入负反馈时，经纱可能会产生弹性形变，因此，张力反馈信号具有很大时滞。总的来说，整个织机经纱张力系统是一个非线性时滞系统，具有本质非线性、参数时变性以及模型不确定性。

由于无法获得精确数学模型，传统控制策略很难在经纱张力控制系统中取得良好的效果。而模糊控制对这种难以获取数学模型、离散采样、大滞后、非线性的复杂对象控制具有独特优势。

二、模糊 PID 张力控制系统仿真

在控制系统中，最常用的控制规律是 PID 控制。PID 控制系统框图如图 5-4-14所示。

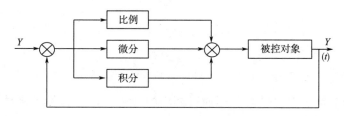

图 5-4-14　PID 控制系统框图

PID 的控制规律为：

$$u(t) = k_\mathrm{p} \times \left[e(t) + \frac{1}{T_1} \int_0^t e(t)\,\mathrm{d}t + \frac{T_\mathrm{D} \times \mathrm{d}e(t)}{\mathrm{d}t} \right]$$

式中：k_p——比例系数；

T_1——积分时间常数；

T_D——微分时间常数。

采用 PID 算法的控制系统其控制品质的优劣在很大程度上依赖于 PID 的上述三个参数的整定。而其整定方法都是根据对象离线进行的，因此，当被控对象存在时变性、非线性和不确定性时，PID 控制器往往不能保证良好的控制特性。

模糊控制的基本思想是在被控对象的模糊模型的基础上，用计算机去模拟人对系统控制的一种方法。特别适用于被控对象的数学模型是未知的、复杂的非线性控制系统。

模糊控制器由输入量模糊化、模糊推理和去模糊化三部分组成。模糊控制器的计算机程序实现的过程如下。

（1）求系统给定值与反馈值的误差 E。计算机通过采样获得系统被控量的精

确值，然后将其与给定值比较，得到系统的误差。

（2）计算误差变化率 EC（de/dt）。对误差求微分，指的是当前采样的误差值与前一采样周期误差值的差值，即误差变化率。

（3）输入量的模糊化。由前面得到的误差以及误差变化率变成模糊量 E 和 EC。同时，把语言变量 E 和 EC 的语言化为某合适论域上的模糊子集（NB、NM、NS、ZO、PS、PM、PB 等）。

（4）控制规则。专家知识和有经验人员的统计是其模糊控制的核心内容。在模糊控制算法中，模糊推理至关重要，因此，需要在众多的控制规则中计算出最为合理的控制规则。

（5）模糊推理。模糊推理的输入值为经模糊化处理的输入量 E 和 EC。根据模糊规则将输入量推理得到模糊控制量 $\tilde{U}$。E 为反馈值与给定值的偏差（误差）；EC 为偏差（误差）的变化率；E、EC 应用于二维模糊控制中。

（6）模糊判决。由上述得到的 $\tilde{U}$ 计算输出控制量，并作用于执行机构。

张力模糊 PID 控制器的设计将模糊控制和 PID 控制结合起来，既具有模糊控制灵活而且适应性强的优点，又具有 PID 控制器精度高的特点。这种符合控制器对复杂系统控制和高精度伺服系统具有良好的控制效果。图 5-4-15 所示为模糊 PID 的控制框图。

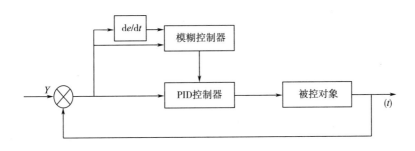

图 5-4-15　模糊 PID 的控制框图

模糊 PID 控制器就是找出在不同时刻 PID 三个参数与 E 和 EC 之间的模糊关系，在工作过程中不断检测 E 和 EC，并根据模糊控制原理在线修改 PID 的三个参数，以满足不同的 E 和 EC 对控制器的不同要求，而使被控对象有良好的动态性能。在实际控制过程中的作用如下。

（1）比例系数 K_p 的作用是加快系统的响应速度，提高系统的精度。K_p 越大，系统响应越快，但容易产生超调甚至导致系统不稳定；K_p 取值过小，会降低调节精度，延长调节时间，使系统静态、动态特性变坏。

（2）积分系数 K_i 的作用是消除系统的稳态误差。K_i 越大，系统的静差消除就越快；但 K_i 过大，会增加系统超调，甚至造成系统不稳定；K_i 取值过小，将使系统静态误差难以消除，影响调节精度。

（3）微分系数 K_d 的作用是改善系统的动态特性，抑制偏差向任何方向增长；但 K_d 过大会使响应过程提前制动，同时会增加系统的不稳定性，降低系统的抗干扰能力。

PID 参数的修改必须考虑到不同时刻三个参数的相互关系。根据传统经验，在控制过程中对参数的整定要求如下。

（1）当偏差 E 较大时，应该取较大的 K_p，这样可以使其响应快；在控制开始时，需减小控制输出量来弥补在开始时由偏差 E 的快速增大而造成的误差，因此，需要选取比正常值小的 K_d；由于选取了较大的 K_p 值，使系统的响应快，在响应快的同时需避免因响应快造成的超调现象，所以应加入积分系数 K_i 进行控制。通常在加大偏差时，可去除积分功能。

（2）当 E 和 EC 处于中等大小时，可取较小的 K_p 值，使系统在响应过程中产生小范围的超调现象；K_i 和 K_d 均取适当值，可保证系统处于稳定状态。当 E 较小接近设定范围内时，为了拥有良好的系统稳态响应性能，应该增加取值。如 EC 较小时，K_d 适当增大，EC 较大时，K_d 适当减小，可减少甚至不会使设定范围内出现振荡反复现象。

根据上述 PID 参数作用、不同的偏差以及偏差变化下对 PID 参数的要求，分别给出的三个参数初始化模糊控制表，如表 5-4-1~表 5-4-3 所示。

表 5-4-1　K_p 模糊控制表

	B	M	S		S	M	B
B	B	B	M	M	S		
M	B	B	M	S	S		S
S	M	M	M	S		S	S
	M	M	S		S	M	M
S	S	S		S	S	M	M
M	S		S	M	M	M	B
B			M	M	M	B	B

表 5-4-2 K_i 模糊控制表

	B	M	S		S	M	B
B	B	B	M	M	S		
M	B	B	M	S	S		
S	B	M	S	S		S	S
	M	M	S		S	M	M
S	M	S		S	S	M	B
M			S	S	M	B	B
B			S	M	M	B	B

表 5-4-3 K_d 模糊控制表

	B	M	S		S	M	B
B	S	S	B	B	B	M	S
M	S	S	B	M	M	S	
S		S	M	M	S		
		S		S	S		
S							
M	B	S	S	S	S	S	B
B	B	M	M	M	PS	S	B

经过对经轴机构数学模型及卷径变化对张力的影响分析可知，随着织造过程的进行，经纱轴半径逐渐减小，相应地整个经轴的转动惯量呈现非线性变化，考虑到经轴与织口之间跨度非常大，在织造过程中对经纱张力控制的同时对送经量也必须严格控制，需要采用模糊 PID 控制算法来解决。Fuzzy-PID 的控制思想是根据不同的误差 E 和误差变化率 EC 来对参数进行在线自整定。如图 5-4-16 所示，模糊 PID 的控制系统主要由常规 PID 控制部分和模糊推理的参数校正部分组成。

在张力控制模型中，将模糊控制器的设置输入为 2，输出设置为 3，相应的模糊控制表如表 5-4-1~表 5-4-3 所示，各函数的隶属度曲线如图 5-4-17 所示，各函数的控制曲面如图 5-4-18 所示。

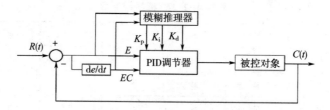

图 5-4-16　模糊 PID 算法结构图

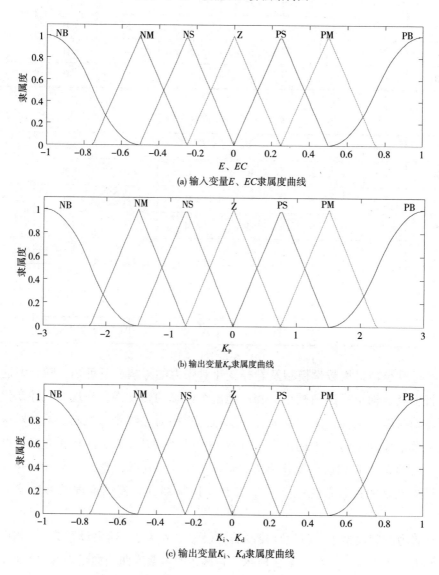

(a) 输入变量E、EC隶属度曲线

(b) 输出变量K_p隶属度曲线

(c) 输出变量K_i、K_d隶属度曲线

图 5-4-17　隶属度曲线

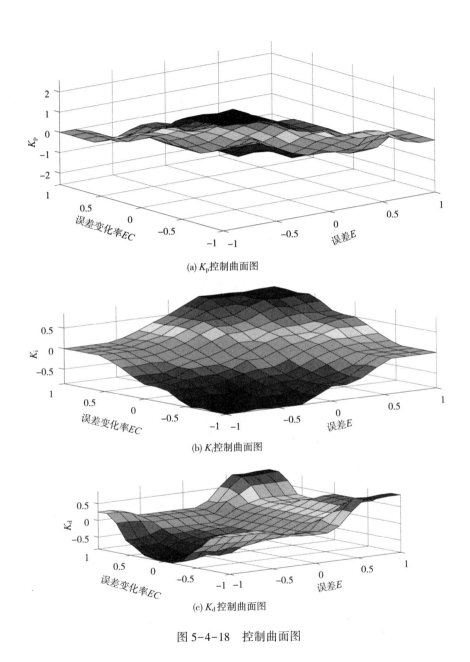

(a) K_p 控制曲面图

(b) K_i 控制曲面图

(c) K_d 控制曲面图

图 5-4-18 控制曲面图

在 MATLAB/Simulink 环境下，首先建立碳纤维经纱张力标准 PID 控制框图。图 5-4-19 所示为其仿真数据，分析结果可得：系统稳定时间 $t_s = 9.58s$，超调量为 28.55%。

对经纱张力的 Fuzzy-PID 控制系统分析，碳纤维经纱退绕张力仿真模型框图如

图 5-4-20 所示。自整定的初值取为：$k_p' = 5$、$k_i' = 1$、$k_d' = 6$。将阶跃函数作为系统的输入函数，仿真时间设置为 10s，在 Simulink 环境下，通过不断调整系数 a、b、c 的大小来改变输出曲线，当取 $a = 0.25$、$b = 0.5$、$c = 1$ 时，输出不仅响应速度快，而且超调量小。其碳纤维经纱张力响应曲线如图 5-4-21 所示，系统稳定时间为 $t_s = 2.12s$，超调量为 3.61%。

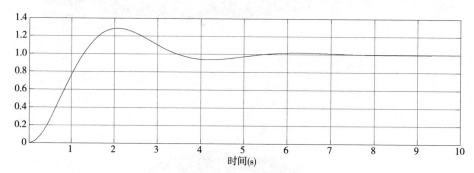

图 5-4-19　标准 PID 控制仿真曲线

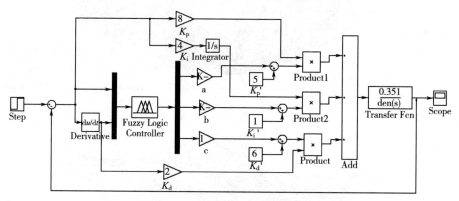

图 5-4-20　Simulink 仿真系统

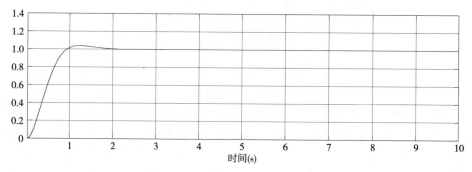

图 5-4-21　模糊 PID 控制仿真曲线

第五节　纤维纱线张力波动因素分析

三维织机的送经系统与普通织机存在较大的差异，三维织机的送经系统可以分为多个工段，各个工段对经纱张力都有一定的影响，且为了满足 30 层角联织物的织造要求，三维织机的送经系统的经轴数量庞大，织机可同时实现对 2 万多根经纱的织造，织机送经系统的显著特点归纳如下。

（1）三维织机的送经系统工段多、送经距离长、经纱层数多，碳纤维纱线在长距离送经过程中很容易出现下垂现象。

（2）碳纤维纱线与普通纱线织造特性差距较大，织机在织造过程中必须保证纱线张力平稳，且织机张力反馈装置可以实现对纱线张力的实时调节，纱线在送经过程中所受磨损尽量小。

（3）织造过程中碳纤维纱线始终不能加捻，且纱线折角不能过大，织造速度要缓慢。

织机在工作过程中，随着经纱的不断喂入，经轴半径呈周期性减小，这就直接导致了经轴自身的转动惯量也呈周期性变化。此外，纱线与经轴之间的夹角也不断变化。因此，在送经过程中会出现纱线张力不均匀的现象。

一、开口机构对经纱张力的影响

开口运动可以直接改变纱线原有的走纱方向，梭口的形成将会使经纱产生一个附加力，进而引起纱线张力的突变。因此，开口运动也是引起经纱张力波动的主要因素。开口运动一般都具有一定的周期性，常见的开口运动规律有正弦加速度运动规律、余弦加速度运动规律和椭圆比加速度运动规律。由于碳纤维纱线抗剪切强度较差，织造过程中为防止纱线断头，对开口机构的稳定性提出了更高的要求。

图 5-5-1 为梭口几何形状图，A_0 为综框满开时织口的位置，A_1 为织口的最大位置，A 为织口，B_i 为第 i 页综框满开时的位置，D_i 为综框运动到 i

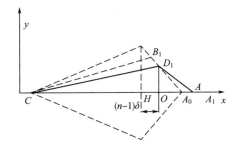

图 5-5-1　梭口几何形状图

时刻时的瞬时位置，C 为停经片所在位置。

开口过程中，第 i 页综框综引起的经纱变化量为：

$$\Delta\lambda_i = (AD_i + D_iC) - (A_1O + OC)$$

根据几何关系可得：

$$\Delta\lambda_i = \left[\sqrt{(AO)^2 + (OD_i)^2} + \sqrt{(OC)^2 + (OD_i)^2}\right] - (A_1O + OC)$$

$$AO = A_0H + (A_0A_1 - \Delta\lambda) - (i-1)\delta$$

$$A_0A_1 = x_{max}$$

$$OD_i = \pm S_{max}$$

棕框运动规律为：

$$S = \begin{cases} 2S_{max}\left(t - \dfrac{1}{4\pi}\sin4\pi t\right) & 0 \leqslant t \leqslant 0.5 \\ S_{max} & 0.5 < t < 1.5 \\ -2S_{max}\left(t - \dfrac{1}{4\pi}\sin4\pi t\right) + 4S_{max} & 1.5 \leqslant t \leqslant 2 \end{cases}$$

其中，S_{max} 为最大开口高度，设定为 50mm。

$$OC = CH + (i-1)\delta$$

$$A_1O + OC = CH + A_0H + x_{max}$$

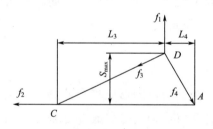

图 5-5-2　经纱开口受力图和纱线变形关系

根据织机的机构参数可以确定：$CH = 1500mm$，$A_0H = 190mm$。

由于经纱的变形量相对于经纱的总长度很小，可以被认为是在弹性变形范围内，且认为碳纤维经纱初始变形量为零，所以根据图 5-5-2 所示的经纱开口受力图和纱线变形关系可以得出：

$$F_z = E_z \cdot \Delta\lambda = f_2$$

式中：F_z——织物受力大小；

　　　E_z——织物的弹性形变，利用上述关系就可以求得任意时刻由于开口运动而引起的张力变化。

开口机构的多个参数都可对经纱张力产生影响，根据计算可得出以下结论。

（1）梭口高度 H 是引起纱线张力突变的主要因素，假设开口过程中 H 的大小基本保持不变，则可近似地认为纱线的突变张力与 H 的平方成正比例关系，当开口过程中 H 产生微小变化时，都有可能导致纱线的张力发生较大突变。对三维织机而言，由于碳纤维纱线的抗剪切强度较弱，张力的突变很可能导致纱线被剪断。因此，在满足引纬条件的基础上，梭口高度 H 应尽可能减小。

（2）织造立体织物时，随着织物层数的增加，梭口长度逐渐变大，单位长度上纱线的伸长量随之减小，因此，经纱的张力变化量也就越少。但对于碳纤维纱线而言，纱线的抗拉伸强度较大，织造过程中可以认为纱线无伸长，所以开口长度对经纱张力的影响可以忽略不计。

二、送经系统经纱张力分析

送经机构是织机的五大机构之一，送经系统的张力控制也是织机纱线控制的一个重要环节。经纱张力的稳定性直接影响到了织物的品质，尤其是对碳纤维织物而言，由于碳纤维纱线抗拉伸强度较大，织造过程可以认为纱线无伸长量，因此，纱线张力过大时极易引起碳纤维原丝的折断，纱线张力太小，织造的织物会有褶皱产生。在对纱线张力进行控制及计算分析时，通常都将送经主轴作为研究的起点，织造过程中经轴半径、经轴转动惯量以及纱线与盘头之间的夹角均呈周期性变化。

三维织机的织造过程中经纱张力受多个因素的影响，纱线张力是一个典型的非线性、时变的控制系统，其中纱线张力主要受到退绕线速度和经轴半径的影响，纱线张力是线速度、线速度的平方、经轴半径的平方以及经轴半径的四次方的多项式。另外结合碳纤维纱线的结构特性，纱线在织机张力反馈装置上所处的位置对经纱张力也存在一定的影响，因此，在送经装置中引起经纱张力波动的主要因素可总结为以下几点。

（1）送经线速度、碳纤维抗剪切强度较差以及送经过程中织造速度对经纱张力的影响效果最明显，织造速度过大时纱线张力波动明显，因此织机应保持低速送经。

（2）不同轴径下送经系统仿真图如图 5-5-3 所示，当经轴直径 $D=0.5\text{m}$ 时，系统的超调量最小，但是存在闭环相应慢的缺陷；当 $D=1.0\sim1.5\text{m}$ 时，系统超调量都在 20% 以内，且系统响应较快；当 $D=2\sim3\text{m}$ 时，系统出现严重的不稳定波动，响应时间较长，且系统超调量达到 50% 以上；当 $D=6\text{m}$ 时，经轴系统不存在稳态。因此，经轴半径对多经轴送经系统中纱线张力的稳定性具有较大影响，织造时应将经轴轴径控制在 $0.5\sim2\text{m}$ 的范围内。

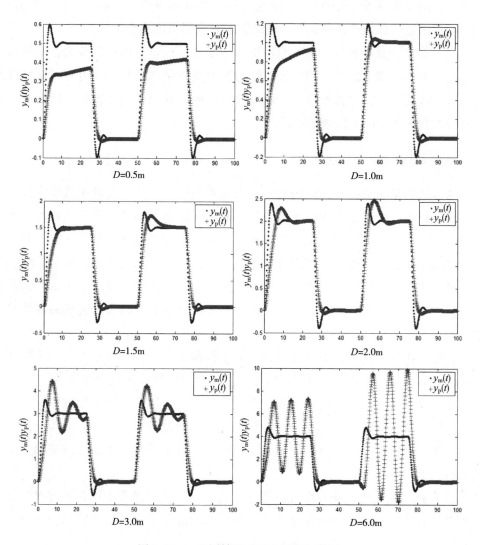

图 5-5-3　不同轴径下送经系统仿真图

参考文献

［1］郭兴峰．三维正交织机结构的研究［D］．天津：天津工业大学，2003.

［2］李丹丹．碳纤维多层织机引纬系统关键技术研究［D］．天津：天津工业大学，2012.

［3］任中杰．碳纤维三维角联织机打纬装备研究与应用［D］．天津：天津工

业大学，2012.

[4] 张青．碳纤维多层织机引纬与卷取关键技术研究及应用 [D]．天津：天津工业大学，2012.

[5] 腾腾．碳纤维多层织机送经机构研究 [D]．天津：天津工业大学，2012.

[6] 陈云军．碳纤维多层角联织机多经轴送经系统关键技术研究 [D]．天津：天津工业大学，2015.

[7] 卢绪凤．三维织机多层经纱张力研究 [D]．天津：天津工业大学，2018.

[8] 王友钊．织机卷布机构的力学分析及其张力控制系统 [J]．纺织学报，2013，34（11）：141-147.

[9] 卢绪凤．碳纤维多层角联织机多经轴送经机构经纱张力计算及控制算法 [J]．玻璃钢/复合材料，2017，12：14-18.

[10] 陈革，祖林均，罗军．基于伺服控制的立体织机电子开口系统的设计 [J]．东华大学学报（自然科学版），2014，40（5）：612-616.

[11] 刘国辉，蒋秀明，刘薇，等．基于模糊 PID 控制的碳纤维角联织机送经系统的纱线张力控制 [J]．纺织报告，2016（12）：36-39+42.

第六章　立体织物的织造技术

本章所述立体织物主要包括多层织物、多层角联锁织物、中空织物和变截面织物等。

第一节　多层织物织造的原理与技术

碳纤维多层立体织物是目前发展比较迅速的一种新型结构织物，它是由连续纤维在三维空间按照一定规律相互交织而形成的纤维增强骨架，具有良好的整体性和稳定性，同时也具有更加宽泛的设计自由度。多层织物织造方法有多剑杆并列排布单向引纬，每一个或每几个织口用同一剑杆引纬，还有可随织口高度变化调整引剑高度的单剑杆单向引纬方式。多层织物厚度往往远大于传统织物厚度，为使每层纬纱受均匀打纬力，必须采用平行打纬方式。多层织物织造过程最大特点为多次开口并多次引纬、统一打纬、间歇式打纬等。

一、碳纤维立体织物种类及编织过程

纺织复合材料率先应用在航空航天领域，随着其优异的性能和减重效果的突显，纺织复合材料几乎已渗透到所有的技术领域中。为适应对结构和功能多样性的纺织复合材料的需求，三维编织技术作为一种高新技术就应运而生，三维纺织复合材料有针织、编织和机织等结构。其中三维机织物具有优良的结构设计性、优异的力学性能；与编织物结构相比，机织织物结构更紧密、结构断裂更加困难、价格低廉等优点。三维机织织物结构分类如图6-1-1所示。

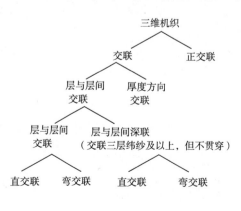

图6-1-1　三维机织分类图

碳纤维复合材料具有整体性和优良的力学结构性两大特点，从编织、复合到成品，不分层无机械加工，或仅做不损伤纤维的少量加工，从而保持了制品的整体性。三维整体编织技术的突出特点是能根据预成型品的几何形状编织各种复杂的异型整体织物。碳纤维复合材料抗拉强度一般都在 3500Mpa 以上，是钢的 7~9 倍，抗拉弹性模量 23000~43000Mpa，也高于钢。三维编织碳纤维复合材料，有其特殊的结构和性能特点，该材料在取代金属、节约能源、特殊专用等方面发挥着独特的作用。随着材料成型技术不断进步和更新，其巨大的潜力必将得到进一步挖掘。

应用研制的三维织机，织造碳纤维多层角联织物时，考虑到织造层数多且碳纤维容易分叉起毛等特性，所以在织造过程中尽量减少对碳纤维的弯曲，保持碳纤维在织造的过程中处于平展状态；其次，由于层数较多，保证碳纤维层与层之间的距离，减少碳纤维层与层之间的摩擦。因此，基于上述因素的考虑，从许多的碳纤维复合材料中，选取了三种织物进行试织。目前常用于碳纤维材料的多层织物结构主要有角联锁结构、角联锁加经向增强结构、机织三向织物结构三种，以下将对三种结构及编织工艺过程进行分析。

（一）角联锁结构立体织物结构及机织编织过程展示

1. 角联锁结构立体织物结构

如图 6-1-2 和图 6-1-3 所示分别为角联锁立体织物结构和多层角联锁立体织物结构示意图。

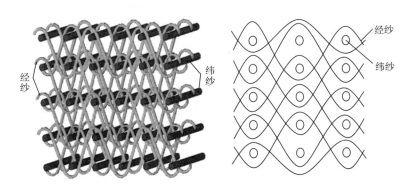

经纱　　　　　　　　纬纱　　　　　　　　经纱　　　纬纱

图 6-1-2　角联锁立体织物结构示意图

角联锁立体织物结构的优点：在三维空间中纤维沿着多个方向分布并相互交织在一起形成不分层的整体结构，具有基体损伤不易扩展、不分层、高强度、高抗冲击性能和优秀的综合力学的性能。

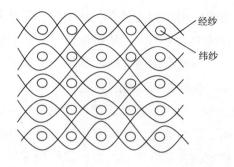

图 6-1-3 多层角联锁立体织物结构示意图

2. 角联锁结构立体织物机织编织过程展示

图 6-1-4 为三层弯交浅联织物的形成过程。

（1）开口前，第三层四列经线依次穿过综丝，经纱处于平展状态。

（2）送经装置伺服电动机工作，电子提花机控制后综框上升一个间距，前综框下降一个间距，形成第一次开口；引纬装置依次将纬线 1、2、3、4 引入相对侧；打纬装置进行打纬，纬纱 1、2、3、4 完成编织。

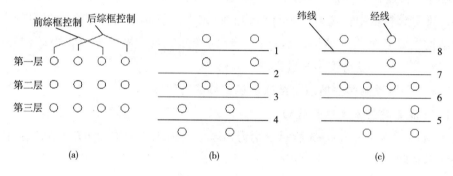

图 6-1-4 引纬处垂直经线截面图

（3）完成预打纬动作之后，电子提花机控制后综框下降 2 个综眼间距，前综框上升 2 个综眼间距，形成下一次开口，引纬装置依次引入纬线 5、6、7、8；打纬装置进行打纬，完成纬线 5、6、7、8 的编织。

（4）后综框继续上升 2 个综眼间距，前综框继续下降 2 个综眼间距，动作重复进行。

（二）角联锁加经向增强立体织物结构及机织编织过程展示

1. 角联锁加经向增强立体织物结构

在角联锁结构的基础上加了不发生运动的衬经纱形成角联锁加经向增强结构，该立体织物各项性能优于角联锁立体织物，接结经纱与纬纱编织在一起形成立体织物结构，其立体结构如图 6-1-5、平面结构如图 6-1-6 所示。

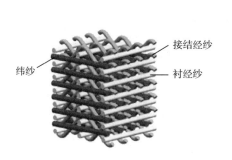

图 6-1-5　角联锁弯交浅联加经向
增强立体织物结构图

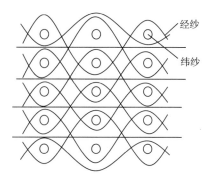

图 6-1-6　角联锁直交浅联加经向
增强立体织物平面图

多层角联锁加经向增强织物立体结构具有如下优点。

（1）入了不发生运动的衬经纱，经纱含量增加，使织物更加结实厚重。

（2）由于厚度方向上衬经纱的存在，增加了材料的层间剪切强度，减少了分层现象，并提高了其抗冲击性能。

（3）与不加经纱的织物相比，经向稳定性和强度提高。

2. 角联锁加经向增强立体织物机织编辑过程展示

织物形成过程如图 6-1-7 所示。

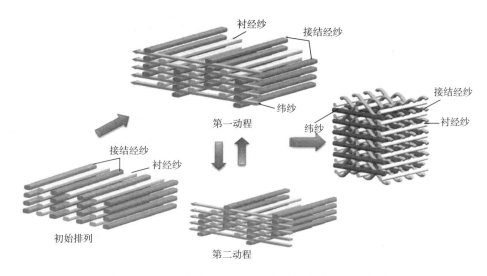

图 6-1-7　角联锁加经向增强织物编织形成过程示意图

（三）机织三向立体织物结构及形成过程示意图

1. 机织三向立体织物结构

纱线均匀分布在空间 XYZ 三个方向上，经纱与纬纱相互垂直，故在这三个方向的剪切应力、拉伸应力比较均衡；法向经纱的引入使织物中纱线密度增加，显著克服了层间效应带来的力学性能差等缺点，使得其更加紧密厚实。多层机织三向织物结构如图 6-1-8 所示。

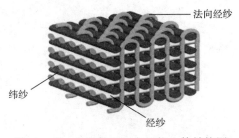

图 6-1-8　多层机织三向织物立体结构图

2. 机织三向立体织物结构形成过程

其运动过程如图 6-1-9 所示。

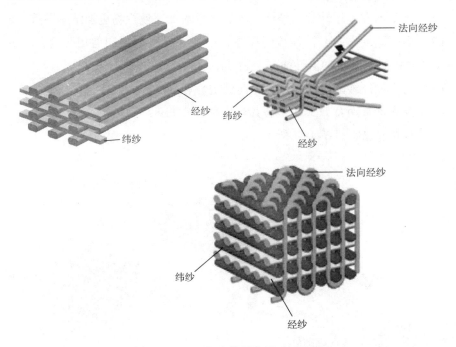

图 6-1-9　三向立体织物运动原理图

二、穿纱工艺研究

碳纤维多层角联织机是目前世界上紧缺的设备，其织造中涉及的走纱、穿综、开口等工艺更是很少有研究的，要想得到本章第一节所介绍的三种角联锁织物，必须对这些工艺做一个深入的了解，设计出适合的织造工艺。在第三章中已经介绍了织机五大运动，即开口、引纬、打纬、卷取、送经之间的时序关系，下面对综丝、目板、穿综以及穿筘工艺做一个详细的讲解。

（一）目板孔和综丝排布工艺

以织造织物幅宽为 900mm，层数为 6 层，经纱密度为 2 根/层/cm 的深角联锁织物为例。首先，对盘头的排布进行分析，根据各参数，可知每层的接结纱的根数为 90 根，如果每个盘头整经根数为 45 根，那么每层只需要 4 个盘头就能达到要求，按图 6-1-19 所示，将盘头排布在 2、3、4、5 的位置上，每层 2 个盘头，总共 6 层，需要 6 根送经轴，24 个盘头。整个纱路会经过分纱装置，穿过分纱装置后，每一层每一列的纱线就一一分开，随后进行穿综工作，进行穿综工作要考虑到目板、综丝以及刚筘的穿法。图 6-1-10 为目板孔排布图。从图中可以看出每两排孔在横向方向上错了半个孔间距的距离，这种梅花状孔的排列方式更有利于密集孔排列。织造六层深角联锁织物总共需要 6 排孔，每一排孔个数为 90 个，这样就能把每一排的综丝分隔开。

穿过目板孔的综丝被分成了 6 排，但其高度方向上的位置并没有确定，图 6-1-11 为综眼在高度方向排布方式。对于碳纤维这种剪切强度低且不耐磨的特殊材料，在穿综时必须尽可能降低接结纱的剪切力，因此，可把接结纱穿在最靠近刚筘的位置，这样就可以在梭口高度一定时能够降低接结纱提升的高度，减小了对碳纤维的磨损。从图 6-1-11 可以看出接结纱位于经纱中间层，且距离刚筘最近，不仅降低了提升高度，也减少了对碳纤维的摩擦。

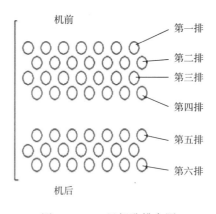

图 6-1-10　目板孔排布图

（二）行穿法穿综

经纱穿综时，采用行穿法，从最低层开始分别将每层经纱对应从后向前穿过 6 排综眼，每一层综眼穿完后进行穿筘，穿器具体方法如图 6-1-12 所示，重复 6 次穿综与穿筘完成穿综工艺。图 6-1-12 为穿筘图，采用经纱逐层间隔穿入筘齿，同一列的经纱穿入同一筘齿，接结纱间隔穿入筘齿，与经纱一隔一。

深角联锁织物相对于其他两种织物而言，其组织结构相对来说比较简单，经

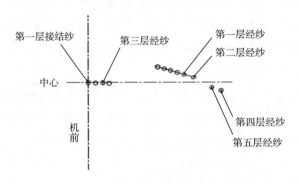

图 6-1-11　综眼排布图

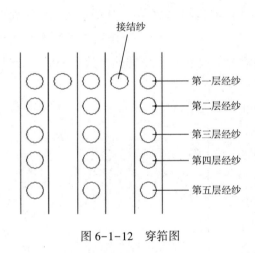

图 6-1-12　穿筘图

纱层之间并没有发生交织，只是两层经纱之间引入了一层纬纱，最后通过接结纱把整个织物从上到下捆绑起来。从穿综工艺上来讲，对于不参与交织的经纱只需将从盘头上引过来的纱线一一穿入综眼，即简单的行穿法就能达到要求，对于角联锁以及增强角联锁织物，每两层之间都会发生交织，且每两层中间还夹着不参与交织的衬经纱，其组织结构的复杂性决定了普通的行穿法根本无法完成工艺要求，因此，需要研究另一种穿综工艺，即列穿法。

（三）列穿法研究

为了适应角联锁与加强角联锁织物的织造，专门研究出了列穿法工艺。列穿法是指对于多层经纱组织，从左至右或者从右至左，按列依次穿入每一列综眼以及钢筘的穿法。此种穿法不易发生漏穿、错穿，但是需要的人员比行穿法多，下面对于角联锁以及加强角联锁织物的相关工艺进行研究。

1. 盘头位置排布

根据经纱密度为 4 根/层/cm，幅宽 900mm，则每层经纱为 360 根；根据角联增强织物角联经纱密度为 2 根/层/cm，计算得每大层接结纱为 180 根，结接纱又分为上下两层，所以每小层的接结纱为 90 根。而加强角联锁织物，每层经纱为

360 根，即每大层经纱分为一层衬经纱（180 根）与两小层接结纱（各 90 根）。考虑到如何排布盘头可不用二次穿纱的情况下能够通过改变提花机程序而织造两种织物。如果每个盘头整经根数为 45 根，一层需要 8 个盘头，由于衬经纱与接结纱在织造的时候用纱量不一样，所以两种纱线应该放在不同送经轴上，如果一个送经轴排布 2 个盘头，那么每根经轴所控制的经纱数量为 90 根，这样就可以用一根送经轴对每小层接结纱控制。由于每层 180 根的衬经纱用纱量是一样的，所以可以采用两根送经轴控制一层接结纱的方式。这种用两个送经轴控制一层接结纱的方式可以在织造角联锁织物时通过控制提花机程序将衬经纱转换为接结纱，在不改变任何穿纱工艺的情况下对两种织物进行织造。

总结上面分析，采用每个盘头整经根数为 45 根，且每根经轴控制 2 个盘头的方式排布，每 4 个送经轴控制一层经纱。6 层织物总共需要盘头数为 40 个。

2. 列穿法穿综

角联锁织物的目板孔的排布与织造深角联的类似，每排目板孔个数为 180 个，两排孔并一排，个数为 360 个，刚好能满足控制一层经纱的综丝根数。两排相邻综眼在高度方向错开一个相同的高度。经纱在穿过分层装置以后，排布如图 6-1-13 所示。

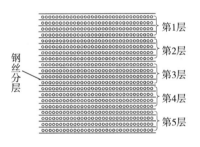

图 6-1-13 穿综前各层经纱排布图

每层经纱分为两小层接结纱和两小层衬经纱，从上到下依次为第一小层接结纱，第一小层衬经纱，第二小层衬经纱，第二小层结接纱。根据两排相邻综眼在高度方向错开一个相同高度，综眼总共分为 5 排，每一排 360 个。按照要求，四小层经纱在综眼中的排布如图 6-1-14。

360 根经纱

图 6-1-14 四小层经纱在综眼中的排布图

从左至右分别为第 1 到第 360 根经纱，其排布顺序为 1、5、9、13、17、…、359 为第一小层接结纱，3、7、11、15、19、…、357 为第二小层接结纱，剩余的偶数根数为第一与第二小层衬经纱的交替排列，如此复杂的经纱排布方式不可能通过人工找寻位置的方式进行操作，所以必须采用列穿法，以每一列为单元进行

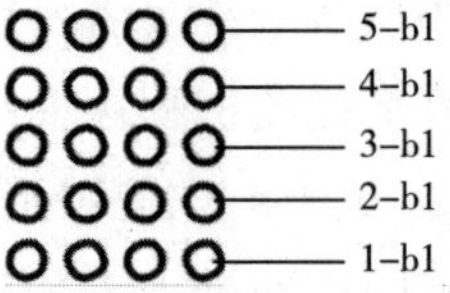

图 6-1-15 每列经线穿法俯视图

穿综。现将一列 20 根经纱进行编号，以第一层经纱为例，分别为 1-b1、1-a1、1-a2、1-b2，其他四层编号类似。如图 6-1-15 所示，在穿综时只需要将 1-b1、2-b1、3-b1、4-b1、5-b1 穿入第一列综丝，将 1-a1、2-a1、3-a1、4-a1、5-a1 穿入第二列综丝，将 1-a2、2-a2、3-a2、4-a2、5-a2 穿入第三列综丝，将 1-b2、2-b2、3-b2、4-b2、5-b2 穿入第四列综丝，如此循环地穿入各列综丝，就能满足穿综要求，这种方法在很大程度上降低了穿综的出错率。

（四）提综动作研究

图 6-1-16 与图 6-1-17 是以六层加强角联锁织物与角联锁织物为例，对各层经纱的动作进行深入研究，保证织物的组织结构，同时也为提花机编程工作提供了必要的数据。

纬数	层数														
	第三层			第一层			第二层			第四层			第五层		
	3-b	3-a1	3-a2	1-b	1-a1	1-a2	2-b	2-a1	2-a2	4-b	4-a1	4-a2	5-b	5-a1	5-a2
1	—	—	—	↓	↑	↓	↓	↓	↓	↑	↑	↑	↑	↑	↓
2	—	—	—	↑	↑	↓	↑	↓	↓	↑	↑	↓	↓	↓	↓
3	—	↑	↓	↑	↑	↓	↑	↑	↓	↑	↓	↓	↓	↓	↓
4	—	↓	↑	↑	↑	↓	↑	↓	↓	↑	↓	↓	↓	↓	↓
5	—	—	—	↑	↓	↓	↑	↓	↓	↑	↓	↓	↓	↓	↓
6	—	—	—	↓	↓	↓	↓	↓	↓	↑	↓	↓	↓	↓	↑

图 6-1-16 加强角联锁织物经纱提升走向图

纬数	层数									
	第三层		第一层		第二层		第四层		第五层	
	3-b	3-a1,a2	1-b	1-a1,a2	2-b	2-a1,a2	4-b	4-a1,a2	5-b	5-a1,a2
1	—	—	↑	↓	↓	↓	↑	↑	↑	↓
2	—	—	↑	↓	↑	↓	↑	↓	↓	↓
3	↑	↓	↑	↓	↑	↓	↑	↓	↓	↓
4	↓	↑	↑	↓	↑	↓	↑	↑	↓	↓
5	—	—	↓	↓	↓	↓	↑	↓	↓	↑
6	—	—	↓	↓	↓	↓	↑	↓	↓	↑

图 6-1-17 角联锁织物经纱提升走向图

212

在试织过程中，碳纤维一直保持良好的状态，最终的织物表面良好，符合要求。实物样品如图 6-1-18 所示。

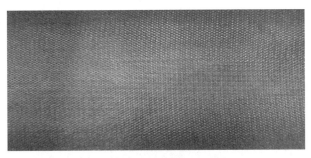

(1)角联锁织物

(2)角联锁增强织物

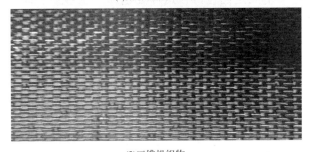

(3)三维机织物

图 6-1-18　碳纤维织物样品

三、主要穿纱机构

研究织机整个挂综、排布目板以及穿综这一整套工艺中涉及的部分机械部件的结构与功能。

1. 送经装置

盘头指的是卷绕纱线用的铝盘，通过整经工艺可以将多根纱线卷绕于一个盘头上，达到一个盘头控制多根经纱的目的。图 6-1-19 为一个送经轴上 6 个盘头的具体排布位置，从图上可知轴的左右侧各 3 个盘头，依次为 1、2、3、4、5、6。

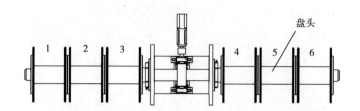

图 6-1-19　送经轴盘头的排布位置

通过整经工艺可以将多根碳纤维全部整入一根盘头，根据单根碳纤维的宽度以及一个盘头的宽度可以算出每个盘头的纱线根数。本织机织造的碳纤维种类有 T300-6K 与 T700-12K 两种类型，盘头宽度为 200mm，现测得 T700-12K 的单纱宽度为 4.3mm，所以每个盘头最多能整 200/4.3＝46.5（根）。

2. 分纱装置

图 6-1-20 为分纱装置，主要是由分层钢丝与分列箴组成，每一根碳纤维穿过分纱装置后都会有一个固定的位置，这样无论哪一根纱线在织造过程中出现了断纱都能通过其在分纱装置的专有位置而被确认。由于织造 30 层碳纤维角联锁织物最多需要的经纱层数为 91 层，最大幅宽为 1.2m，最大用纱量多达 20000 根，如果没有分纱装置，在织造过程中只要出现一根断纱就无法找出来，从而影响继续织造。

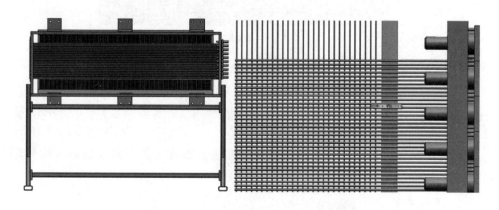

图 6-1-20　分纱装置整体与局部放大图

第二节　中空织物织造的原理与技术

中空织物也称间隔织物，其特点为织物带有空腔，其上下表面与传统机织物相似，上下表面由经纱连接，形成带有空腔的整体性立体织物。中空织物横截面空腔形状有三角形、矩形、圆形等。中空织物织造送经纱架包括地经纱架和绒经纱架，其中地经用于形成上下表面，绒经用于织物空腔内连接上下表面。图 6-2-1 所示为几种中空织物结构示意图，图 6-2-2 所示为中空织物效果图。

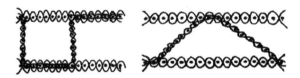

图 6-2-1　中空织物结构示意图

图 6-2-3 所示为一种中空织物穿综示意图，其中 1、2 为绒经综框；3、4、5、6 为下层地经综框；7、8、9、10 为上层地经综框。

穿综前先将盘头上经线分交（用两根杆将同一盘头上相邻经线上下交叉排列），穿综时依次拾取上下相交的经线，先拿地经 1 相邻两条经线，再拿地经 2 相邻两条经线，最后拿绒经相邻两条经线，按照下

图 6-2-2　中空织物

边第一组与第二组的数字顺序穿入对应综丝中，穿综时两组为一个循环：

第一组：1、1、3、7、5、9

第二组：2、2、4、8、6、10

以上两组数列代表图 6-2-3 中对应综框上的综丝。前 12 组只穿地经，接下来各组绒经、地经一起穿，最后 12 组也只穿地经，同一组穿到同一筘中。

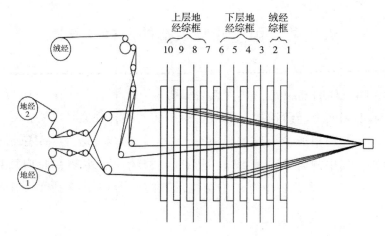

图 6-2-3　中空织物穿综示意图

第三节　变截面织物织造的原理与技术

三维编织技术是 20 世纪 70 年代发展起来用于制造立体织物的一种新型纺织技术，织物横截面形状可根据工艺要求而变化，采用该技术编织的立体织物具有纤维多向取向、整体连续分布的特点。在织造工程中通过减少或增加经纱数量来实现织物横截面变化。

变截面织物织造设备与多层织物织造设备类似，不同点在于其具备减纱或增纱功能，可实现织物截面形状变化。

一、立体变截面织物结构

三维立体织物广泛应用于复合材料中作为增强结构，增强复合材料广泛应用于各种要求高力学性能的部件中，很多场合要求构件具有特定的形状，因此，就需要异形截面复合材料增强结构。近年来变截面织物结构设计逐渐发展，典型的变截面织物织造方法有如下三种。

（1）织物结构基本思想：在原有立体织物结构基础上，根据截面的变化，只把截面形状相符区域的纤维束织进织物结构中，在截面形状之外的纤维则不再进行交织织造；待全部截面形状区域织造完成后，将未被织进织物结构中的纤维剪除，从而得到截面连续变化的立体织物结构，如图 6-3-1~图 6-3-3 所示。

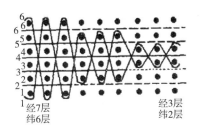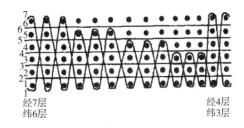

图 6-3-1　正交三维变截面织物结构

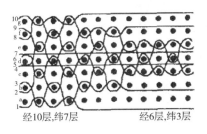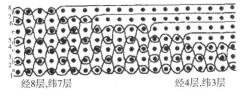

图 6-3-2　角联锁三维变截面织物结构

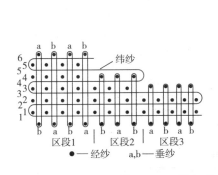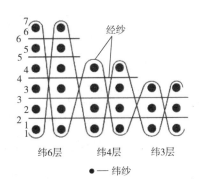

图 6-3-3　横向变截面正交立体织物结构

（2）采用增减纱的方式实现截面的变化，即通过控制一次开口引入纬纱的数量或者控制经纱的开口规律实现增减纱，从而达到使织物截面变化的效果。

（3）采用逐步变化纬纱线密度、逐步变化纬向垫纱数量以及逐步变化经向垫纱与纬纱的交织三种方法来实现织物截面的连续变化，如图 6-3-4 ~ 图 6-3-6 所示。

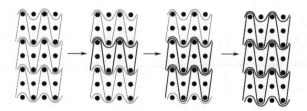

图 6-3-4　逐步改变纬纱线密度实现织物截面变化

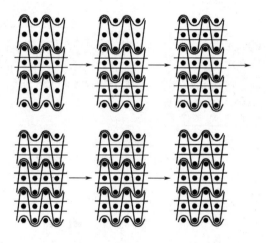

图 6-3-5　逐步改变纬向垫纱数量实现织物截面变化

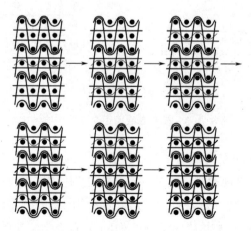

图 6-3-6　逐步改变经向垫纱与纬纱的交织

二、变截面织物结构分析

常用的织造变厚度织物的织造方法是：改变织入纬纱的密度或者纬纱规格，或者改变引入垫纱的密度等来获得厚度连续变化的织物。这种方法经过试验，可以织造出厚度连续变化的织物。

然而通过分析对比几种织造方法，其不足之处也比较明显。

变截面织物可以实现界面的变化，但是对于多余经纬纱的处理不理想，单纯剪掉会破坏织物结构的整体性，从而使织物的空间规则结构遭到削弱，织物力学性能下降。

采用增减纱的方法同样破坏了织物的整体机构，失去了三维立体织物结构整体的优势。采用改变纬纱、垫纱密度或者规格的方法，可以实现截面的连续变化，但是一般只适合截面变化缓慢的织物，并且其织物随着截面变化，内部纬纱或垫纱密度的改变造成织物内部结构变形，削弱了织物的整体性能。并且以上几种方法仍然停留在实验室试验阶段，还存在很多不足。

目前，美国 Lockheed Martin 公司的 Ronald P. Schmidt 和 David A. Kalser 在一项专利中展示了一种截面连续变化的织物结构。该织物结构完整，截面变化连续，并且被应用到航空部件的制造中，因此是比较成熟的变截面织物结构，如图 6-3-7 所示。

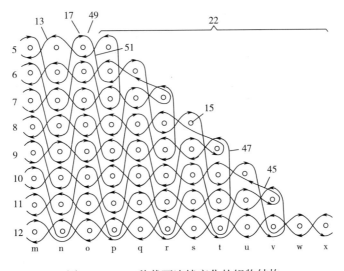

图 6-3-7　一种截面连续变化的织物结构

三、变截面织物织造方法研究

（一）织物结构分析

由图 6-3-8 可以看出，这种变截面织物内部结构为典型的角联锁织物结构，图中圈点为纬纱，曲线为经纱。其中经纱按照截面形状的变化而改变，由左至右逐渐减少层数，纬纱在截面内部的形态和典型的角联锁织物结构一致，在织物截面边缘则发生变化。

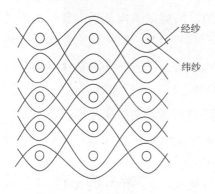

图 6-3-8　角联锁织物结构

如图 6-3-9 所示，对织物结构进行分析可知，织物主要由 5 种不同类型的纬纱构成，分别为图中所标识的 1、2、3、4、5 种纬纱。其中 2 号纬纱沿着织物变化的截面形成织物上边界和侧面边界；5 号纬纱形成织物的下边界。在织物内部基本上是 1 号和 3 号两种类型的纬纱为一组，由上到下反复出现，并且每一组都比上一组要长一些，1 号和 3 号纬纱的反复出现形成了不断变化的截面。4 号纬纱其实与 1 号纬纱一样，只不过由于要形成下边界，进行了调整。

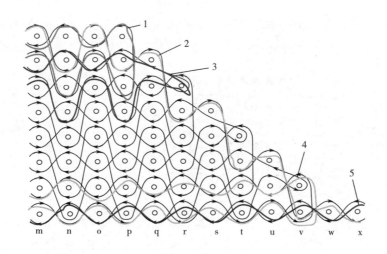

图 6-3-9　织物结构分析

（二）织造方法设计

典型角联锁立体织物的织造方法如图6-3-10所示。

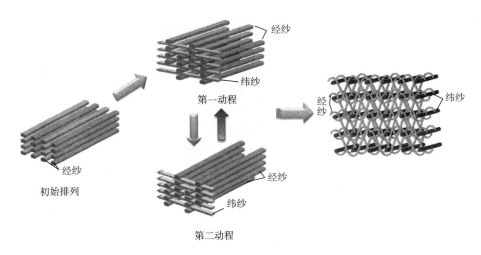

图6-3-10　角联锁立体织物织造方法

以三层角联锁立体织物为例，其织造过程如下（图6-3-11）。

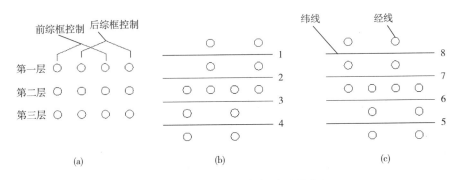

图6-3-11　角联锁织物织造过程分解

（1）上机织造前，经纱按照层数顺序依次穿过综丝上的综眼，开口处的层间距为一个综眼间距。奇数列经纱穿过前综框对应的综眼，偶数列经纱穿过后综框对应的综眼，即每层相邻的经纱都分别由不同的综框控制其开口动作。织造前，两综框处于平齐状态，各层经纱未形成开口。

（2）后综框向上移动一个综丝眼间距，前综框向下移动一个综丝眼间距，形成一次开口；剑杆依次引入纬线1、2、3、4，然后打纬装置打纬，将纬纱推入织物。

（3）后综框下降两个综丝眼间距，前综框上升两个综丝眼间距，经纱与上一步引入的纬纱交织并捆绑，同时，形成第二次开口；剑杆依次引入纬线5、6、7、8；打纬装置打纬将纬纱推入织物。

（4）后综框向上移动一个综丝眼间距，前综框再向下移动一个综丝眼间距。前后综框分别上升下降一个综眼间距时，经纱恢复到初始位置，角联锁结构形成，这一次引纬动程结束。

然后重复以上（2）~（4）步的内容，使织机实现连续织造。

由上述对角联织物织造方法的分析和对变截面织物结构的分析，结合课题设计的变截面引纬机构，可以设计出一种织造该变截面织物的织造方法。

以四层变截面织物为例进行分析，如图6-3-12所示。织造过程分为三个动程，一个动程形成一次开口，每次开口由引纬机构引入不同数量的纬纱。

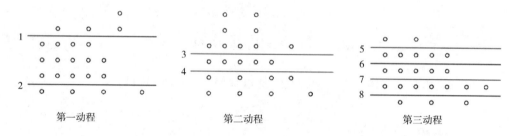

第一动程　　　　　　　　　第二动程　　　　　　　　　第三动程

图6-3-12　织造过程分解

织造此种织物，要求织机采用电子提花机进行开口，每一根综丝都可以单独控制其开口动作，可以实现更复杂的织造要求。

织造前将经纱按照截面形状布置，分别穿过综丝上的综眼，每根综丝上有4个综眼，按照截面形状分别穿1~4根综丝。其中，第6列综丝上穿2根经纱，第1根经纱穿过由下向上第一个综眼，第2根经纱穿过第三个综眼。织造过程如下。

（1）开始第一动程，奇数列综丝向下移动一个综眼间距；第2列、第4列综丝向上移动一个综眼间距；第6列综丝向上移动四个综眼间距；这样就形成第一个开口，然后由引纬机构分别引入1、2号纬纱。

（2）开始第二动程，奇数列经纱向下移动一个综眼间距；第2列、第4列综丝向上移动一个综眼间距；第6列综丝向下移动四个综眼间距；然后引纬机构引入3、4号经纱。

（3）第三动程时，奇数列综丝向上移动三个综眼间距；第2列、第4列综丝向下移动三个综眼间距；第6列综丝向下移动一个综丝间距，形成第三次开口，引纬机构分别引入 5~8 号纬纱；最后，奇数列综丝向下移动一个综眼间距，偶数列综丝向上移动一个综眼间距。

每一动程引纬结束后，打纬机构打纬进行一次打纬，然后再进入下一动程。重复以上织造过程实现连续织造。

（三）引纬行程变化规律研究

织物截面变化导致引纬行程发生改变，引纬行程通过引纬驱动伺服电动机控制，因此需要研究引纬行程的变化规律。

图 6-3-13 所示为引纬行程示意图，其中 L 为等腰梯形织物上表面宽度，H 为织物厚度，K 为织机最大引纬幅宽，l' 为拖纬套圈长度，α 为梯形织物侧边与底边夹角。设织物中两层经纱间距为 h。引纬时，剑杆由一侧，按照程序设定，将纬纱引至织物对侧，拖纬针拖住纬纱，剑杆向后退出，形成拖纬套圈。因此，一次引纬行程包括三部分，首先经过半个织机最大引纬幅宽，然后经过半个织物某一层截面的幅宽，最后加上一个引纬套圈的长度。

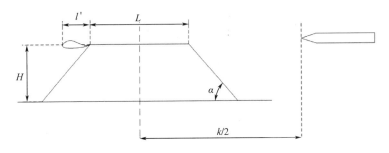

图 6-3-13　引纬行程示意图

由几何关系，结合织物织造动程，可以得到引纬动程中，每一次引纬动作的引纬行程规律。三个动程引纬示意图如图 6-3-14~图 6-3-16 所示。

1. 第一动程

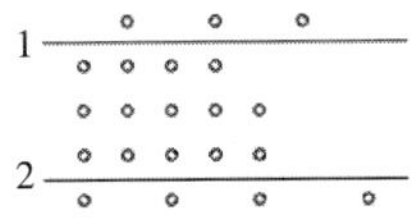

图 6-3-14　第一动程引纬示意图

1 号纬纱：

$$s = \frac{(k + L)}{2} + \frac{3h}{\tan\alpha} + l' \tag{6-3-1}$$

2 号纬纱:

$$s = \frac{(k+L)}{2} + \frac{3h}{\tan\alpha} + l' \tag{6-3-2}$$

2. 第二动程

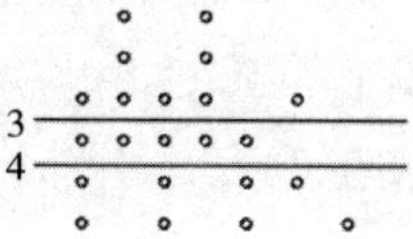

图 6-3-15　第二动程引纬示意图

3 号纬纱:

$$s = \frac{(k+L)}{2} + \frac{2h}{\tan\alpha} + l' \tag{6-3-3}$$

4 号纬纱:

$$s = \frac{(k+L)}{2} + \frac{3h}{\tan\alpha} + l' \tag{6-3-4}$$

3. 第三动程

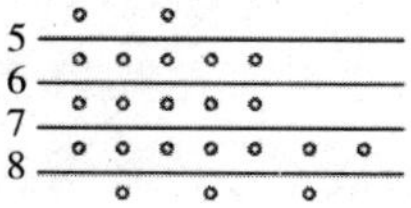

图 6-3-16　第三动程引纬示意图

5 号纬纱:

$$s = \frac{(k+L)}{2} + l' \tag{6-3-5}$$

6 号纬纱:

$$s = \frac{(k+L)}{2} + \frac{2h}{\tan\alpha} + l' \tag{6-3-6}$$

7 号纬纱:

$$s = \frac{(k+L)}{2} + \frac{2h}{\tan\alpha} + l' \tag{6-3-7}$$

8 号纬纱:

$$s = \frac{(k+L)}{2} + \frac{3h}{\tan\alpha} + l' \tag{6-3-8}$$

推广到 n 层经纱时,则可以得到如下引纬规律。

当 n 为奇数时,第一动程中 2 号纬纱不需要引入;当 n 为偶数时,2 号纱仍需要引入，其引纬行程为：

$$s = \frac{(k+L)}{2} + \frac{(n-1)h}{\tan\alpha} + l' \qquad (6-3-9)$$

其余纬纱引纬情况：

1 号纬纱：

$$s = \frac{(k+L)}{2} + \frac{(n-1)h}{\tan\alpha} + l' \qquad (6-3-10)$$

3 号纬纱：

$$s = \frac{(k+L)}{2} + \frac{2(m-1)h}{\tan\alpha} + l' \qquad (6-3-11)$$

4 号纬纱：

$$s = \frac{(k+L)}{2} + \frac{2(m+1)h}{\tan\alpha} + l' \qquad (6-3-12)$$

5 号纬纱：

$$s = \frac{(k+L)}{2} + \frac{2(m-3)h}{\tan\alpha} + l' \qquad (6-3-13)$$

6 号纬纱：

$$s = \frac{(k+L)}{2} + \frac{2(m-1)h}{\tan\alpha} + l' \qquad (6-3-14)$$

7 号纬纱：

$$s = \frac{(k+L)}{2} + \frac{(n-2)h}{\tan\alpha} + l' \qquad (6-3-15)$$

8 号纬纱：

$$s = \frac{(k+L)}{2} + \frac{(n-1)h}{\tan\alpha} + l' \qquad (6-3-16)$$

其中 $m = 1, 2, \cdots, (n/2-1)$；$n$ 为偶数时，取 $n = n$；n 为奇数时，取 $n = n+1$。

由以上得到引纬行程规律，通过编程输入织机控制系统，就可以实现对不同规格此类织物的引纬。

（四）剑杆引纬运动加速度规律

当引纬机构运动规律采用正弦加速度规律时，可以看出引纬加速度峰值较大，并且在引纬启动和引纬终点时的加速度值较大，对于碳纤维的拉伸作用较大，不利于保护碳纤维。因此，需要设计合适的引纬加速度运动规律。

除正弦加速度规律，常用的剑杆引纬运动规律还包括梯形加速度规律和修正梯形加速度运动规律。几种运动规律相比，在引纬动程和运动时间相同的情况下修正梯形加速度运动规律具有最佳的运动性能以及较小的加速度和速度峰值。这

225

里选择修正梯形加速度规律作为剑杆运动的规律。

图 6-3-17 所示为修正梯形加速度曲线，x 轴为运动时间，y 轴为加速度。加速度曲线由三段水平线段、四段多项式过渡曲线连接而成。

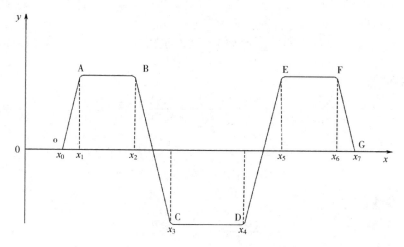

图 6-3-17　修正梯形加速度曲线

设计修正梯形加速度曲线的方法有很多，其中有研究者提出了一种简便的设计方法，即采用直接假设位移曲线，然后根据位移、速度、加速度的求导关系得到速度加速度的表达式，利用这些表达式，根据各段曲线连接处边界条件要求连续、光滑等列方程组，求解方程组得到运动曲线表达式。并且这种方法可以事先制订加速度的峰值，以及规划各段组成曲线的起始时间或位置。

如图 6-3-16 所示，曲线分为 $\overset{\frown}{OA}$、$\overset{\frown}{AB}$、$\overset{\frown}{BC}$、$\overset{\frown}{CD}$、$\overset{\frown}{DE}$、$\overset{\frown}{EF}$、$\overset{\frown}{EG}$ 七段，设 AB、CD、EF 段加速度值为 a_{m_1}、a_{m_2}、a_{m_3}。起始点 x_0 及终点 x_7 加速度值为 0。现假设各段位移函数如下。

$$y_0 = 0;\ (x \in [0,\ x_0])$$
$$y_1 = f_1(x);\ (x \in [x_0,\ x_1])$$
$$y_2 = f_2(x);\ (x \in [x_1,\ x_2])$$
$$y_3 = f_3(x);\ (x \in [x_2,\ x_3])$$
$$y_4 = f_4(x);\ (x \in [x_3,\ x_4])$$
$$y_5 = f_5(x);\ (x \in [x_4,\ x_5])$$
$$y_6 = f_6(x);\ (x \in [x_5,\ x_6])$$
$$y_7 = f_7(x);\ (x \in [x_6,\ x_7])$$
$$y_8 = 0;\ (x \in [x_7,\ 1])$$

对于曲线 $\overset{\frown}{OA}$，在 x_0 处，其初始位移、速度、加速度均为 0；在 x_1 处，其加速度值为 a_{m_1}；并且 x_0 处和 x_1 处其加速度曲线应光滑连续。因此，可以得到如下方程组：

$$f_1(x_0) = 0 \tag{6-3-17}$$

$$f'_1(x_0) = 0 \tag{6-3-18}$$

$$f''_1(x_0) = 0 \tag{6-3-19}$$

$$f'''_1(x_0) = 0 \tag{6-3-20}$$

$$f''_1(x_1) = a_{m_1} \tag{6-3-21}$$

$$f'''_1(x_1) = 0 \tag{6-3-22}$$

由上述六个方程可知，$f_1(x)$ 可选用五次多项式来表达，设：

$$f_1(x) = a_1 x^5 + b_1 x^4 + c_1 x^3 + d_1 x^2 + e_1 x + f_1 \tag{6-3-23}$$

然后带入上述六个方程，得到一个六元一次方程组，可以求得 $f_1(x)$ 唯一的一组多项式系数，因此就可以得到 $f_1(x)$ 的函数表达式。

同理，对于余下极端曲线都可以通过这种方法求得其曲线表达式。

由于整个求解过程均为求解方程组，计算过程复杂，因此，可以采用 MATLAB 等编程语言对求解过程进行编程，利用计算机进行求解计算。

在 MATLAB 中编写代码并输入求解参数，即可得到剑杆运动曲线。

此处采用表 6-3-1 所示的求解系数，运行程序得到剑杆运动位移、速度、加速度规律，如图 6-3-17~图 6-3-19 所示。

表 6-3-1　修正梯形加速度曲线参数表

a_{m_1} (m/s^2)	a_{m_2} (m/s^2)	a_{m_3} (m/s^2)	x_0 (s)	x_1 (s)	x_2 (s)	x_3 (s)	x_4 (s)	x_5 (s)	x_6 (s)	x_7 (s)
24.624	-24.83	22.94	0.024	0.09	0.213	0.343	0.650	0.772	0.883	1.0

由图 6-3-18~图 6-3-20 可以看出，剑杆在初始位置和引纬终点时，速度、加速度均为 0，并且曲线整体光滑连续，有利于剑杆的平稳运行。

四、变截面立体织物的织机引纬机构设计研究

变截面立体织物不同于传统立体织物，其截面形状可根据设计要求变化，织物截面变化，传统织机织造过程中引纬机构不可调，而是开机前根据需要进行调整，开机后只能进行固定行程的引纬，因此，生产出的织物截面变化受到限制，

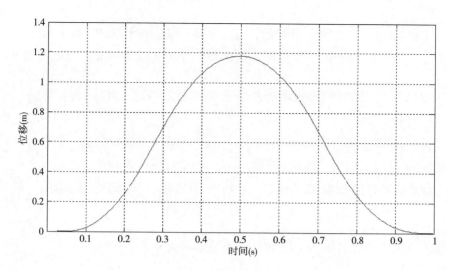

图 6-3-18　修正梯形加速度规律剑杆位移曲线

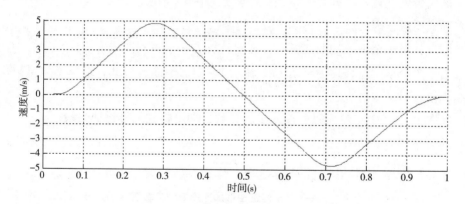

图 6-3-19　修正梯形加速度规律剑杆速度曲线

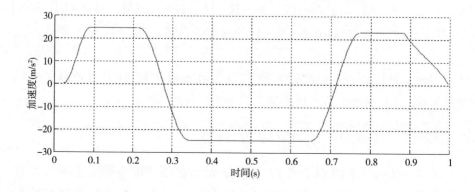

图 6-3-20　修正梯形加速度规律剑杆加速度曲线

甚至只能织造矩形截面的织物。随着航空航天等领域对多样化立体织物的需求不断增加，异形截面甚至变截面织物的需求逐渐增长，而现有织机还不能满足多样化截面织物的织造，因此本节将对碳纤维变截面立体织物引纬机构进行设计研究。

（一）引纬机构原理方案的研究

1. 碳纤维多层变截面引纬特点分析

由前述对变截面织物结构及织造方法的介绍，可以总结出变截面织造引纬的特点如下。

（1）在织造过程中，引纬行程应可调，根据织物截面变化的要求在织物不同的部位引纬行程不同。因此，引纬机构的引纬行程应灵活可调，并在织造过程中可以随截面变化而随时调整。

（2）采用改变纬纱密度或垫纱密度来调整织物截面厚度的情况下，在织物不同部位，引入纬纱或垫纱的数量不同，有的开口需要引纬，有的开口则不需要引纬。因此，引纬机构的引纬动作应能根据织物结构需要，在开口情况下灵活决定是否引纬。

（3）织造多层织物时，不同层面开口位置会有所调整，有的开口位置高，有的开口位置低，因此，引纬机构应能灵活调整剑杆引纬竖向位置。

（4）引纬机构除了满足织造动作要求外，还应考虑织造材料的性质。碳纤维复丝本身不耐磨，与其他物体摩擦后，碳纤维复丝表面容易起毛，掉纤维碎屑。因此，在织造过程中除了对碳纤维复丝喷洒润滑溶液，还应当尽量避免织造机构对碳纤维的磨损，防止碳纤维起毛。

2. 引纬机构原理方案的研究

变截面引纬机构原理如图 6-3-21 所示。

首先，为了防止在梭口中剑杆与经纱接触，造成碳纤维磨损破坏，引纬机构采用刚性剑杆引纬。采用刚性剑杆时，由于剑杆不能弯曲折叠，所以引纬机构会占据比较大的空间，但是刚性剑杆在梭口中运行不需要额外支撑，依靠刚性剑杆自身刚度保持平直不弯曲，只要调节引纬剑杆在梭口中处于合适的位置，剑杆在引纬过程

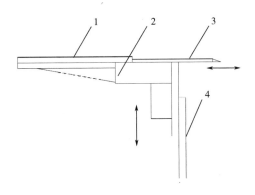

图 6-3-21　引纬机构方案图

1—剑杆滑轨　2—引纬机构机架

3—刚性剑杆　4—直线导轨

中就不会与经纱接触，有利于保护经纱。因此，织造高性能纤维时，出于对纤维的保护，一般会采用刚性剑杆引纬。

综上所述，常见的这几种引纬传动机构都不适用于变截面引纬的要求，主要原因是织造过程中无法根据要求改变剑杆运动参数、机构固定不变以及不能调节剑杆引纬位置。因此，采用可调式电子引纬传动机构。引纬机构剑带传动装置如图 3-3-1 所示，剑带升降装置如图 3-3-2 所示。

剑杆引纬可分为单剑杆引纬和双剑杆引纬两种。单剑杆引纬只在织机一边设置剑杆及其驱动机构，剑杆牵引纬纱穿过梭口到梭口另一边完成引纬动作。双剑杆引纬则在织机两边都设置了剑杆及其传动机构，其中一侧剑杆将纬纱送到梭口中间位置，另一侧剑杆同时到达梭口中间位置接过纬纱，然后两剑杆各自退回，完成引纬动作。

两种引纬剑杆布置方式相比，双剑杆引纬剑杆运动动程为单剑杆引纬动程的一半，引纬速度高。两剑杆在梭口内完成交接，在普通平面织机上，这种梭口内交接已经比较可靠，因此平面剑杆织机广泛采用双剑杆引纬。而碳纤维多层立体织机由于织物厚重，织机打纬力比普通织机要大很多，引起织机的震动也更剧烈，加上其他因素的影响，织机整体的震动比较大，因此，双剑杆引纬交接的可靠性下降，引纬失败率增加。此外，双剑杆交接时势必会对碳纤维纬纱造成一定的磨损，造成纬纱的破坏。

因此，综合考虑，采用单剑杆引纬、对侧拖纬的方式。同时为了提高引纬效率，织机两侧分别布置一套单剑杆引纬装置，分别位于不同的竖向位置，引纬时两侧剑杆同时动作，将纬纱引入不同的梭口中，引纬机构总体方案如图 6-3-22 所示。

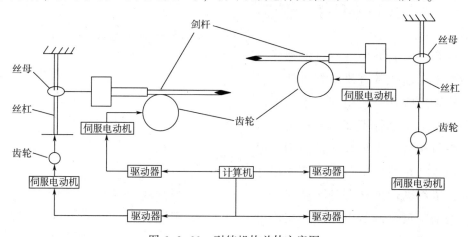

图 6-3-22　引纬机构总体方案图

采用单剑杆引纬，当剑杆将纬纱引到对侧时，需要将纬纱用钩针等机构拖住，然后剑杆才能退出完成引纬。因此，除了上述引纬机构，还需要设计相应的拖纬机构来协助完成引纬过程。

在平面织机或者立体织机中，经常采用钩针机构完成织边的功能，并对纬纱进行套圈织边。如图6-3-23所示。

锁边具体过程如下：如图6-3-23（a）所示，接纬剑1勾着纬纱圈2到达织口一侧，钩针机构和撞纬片4向机后运动，钩针3插入到纬纱圈内，旧纱圈5套在钩针杆上；如图6-3-23（b）所示，撞纬叉4将纬纱圈从接纬剑上脱下，套在钩针的针沟里；如图6-3-23（c）所示，钩针在向机前移动的过程中，旧纱圈将针舌6翻转直至闭合；如图6-3-23（d）所示，旧纱圈脱离钩针，新纱圈穿过旧纱圈，实现了新旧纱圈的穿套；如图6-3-23（e）所示，钩针开始向机后移动，新纱圈将针舌翻转并套在钩针杆上形成旧纱圈，钩针准备承接新的纬纱圈。

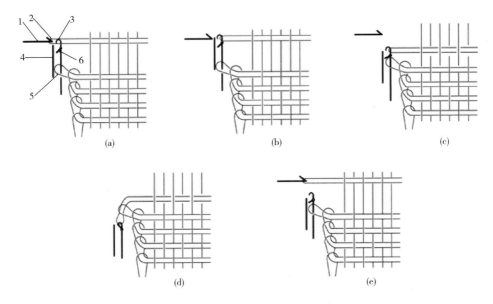

图 6-3-23　剑杆引纬织边示意图

1—接纬剑　2—纬纱圈　3—钩针　4—撞纬叉　5—旧纱圈　6—针舌

这种机构能够织造出光滑的布边，并且每次引入梭口的纬纱为双纬，适合织造厚重织物，引纬剑头设置导纱眼，结构简单，但不能进行选纬操作。

织造变截面立体织物时，因截面变化，剑杆引纬行程变化，因此需要设计能调节位置的拖纬装置。

（1）X方向动作：将拖纬针部分向前推送至合适的拖纬位置，剑杆退出的同时，X方向气缸向后动作将纬纱拉向织口。

（2）Y方向动作：当剑杆将纱线引至对侧时，Y方向气缸动作，使挂纬针向下插入纬纱后侧，拖住纬纱，然后剑杆退出，完成引纬动作。

（3）Z方向动作：根据不同引纬行程调节拖纬架的位置。

拖纬机构工作过程中，剑杆从对侧将纬纱引入梭口，到达引纬行程终点时，Y向气缸动作使拖纬针向上收起，同时X向气缸将拖纬机构推向拖纬位置，到达位置后，Y向气缸动作使拖纬针向下插到纬纱后侧，保持拖纬针位置不变。此时剑杆开始由引纬终点退出梭口，在剑杆退出梭口时，X向气缸向后动作将纬纱拉向织口。经过上述动作，一次引纬动作完成。下次引纬时，Y向气缸先动作，向上收起拖纬针，从上一次拖纬形成的套圈中抽出，然后重复前述引纬动作，如图6-3-24所示。

由于X向和Y向动作较快，相对精度要求不严格，因此，采用动作反应快速的气缸作为驱动；Z向动作协助剑杆调节引纬行程，由于连续变化截面的织物，相邻截面引纬行程变化较小，因此Z向动作调节精度要求较高。同时，Z向动作推动整个拖纬针机构，动作载荷较大，负载惯性大。综合以上两点考虑，气缸并不适合作为Z向驱动器。

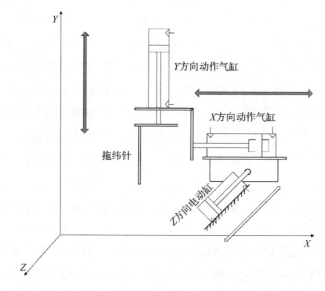

图6-3-24　拖纬机构方案图

电动缸把电动机的旋转运动通过丝杆和丝杆副转换为直线运动。通过伺服电动机的闭环控制可以便捷地实现对工作推力、速度和位置的高精度控制。得益于伺服系统现代运动控制、数控及网络技术，可以实现程序化、网络化控制，便捷地实现气缸和液压缸难以完成的精密运动控制。此外，电动缸操作简单，维护简单，基本上即插即用，并且不使用气体或液体等工作介质，因此没有油或气体泄漏的隐患，环保无污染，也更安全，工作寿命也更长。功能上，电动缸可以实现高精度的运动控制，并且承载能力强，抗冲击载荷能力强，传递效率高，定位控制简单，定位精度高，广泛应用于工业化自动生产线、试验台、检测设备等，某伺服电动缸如图 6-3-25 所示。

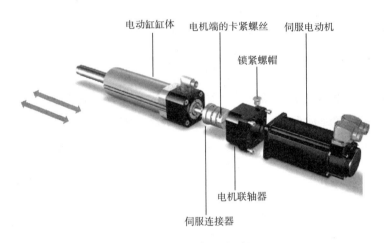

图 6-3-25　伺服电动缸

3. 引纬机构运动规律

经过对各组成机构的分析，变截面引纬机构主要有两个运动：剑杆的往复运动和引纬机构的上下运动。

剑杆的往复引纬动作由齿轮齿条机构驱动，则剑杆的运动位移 S 与齿轮的角位移 θ 的关系为：

$$S = r \cdot \theta \tag{6-3-24}$$

式中：s——引纬动程，mm；

　　　r——引纬齿轮半径，mm；

　　　θ——引纬齿轮的角位移，rad。

根据织机设计要求，引纬行程最大为 1200mm，单侧引纬机构每秒引一纬。由于引纬速度不快，选择剑杆的运动规律为正弦运动规律。引纬齿轮半径为 94mm，齿数为 47 齿，模数 $m = 4$。由式（6-3-24）可得 $\theta = 4\pi \text{rad}$，即引纬齿轮需旋转两周使剑杆到达最大引纬动程。因此引纬齿轮的角位移 θ（rad）应为：

$$\theta = 2\pi\sin\left(2\pi t - \frac{\pi}{2}\right) \tag{6-3-25}$$

式（6-3-25）为最大引纬动程时，引纬齿轮的角位移公式，当变截面引纬时，引纬行程虽然变化，但引纬速度仍为每秒引一纬，因此变截面引纬时，设引纬行程为 x，则引纬齿轮的角位移、角速度及角加速度分别为：

$$\theta = \frac{x}{1180} \cdot 2\pi\sin\left(2\pi t - \frac{\pi}{2}\right) \tag{6-3-26}$$

$$\dot{\theta} = \frac{x}{1180} \cdot 4\pi^2\cos\left(2\pi t - \frac{\pi}{2}\right) \tag{6-3-27}$$

$$\ddot{\theta} = -\frac{x}{1180} \cdot 8\pi^3\sin\left(2\pi t - \frac{\pi}{2}\right) \tag{6-3-28}$$

引纬机构由伺服电动机驱动，根据上述公式可以很方便地控制引纬剑杆的运动。根据工艺要求制订引纬动程的变化规律，输入立体织机的控制系统，由系统计算每一次引纬的运动动程，然后通过伺服系统最终形成需要的引纬动作。

引纬机构竖直方向上位置的调整通过滚珠丝杠来调节，其调节范围为 70mm，设滚珠丝杠的螺距为 P，则滚珠丝杠旋转角位移 θ_1 与竖直位移 y（mm）的关系为：

$$y = \frac{P\theta_1}{2\pi} \tag{6-3-29}$$

为了使引纬机构在竖直方向调节平顺，其位移规律也采用正弦规律，则滚珠丝杠的角位移也遵循正弦规律。设滚珠丝杠每次调节位置需要的时间为 0.5s。则滚珠丝杠的角位移 θ_1（rad）运动规律为：

$$\theta_1 = \frac{y}{2P}\sin\left(4\pi t - \frac{\pi}{2}\right) \tag{6-3-30}$$

根据引纬机构在竖直方向上调节的需要，可以通过控制系统根据滚珠丝杠运动规律灵活调整引纬机构的位置，达到织造工艺要求。

（二）引纬机构三维建模

采用 Solidworks 作为建模软件进行机械结构的设计建模。根据自顶向下的设计思路，先设计机构的整体框架，划分子系统，确定机构关键位置、工艺尺寸，然后进行零部件的详细设计，将零部件装配到整机机构框架中，利用软件的分析功能，筛选机构零部件的干涉等不合理设计进行修改，最终完成引纬机构的三维设计。图 6-3-26 所示为引纬机构总体模型，图 6-3-27 所示为拖纬机构模型。

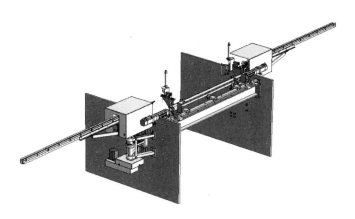

图 6-3-26 引纬机构总体模型

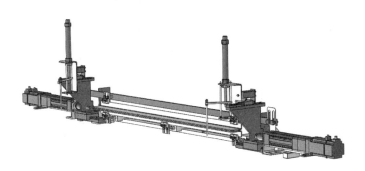

图 6-3-27 拖纬机构模型

（三）剑杆引纬动力学建模仿真

变截面立体引纬机构，其关键的动作是引纬齿轮驱动齿条进行往复运动。剑杆引纬运动动力学模型如图 6-3-28 所示。

该模型只考虑齿轮齿条啮合时的变形，忽略齿轮啮合刚度及啮合侧隙的非线性变化。

x 为剑杆往复运动位移，m 为剑杆质量，e 为齿轮齿条啮合侧隙，k 为齿轮齿条啮合的综合刚度，c 为齿轮齿条啮合的阻尼系数，θ 为齿轮角

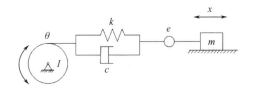

图 6-3-28 剑杆引纬动力学模型

位移，I 为齿轮的转动惯量，r 为齿轮的节圆半径。

考虑齿轮齿条啮合时齿轮副的变形，设齿轮齿条啮合时，在沿啮合线的方向

上，齿轮齿条啮合变形为 σ ，由模型可得：

$$\sigma = r\theta - \frac{x}{\cos\alpha} - e \qquad (6\text{-}3\text{-}31)$$

式中：α ——齿轮齿条啮合压力角，°。

建立平衡方程如下：

$$\frac{J\ddot{\theta}}{r} - m\ddot{x} = k\sigma + c\dot{\sigma} \qquad (6\text{-}3\text{-}32)$$

由此得到剑杆运动的动力学微分方程如下：

$$m\ddot{x} - \frac{c}{\cos\alpha}\dot{x} - \frac{k}{\cos\alpha}x + k(r\theta - e) + cr\dot{\theta} - \frac{I\ddot{\theta}}{r} = 0 \qquad (6\text{-}3\text{-}33)$$

其中各个参数具体值为：剑杆质量 $m = 2628.759\text{g}$；剑带齿轮转动惯量 $I = 2431.8909\text{kg} \cdot \text{mm}^2$；齿轮啮合刚度 $k = 20\text{N} \cdot \text{mm}/\mu\text{m}$；齿轮啮合阻尼 $c = 10\text{N} \cdot \text{s}/\text{mm}$；齿轮啮合侧隙 $e = 0.014\text{mm}$；剑杆位移为 $x\text{mm}$；齿轮分度圆半径 $r = 94\text{mm}$；齿轮啮合压力角 $\alpha = 20°$；剑带轮转角为 $\theta = 2\pi\sin\left(2\pi t - \dfrac{\pi}{2}\right)rad$。

MATLAB 的 Simulink 组件是系统建模、仿真和综合分析的工具，适合各种系统仿真建模，建模结构和流程清晰接近实际，且效率高。根据上述微分方程建立 Simulink 仿真框如图 6-3-29 所示。

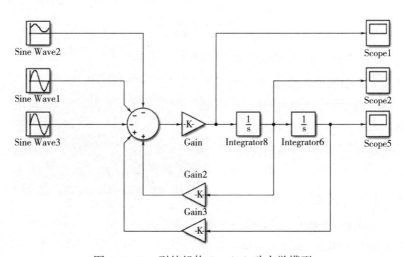

图 6-3-29　引纬机构 Simulink 动力学模型

在 Simulink 中按图 6-3-29 建立仿真框图，并输入各参数数值，仿真得到剑杆运动的位移、速度及加速度曲线，如图 6-3-30、图 6-3-31 所示。

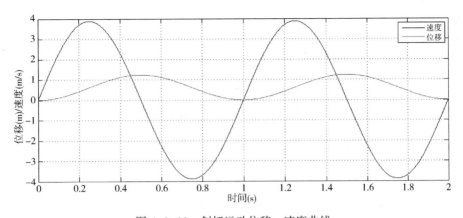

图 6-3-30　剑杆运动位移、速度曲线

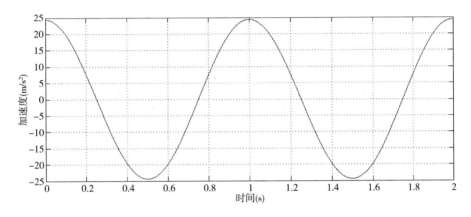

图 6-3-31　剑杆运动加速度曲线

　　由图 6-3-31、图 6-3-32 仿真分析可以看出，引纬剑杆运动曲线光滑平顺，保证了剑杆运动的平稳性。剑杆在梭口中运动时，加速度由大变小再变大，在梭口中间的位置加速度为零，此时剑杆受到的冲击最小，有利于减小剑杆的震动，防止剑杆震动刺伤经纱。但是在开始引纬至到达引纬终点时的加速度都比较大，不利于保护碳纤维。因此，引纬剑杆的运动规律有待进一步改善。

第四节　印染导带高强度多层立体织物织造技术

　　随着社会进步及纺织行业的迅速发展，织物不仅在服饰等生活用品上应用广泛，在工业辅助生产方面的应用越来越广，比如某些特殊织物可以用来提高某些零部件的力学性能。以 V 型带为例，在其中加入帘布芯或绳芯可以大大提高 V 型带的强度及使用寿命。

印花导带是印花设备中一种极其重要的零部件，该导带的作用在于传送需要印花的织物等，导带性能直接决定印花品质，实际生产中往往要求导带具有较高的强度且厚度均匀，导带弹性变形不易过大，一般每米长的导带在工作预紧拉力下的延伸不超过 10mm。目前市场上销售的印花导带往往存在使用寿命低、导带整体抗拉强度不高、易松弛以及传送精度不够等问题，大大降低了印花产品的质量。同时，印花导带在长时间运转后易产生静电，静电的存在危害极大，轻则影响印花图案质量，重则损坏机器电子附件，甚至发生火灾。

提供一种高强度多层立体织物，该织物具有抗拉强度高、弹性形变量小、抗弯曲疲劳强度高、整体性强和耐久性好等特点，其结构如图 6-4-1 所示。

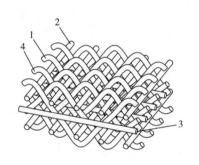

图 6-4-1　立体织物结构示意图
1—经纱中的涤纶纱　2—纬纱
3—芳纶纱线　4—导电丝

其织物优点和积极效果是：在多层角联织物结构相邻的两层纬纱之间设置由芳纶纱线构成的中间夹层，使立体织物的抗拉强度显著提高、断裂伸长显著减小，进而使立体织物具有弹性形变量小、整体性强和耐久性好的特点；通过加入导电丝，能够大大降低织物的电阻，使电荷容易转移出去，有效地解决了立体织物静电积累的问题。由于该立体织物具备这些优良特性，使其可用于某些需要增强力学性能的场合，例如，将该立体织物作为传送带的中心夹层，可以大大提高传送带的抗拉强度，且使得传送带不易松弛，进而使传送带的传送精度提高，使用寿命延长，立体织物中导电丝的存在可以使传送带具有防静电的功能，从而可以提高机器的稳定性。

为了避免静电积累，在所述多层角联织物结构的基础机布纱线的经纱中有一部分是由导电丝 4 形成的。更进一步地，为了使织物具有较高的强度和弹性恢复能力，所述多层角联织物结构的基础机布由导电丝 4 和涤纶纱组成，即纬纱 2 和除去导电丝 4 之外的经纱是采用涤纶纱线形成的。试验结果表明，织物采用下列尺寸和密度的经纱、纬纱和芳纶纱线较为合适，多层角联织物结构的基础机布纱线的经密为 8~12 根/cm，纬密为 7~9 根/cm，多层角联织物结构的基础机布纱线中，经纱中涤纶纱 1 采用复丝结构，线密度为 500~1500dtex，纬纱 2 采用单丝结构，直径为 0.2~0.4mm；芳纶纱线 3 采用复丝结构，其线密度为 1000~2000dtex，经密为 8~12 根/cm；导电丝 4 的直径为 0.08~0.1mm，排列密度为 3~5 根/cm。

上述织物可以采用三维立体织机织造。织物的基础机布中经纱有两层，经纱采用涤纶纱，纬纱采用涤纶纱，中心夹层采用芳纶纱线构成，多层角联织物结构的基础机布纱线的经密为 8 根/cm，纬密为 7 根/cm，涤纶纱采用复丝结构，线密度为 500dtex，纬纱采用单丝结构，直径为 0.2mm，芳纶纱线的线密度为 1000dtex，经密为 8 根/cm。

裁剪样品经向长为 240mm，宽为 50mm，拉伸强度预加张紧力为 5N。测得样品断裂强力为 9876N，断裂伸长为 10.1mm。

参考文献

［1］侯仰强，刘薇，丁许，等．碳纤维多层角联织物设计及织造工艺研究 ［J］．上海纺织科技，2017（2）：26-28.

［2］张立泉，朱建勋，张建钟，等．三维机织结构设计和织造技术的研究 ［J］．玻璃纤维，2002（2）：3-7.

［3］刘薇，蒋秀明，杨建成，等．碳纤维多层角联机织装备的集成设计 ［J］．纺织学报，2016，37（4）：128-136.

［4］袁汝旺，陈瑞，蒋秀明，等．碳纤维多层织机打纬机构运动学分析与尺度综合 ［J］．纺织学报，2017，38（11）：137-142.

［5］韩斌斌，王益轩，陈荣荣，等．基于 ADAMS 的三维织机平行打纬机构的设计研究 ［J］．产业用纺织品，2015（10）：22-26.

［6］黄新武．三维间隔机织物与织机虚拟样机研究 ［D］．西安：西安工程大学，2016.

［7］郑占阳，贺辛亥，杨超群，等．变截面三维编织技术的研究进展 ［J］．棉纺织技术，2015，43（6）：77-80.

［8］祝成炎，田伟，申小宏．横向变截面立体机织结构及其组织设计 ［J］．浙江理工大学学报（自然科学版），2003，20（3）：160-163.

［9］李浩．碳纤维多层变截面立体织机引纬构研究 ［D］．天津：天津工业大学，2016.

［10］祝成炎．渐变形截面立体机织结构及其复合材料 ［C］．中国复合材料学会 2004 年年会论文集．2004.

［11］祝成炎，田伟，申小宏．横向变截面立体机织结构及其组织设计［J］．浙江工程学院学报，2003（3）：6-9.

［12］祝成炎，田伟，申小宏．纵向变截面立体机织结构与组织设计［J］．浙江工程学院学报，2003（2）：21-24.

［13］焦亚男，李嘉禄，付景韬．变截面三维编织预制件的增减纱机制［J］．纺织学报，2007，28（1）：44-47.

［14］王鹏．变厚度三维机织物的制备与结构分析［D］．上海：东华大学，2012.

第七章 碳纤维整经机设计

整经工序是十分重要的织前准备工序，其加工质量直接影响到后道工序织物织造质量。整经是将一定根数的经纱按工艺设计规定的幅宽和长度，以均匀的、适宜的张力按一定工艺卷绕在经轴的工艺过程。而在整经过程中，卷绕装置和恒张力控制系统是保证整经质量的关键技术。普通有捻、弹性纱线的整经技术目前已比较成熟，但针对无捻、无弹性的碳纤维丝束的整经目前还几乎没有相关研究和成熟技术。本章主要内容是研发适合碳纤维等高性能纤维卷绕的装置和恒张力控制系统，卷绕装置要实现横动频率、速度和卷绕线速度的严格配合，恒张力控制系统采用主动检测纱线张力和主动调节的方式，实现纱筒直径逐渐减小的过程中，纱线张力时时保持一致。

随着国内外整经技术发展不断地提高和进步，现代新型整经机是集机、电、液、气及自动控制技术于一体。国外的整经机主要包括日本的河马和津田驹、瑞士贝宁格、德国哈克马等。贝宁格是国内最早引进也是最多的整经设备。国产整经机是从 20 世纪 50 年代开始起步的，最早的是 1452 型整经机，其主要用于有梭织机的经纱整理，车速在 250m/min，筒子架采用轴向退绕复式架结构。20 世纪 70 年代，随着纤维种类的增多、化学纤维的大量使用以及纺织品种的增加，我国整经技术有了质的提高，但由于一些关键技术，国产整经机仍然不能适应某些新品种的开发。20 世纪 70 年代末 80 年代初，随着无梭剑杆、喷气等织机的引进，从德国、日本、瑞士等引进了现代化整经设备，这些设备都具有自动化程度高、品种适应性强、高速高效、大卷装等特点。通过不断地消化吸收国外现代化新型整经设备，我国很多厂家也生产出了国产化的新型整经机，主要有沈阳纺机的 GA113 型，射阳纺机厂的 GA121 型，上海纺织研究院的 1101 型等。随着国产高速整经机的开发，与国外整经技术的差距不断地缩短。进入 21 世纪以来，随着自动化技术的不断发展进步，我国整经机的发展取得了很大的进步，与国外整经技术差距已经很小，目前国产整经机的使用率远远超过国外进口整经机。

现代新型整经机的发展，充分体现了设备的高速化、高效化，整经质量的高质化，控制技术的自动化，实现了大卷装、生产品种的高适应性等。其核心仍然是以提高经轴质量，使生产出来的经轴符合张力均匀、排列均匀、卷绕均匀的要求，为后道织造的顺利进行、提高织物的质量奠定良好的基础。目前国内外整经机的发展趋势可以概括如下。

（1）高速：瑞士贝宁格公司的 BEN – OIRECT 型新型整经机最高整经速度可以达 1200m/min，另外国外的美国西点公司 951 型、日本 Tsudakoma（津田驹）公司 TW–N 型、日本 Toyota（丰田）公司 MACKEE 型，国内的江阴四纺机 GA124H 型、沈阳纺机 G1211 型、射阳二纺机 SGA221 型等整经速度均可以达 1000m/min。

（2）高效率：一个筒子架能够同时提供两个或多个经轴同时整经，并且换筒速度快。

（3）大幅宽：贝宁格整经机有几种型号。SM 型最大幅宽可达 35m。KM 型最大幅宽可达 3.9m。

（4）大卷装：织轴容量大，可以省去多次穿经、换轴时间。美国西点公司 951 型的最大卷装直径可以达到 1270mm，现在新型整经机一般均可以达到直径 1000mm 的整经容量。

（5）完善的纱线质量维护：由于对纱线的摩擦磨损，传统的滚筒摩擦传动已很少使用，新型整经机通常直接驱动经轴，采用变频技术保持纱线恒线速、恒张力卷绕。

（6）改善纱线质量，提高纱线的可织性：可织性是纱线能顺利通过织机加工而不致起毛、断头的重要性能。

虽然现在整经机已经取得了很大的发展和进步，纱线品种适应性越来越好，但是针对碳纤维等特殊纤维的整经技术的研究还比较匮乏。目前碳纤维的织造一般是单层织物，采用筒子架直接送经。但随着碳纤维多层织物需求量的增加和我国碳纤维多层织造装备的研发，普通筒子架送经已不能满足要求，碳纤维整经不再是可以省略的织造工序。因此，碳纤维整经技术的研究应运而生。

第一节　碳纤维整经机原理及方案研究

本章主要针对碳纤维整经机的卷绕装置以及张力控制系统进行设计和研究，使其能够满足正在研究中的碳纤维多层织造装备的经纱张力要求和工艺要求，实现碳纤维多层织物顺利织造。

一、碳纤维整经机技术要求分析与研究

碳纤维整经机的技术要求首先要满足的碳纤维多层立体织机的织造要求，根据织造要求来确定碳纤维整经机所要满足的要求；其次要满足碳纤维本身的物理特性，如碳纤维无捻、无弹性、容易起毛羽等。最主要的是在整经过程中在满足织造要求的前提下，尽可能减小对经纱的磨损破坏。

（一）碳纤维多层织机经纱特殊要求

与整经相关的碳纤维多层织机的织造要求主要包括以下两点。

1. 基本织物要求

纤维种类为 T300-6K、T700-12K；织物幅宽为 200~900mm；织物层数为 2~30 层；经纱密度为 2~6 根/层/cm；纤维体积含量为 ≥ 45%；织物结构为深角联织物、角联锁织物和角联锁增强织物（图 7-1-1）。

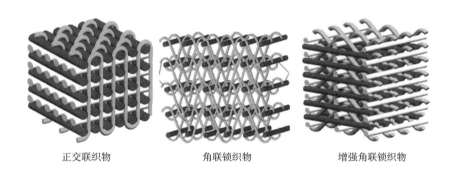

正交联织物　　　　　　角联锁织物　　　　　　增强角联锁织物

图 7-1-1　织物结构图

2. 织机设计要求

卷取长度≥500m；盘头幅宽为 200mm；盘头卷绕轴直径为 115mm；盘头卷绕长度差异≤5mm；盘头卷绕周长差异≤5mm。

（二）碳纤维整经机整经技术难点

根据碳纤维多层织机对经纱质量的要求并结合碳纤维的特性，碳纤维整经工序有以下几点要求。

（1）全片经纱张力均匀，并且在整经的过程中保持张力恒定，从而减少织造过程出现断纱断头和疵布的概率。

（2）整经过程中不应破坏碳纤维的表面性能，应尽可能减小对碳纤维的磨损，尤其是减小碳纤维径向摩擦力。

（3）整经过程中，碳纤维平整展开，不出现加捻现象。

（4）全片经纱均匀排列，整经轴卷装表面平整，卷绕密度保持一致。

（5）经纱根数与长度应满足碳纤维多层织机的织造要求。

（6）同批次生产的盘头之间的差别不影响碳纤维多层织机的开口清晰度。

二、碳纤维整经工艺分析和计算

根据碳纤维多层织机的织造要求，提出了碳纤维整经工艺。

（一）整经根数的确定

根据碳纤维多层织物的织造要求，一次穿纱能够满足给定的三种织物的织造，并且同一层中相同运动规律的经纱采用同一个经轴送经，不同层的经纱采用不同经轴送经。这样，每层纱线中运动规律一致的纱线卷绕到同一个盘头上，或者分成相等的根数卷绕到不同的盘头上，并且根据织造要求，同一层纱线要在织物幅宽范围内均匀排布，每一层中开口运动规律一致的纱线卷绕的盘头个数应该是 2 的倍数，在经轴两端安装。此外，整经还要满足在盘头幅宽的范围内纱线宽度之和小于盘头幅宽，即小于 200mm。通过计算得出：

$$Z = \frac{B}{4mp} \qquad\qquad (7-1-1)$$

$$b \cdot Z \leq 200 \qquad\qquad (7-1-2)$$

$$n = \frac{4aB}{pZ} \qquad\qquad (7-1-3)$$

式中：Z ——盘头整经根数；

B ——织物幅宽，mm；

p ——经纱密度，根/10cm；

m ——每层中运动规律相同的纱线可以分成的份数，并且为 2 的倍数；

b ——经纱宽度，mm；

n ——一次整经的盘头数，个；

a ——单根碳纤维的宽度，mm。

式（7-1-1）中，由于每层纱线运动规律相同的纱线分为四部分，这样每层中运动规律相同的经纱同一个经轴送经，可以采用同一个盘头，或多个盘头，另外每个盘头上的经纱数目也不能过少，一般纱线在盘头上的覆盖率要在 90% 以上，过少的纱线根数会增加整经的难度；每个盘头上的经纱数目还要满足式（7-1-2）；根据织造要求所要整经的盘头数目可以通过式（7-1-3）计算出来。

（二）整经长度的确定

整经长度的设定依据是经轴的最大容纱量，即经轴的最大卷绕长度。整经长度应略小于盘头的最大卷绕长度。经轴最大卷绕长度可由经轴的最大卷绕体积、卷绕密度和整经根数求得。在整经前，要根据不同经纱粗略计算一下整经的长度，即盘头的最大容纱量。整经长度可以通过下述方法计算得出。

经轴最大卷绕体积 V（cm^3）：

$$V = \frac{\pi H}{4}(D^2 - d^2) \tag{7-1-4}$$

式中：H——盘头两盘边之间的距离，cm；

D——盘头最大卷绕直径，其直径小于盘边直径 1~3cm；

d——盘头轴芯直径，cm。

盘头的最大卷绕质量 G（kg）：

$$G = \frac{V\gamma}{1000} \tag{7-1-5}$$

式中：V——盘头的经纱最大卷绕体积，cm^3；

γ——经轴上经纱的卷绕密度，g/cm^3；

经轴上最大卷绕长度 L（m）：

$$L = \frac{G \cdot 10^6}{Z \cdot Tt} \tag{7-1-6}$$

式中：G——经纱质量，kg；

Tt——线密度，tex；

Z——盘头上经纱根数。

三、碳纤维整经机整机设计方案

（一）碳纤维整经机设计特点

根据碳纤维的无捻、无弹性、剪切强度低和一定的自润滑性等特性，结合正在研制中的碳纤维多层织造装备的要求，碳纤维整经机应具有以下设计特点。

（1）筒子架采用径向平行旋转退绕。

（2）单纱、片纱张力严格一致。

（3）精密的卷绕工艺和卷绕成形。

（4）在纱线输送过程中平整展开，不翻边加捻，横向摩擦少。

（5）能够满足碳纤维多层织机纱路较长的要求（纱路≥20m）。

(二) 碳纤维整经机原理方案

根据纱线的类型和采用的生产工艺，整经工序可以分为分批整经、分条整经等。分批整经是将织物所需的总经纱根数分成几批分别卷绕在经轴上。分条整经是将织物所需的总经纱根数尽可能等分、纱线配置和排列相同的若干份条带，并按工艺规定的长度和幅宽一条挨一条平行卷绕到整经大滚筒上，待所有条带都卷绕到整经大辊筒后，再将全部经纱条带由整经大辊筒同时退绕到织轴上。

根据碳纤维多层织机送经机构的设计要求，织造过程中，不同层的经纱需采用单独的张力控制，经纱需要多个经轴送经。碳纤维多层织机送机机构最多可采用60个经轴送经。因此，该整经机采用分批整经。

目前普通纱线用分批整经机通常包括轴向退绕筒子架、张力控制机构、储纱机构、上油机构、卷绕装置以及附属机构。而通用整经机一般适用于有捻有弹性纱线。通用整经机整经张力的控制方式、卷绕成形方式以及筒子架的退绕形式等不适用于碳纤维这种具有无捻、无弹性等特性的纱线，也不能满足碳纤维多层织造装备对经纱的要求。

1. 原理方案

碳纤维整经机原理示意图如图7-1-2所示。

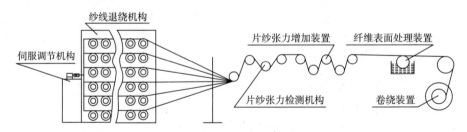

图7-1-2　碳纤维整经机整机方案示意图

2. 筒子架

筒子架的基本功能是放置整经所用的纱筒。筒子架一般还具有单纱张力控制、断纱自停等功能，这些功能对提高整经质量有着显著作用。筒子架根据退绕形式可以分为径向退绕和轴向退绕两种。目前使用较多的是轴线退绕，轴向退绕筒子架目前已经非常成熟，能够满足大多数的普通经纱。轴向退绕的筒子架一般为圆锥纱筒，并且退绕时不需要回转，比较适合一般有捻纱线的高速整经，单纱张力一般通过张力盘来控制，如图7-1-3所示。径向退绕的筒子架，纱线在退绕的过程中，锭座需不断地回转使纱线退绕。径向退绕筒子架筒子退绕时惯性大、单纱张力控制比较复杂，在实际生产中很少使用，另外不适于高速整经，并且单纱张力的控制技术目前还不够成熟。

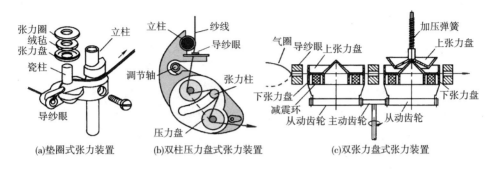

(a)垫圈式张力装置　　(b)双柱压力盘式张力装置　　(c)双张力盘式张力装置

图7-1-3　普通轴向退绕筒子架用张力器

为满足碳纤维的特殊要求，碳纤维筒子架采用径向旋转退绕，单纱张力可调、片纱张力整体可调，并且纱路合理，单纱退绕平稳，有较好的空间排布，减小纱筒空间位置对单纱张力的影响。筒子架包括两大部件，一是单纱张力可调的径向旋转退绕锭座，二是片纱初张力积极伺服调节机构。

结合碳纤维自身特性，碳纤维整经筒子架的工艺要求如下。

（1）保证碳纤维退绕过程中平整展开、不加捻，采用径向退绕方式。

（2）保证整经过程中随着纱筒直径的减小，单纱张力基本保持不变。

（3）保证碳纤维在整经过程中不出现缠绕、磨损等现象。

（4）使用方便，维修调节便捷。

3. 片纱张力检测机构

三维织机的纱路最长可达30m，要保证碳纤维盘头在退绕30m后经纱张力基本一致，而普通织机的经纱路线一般只有2~3m，这就对碳纤维整经质量提出了很高的要求。目前现有整经机通常采用双伺服电动机，如图7-1-4所示，通过对纱线的退绕和卷绕速度改变纱线的弹性变形量，从而控制片纱张力 F，如下式：

$$F = \frac{\varepsilon}{L} \int_{t_1}^{t_2} (\nu_2 - \nu_1) \, \mathrm{d}t \tag{7-1-7}$$

式中：ν_1——牵引辊线速度，m/min；

ν_2——卷取辊线速度，m/min；

t_1——纱线从牵引辊放出的时刻，s；

t_2——纱线到达整经辊的时刻，s；

L——牵引辊与整经辊之间纱线长度，m；

ε——纱线的弹性模量，GMPa。

由于碳纤维的弹性模量一般在230~450GMPa，远远大于普通纱线的弹性模量，如果利用同样的方式来控制碳纤维整经张力，那么牵引力将会远远大于牵引辊对纱线的摩擦力，这样纱线就会在牵引辊上滑动，造成碳纤维的磨损。可见普通纱线整经机的片纱张力控制系统不适用于碳纤维。

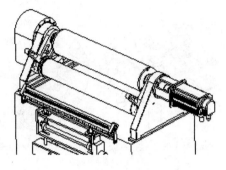

图7-1-4　普通纱线用纱线张力
伺服控制机构

碳纤维整经要尽可能保证整经过程中，单纱、片纱张力基本一致。整经过程中，随着纱筒直径的减小，纱线张力不断增大，将会造成卷绕过程中，卷装结构里松外紧，卷绕密度不断地变化，最终使成形的盘头表面不平整。由此，盘头在织造过程中将会出现退绕粘连严重，退绕困难，单纱张力不一致，织机开口不清，断纱严重，织出来的布存在很多疵点或跳纱等现象。

为了解决这个问题，通过压力传感器时时检测片纱初张力，将检测到的片纱初张力与设定张力比较，然后反馈给筒子架后面的伺服调节机构，从而主动整体调节每一个锭座的退绕张力，使片纱初张力维持在一个恒定值。

4. 五辊片纱张力装置

径向退绕筒子架对纱线张力起到一定的控制，但张力调节能力有限，过大的张力会对旋转锭座造成破坏，不利于单纱张力的精确控制和调节。而碳纤维本身不能承受过大的摩擦力，筒子架纱线退绕后经过导纱辊、瓷眼等导纱器件，这些器件与纱线之间是滑动摩擦力，过大的退绕张力会对纱线造成很大的摩擦，尤其是产生横向摩擦。

碳纤维的另一特性是比较脆硬，有碳素材料的自润滑性，又有一般纤维的屈曲特性。从实验可以看出，过小的整经张力，得到的盘头表面比较松软，会造成退绕困难，纱线易断，退绕后纱线张力长短不一，开口不清，对于多层织物来说，织造过程基本无法完成。为了解决这个问题，在方案设计过程中加了五辊片纱张力装置，通过纱线与辊之间的静摩擦力进一步提高碳纤维的整经张力，使盘头成形更加完美。

5. 纱线表面处理装置

由于碳纤维为无捻丝束，经过很多辊之后，表面的黏结层破坏后，表面会出现一定毛羽。如果不做一些处理，碳纤维卷装退绕是会出现粘连，单根碳纤维会出现分叉、断丝等现象。为减小机械磨损对碳纤维织造质量的影响，在碳纤维片纱卷绕前，表面上黏附一层黏结剂，对碳纤维表面起到一定的保护作用，增加碳纤维丝束的抱合力。

6. 碳纤维精密卷绕装置

卷绕装置主要有三大作用：经纱排列均匀；卷绕密度一致；经轴表面平整。分批整经为了使经轴成形较好，一般整经时，片纱按一定的、很小的卷绕角卷绕，接近于平行卷绕方式。整经卷绕的过程要求整经张力和卷绕密度均匀、适宜，从而使卷绕成形较好。

一般为了保持整经张力恒定不变，整经轴必须以恒定的线速度进行卷绕，这样整经过程中具有恒线速度、恒张力、恒功率的特点。目前整经机的卷绕传动方式主要有两种，即摩擦传动卷绕和直接传动卷绕，如图7-1-5和图7-1-6所示。

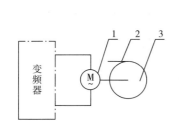

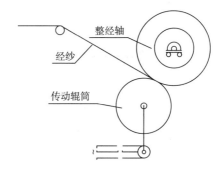

图7-1-5 经轴摩擦传动示意图　　　　图7-1-6 经轴直接传动示意图
1—交流电动机　2—经纱　3—整经轴

摩擦传动是依靠传动辊筒与整经轴的摩擦力恒线速度带动整经轴传动，这样会造成对纱线的磨损、断头等，尤其是不能用于碳纤维这种无捻丝束。直接传动一般是电动机直接带动整经轴或通过一定传动机构带动整经轴，通过变频调速实现卷绕的恒线速度。因此，碳纤维整经机卷绕装置须采用经轴直接传动。

分批整经时，由于一般经轴幅宽较大，经轴纱线根数有限，经纱有一定间距，例如：经轴幅宽200mm，经纱数60根，经纱间隙大小为3.39mm，经纱宽度3.1mm，如分纱筘固定，纱线在经轴上为重叠卷绕，层层条带之间有一定的间隙，在纱线张力和经轴震动下，处于重叠位置的纱线滑向间隙之间，并且纱线两边滑移是随机的，从而导致经轴表面凹凸不平。因为重叠卷绕才会有滑移，一方面滑移可以改善凹凸不平的现象，另一方面也会导致经纱排列不匀，卷绕混乱，经轴退绕困难，张力不匀。采用伸缩筘横动的方式，以积极的导纱运动引导纱线向着有利于经轴表面平整的方向发展，从而纱线可以均匀布满经轴，经轴凹凸表面得到改善。

通过以上分析，碳纤维整经机的卷绕装置包括两大机构，伸缩筘横动机构与恒线速度卷绕机构。目前新型整经机上一般都包括这两大机构，但它们都是独立的两部分，两部分之间的参数关系没有明确确定，一般都通过挡车工对整经机的摸索和经验对整经机进行调试。

为得到良好的盘头质量，且使不同盘头之间的差异性不影响织造质量，合理设计伸缩筘横动与卷绕运动之间的参数关系显得尤为重要，是碳纤维整经机要克服的技术难题之一。伸缩筘横动和卷绕运动参数关系主要包括横动动程与经纱幅宽的关系、经轴卷绕直径与伸缩筘横动频率的关系以及整经速度与伸缩筘横动频率的关系。

第二节　碳纤维整经机卷绕理论分析研究与机构设计

目前针对棉麻纤维、化学纤维等纤维的整经机在国内已取得了较大发展，现有整经机的卷绕装置很难满足碳纤维多层织机纱路较长（≥20m）的特殊要求。通过对国内外现有整经机的研究和分析，发现其卷绕装置的运动规律和经纱实际工艺要求存在着较大的差异，为提高碳纤维整经质量，并满足碳纤维多层织机以及碳纤维的特殊要求，对碳纤维整经卷绕装置进行研究至关重要。

一、卷绕理论分析和研究

（一）卷绕基本方式

经纱卷绕到筒子表面某点时，经纱的切线方向与经轴表面该点圆周方向的速度所夹锐角为螺旋线升角 α，称为卷绕角。卷绕角是卷绕成形的关键参数，是卷绕机构设计的依据之一。经纱卷绕到经轴表面某点的速度 v，可以看做是这一瞬间经轴表面该点的圆周速度 v_1 和纱线沿经轴轴线方向移动的速度 v_2（即导纱速度）的矢量和，即：

$$v = \sqrt{{v_1}^2 + v_2^2} \qquad (7-2-1)$$

$$\tan\alpha = \frac{v_2}{v_1} \qquad (7-2-2)$$

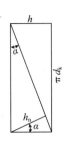

圆柱形筒子卷绕时一般遵循等速导纱的运动规律，除两端的折回区域外，导纱速度 v_2 为常数。卷绕同一层纱线过程中 v_1 为常数，这样除折回区域外，同一层纱线的卷绕角不变。将圆柱形卷绕辊的一层纱线展开，如图 7-2-1 所示。

图 7-2-1　单层纱展开图

由图 7-2-1 可知：

$$\sin\alpha = \frac{v_2}{v} = \frac{h_n}{\pi d_k}$$

$$\tan\alpha = \frac{v_2}{v_1} = \frac{h}{\pi d_k}$$

$$\cos\alpha = \frac{v_1}{v} = \frac{h_n}{h}$$

$$v_1 = \pi d_k \cdot n_k$$

$$h = \frac{v_2 \pi \cdot d_k}{v_1} = \frac{v_2}{n_k}$$

式中：d_k——经轴卷绕直径，mm；

$\quad$ n_k——经轴卷绕速度，m/min；

$\quad$ h——轴向螺距，mm；

$\quad$ α——卷绕角，(°)；

$\quad$ h_n——法向螺距，mm。

常用的卷绕方式有等卷绕角卷绕、等螺距卷绕和数字式卷绕。

1. 等卷绕角卷绕

采用摩擦传动的卷绕机构，能保证整个经轴卷绕过程中卷取线速度 v_1 恒定，于是卷绕角 α 为常数，称为等卷绕角卷绕。这时法向螺距 h_n 和轴向螺距 h 分别与卷绕直径 d_k 成正比。

2. 等螺距卷绕

采用轴心直接传动的锭轴传动卷绕机构，能保证导纱速度 v_2 与卷绕速度 n_k 之间的比值不变，从而 h 值不变，称为轴向等螺距卷绕。采用这种卷绕方法进行卷绕时，随着经轴直径的递增每层纱线卷绕圈数不变，而纱线卷绕角 α 不断减小。生产中，对等螺距卷绕方式所形成的经轴有最大直径的规定，通常规定经轴直径不大于筒管直径的 3 倍。如果经轴直径过大，其外层的卷绕角过小，经轴内外层纱线卷绕角的差异将会导致内外层卷绕密度不均匀，不利于退绕，影响织机的开口织造。

与单根纱线相比，一整片纱线的卷绕又有特殊之处，整片纱线的卷绕追求的是每根纱线的卷绕长度和张力的一致性，退绕时，每次退绕长度的一致性。另外，整片纱线的卷绕是在有边盘头上卷绕，而不是在无边的纱筒上卷绕。目前针对整片纱线的卷绕成形理论研究比较少，本节在单根纱线卷绕的基础上分析和研究整片纱线的卷绕工艺。

（二）卷绕微分方程的建立

为了实现经轴成形质量良好，现有整经机采用整片经纱均匀平整地铺满经轴，经纱卷绕过程中，整片纱线在轴向往复运动。卷绕机构把纱线以螺旋线的形式层层卷绕到经轴或盘头上。整经是将一整片很多根纱线同时卷绕到经轴上或盘头上，在不考虑纱线整经的扩散滑移时，其中一根纱线的运动规律和单独卷绕一根纱线在一个筒子上的纱线运动是基本一致的；另外也可以考虑把这整片纱线的卷绕看成是一根较宽的纱线卷绕。现在对单根纱线的运动规律做简要分析和研究。

经纱能够按一定规律卷绕到卷装表面，是由于两种运动规律共同作用的结果，一个是卷装绕自己轴线的旋转运动，另一个是纱线沿着卷装母线的往复横向运动。图 7-2-2 所示为圆柱形卷绕芯轴的卷绕情况，图中经纱脱离导纱辊的点为导纱点 N，经纱开始卷绕在筒子上的一点为卷绕点 M，卷绕点和导纱点之间的一段经纱 MN 不受有效的约束，为自由纱段。卷绕过程中，卷绕点随着导纱点的运动而移动，自由纱段 MN 也作相应的运动。空气阻力与惯性力迫使纱线弯曲，但纱线张力使自由纱段绷直，由此自由纱段基本呈现直线状态。纱线在芯轴上以一定的卷绕角 α 螺旋卷绕，导纱点 N 相对卷绕点应超前一段距离：

$$h_1 = L\tan\alpha \qquad\qquad (7-2-3)$$

式中：L——卷绕点到导纱点之间的纱线运动轨迹的垂距，mm，称为自由纱段的长度，即 MN 的投影长度。

下面根据几何关系以及运动关系推导卷绕点 N 与卷装轴线移动速度 V_N 和导纱点 M 的速度 V_M 之间的关系。

假设 t 时刻，导纱点在 M 点，距离出发点距离为 s，此刻卷绕点为 M 点，与出发点的距离为 W，螺旋卷绕的卷绕角为 α。经历时间 Δt 后，导纱点移动到 M_1，与出发点的距离为 $s + \Delta s$，同时卷绕点移动到 N_1，与出发点的距离为 $w + \Delta w$，卷绕角变为 $\alpha + \Delta\alpha$，根据图 7-2-2 的几何关系可以得到：

$$\Delta s = \Delta w + L[\tan(\alpha + \Delta\alpha) - \tan\alpha]$$

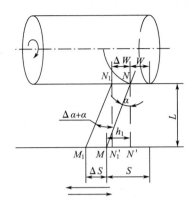

图 7-2-2　卷绕点运动与导纱点
运动之间的关系

由此式可以得到，导纱点和卷绕点之间的关系式为：

$$V_M = V_N + L \sec^2\alpha \frac{d\alpha}{dt} \qquad (7-2-4)$$

卷绕点 N 处的卷绕角 α：

$$\tan\alpha = \frac{V_N}{V_0} = \frac{1}{\omega R} \cdot \frac{dw}{dt} \qquad (7-2-5)$$

式中：V_0——卷绕表面的速度；

ω——卷绕角速度；

R——卷绕点的半径。

由式（7-2-2）可知：

$$\frac{d\alpha}{dt} = \frac{1}{\omega R} \cdot \frac{d^2 w}{dt^2}$$

又：

$$V_M = \frac{ds}{dt} , V_N = \frac{dw}{dt}$$

故可得圆柱形芯轴的导纱微分方程为：

$$\frac{ds}{dt} = \frac{dw}{dt} + \frac{L}{wR} \cdot \frac{d^2 w}{dt^2} \qquad (7-2-6)$$

二、碳纤维整经卷绕工艺分析研究

分批整经要做到三点，分别是张力均匀、排列均匀、卷绕均匀。由于经纱排列间隙的存在，以及纱线卷绕过程中的滑移扩散，整经卷绕过程中，纱线应同时进行径向卷绕运动和轴向往复运动。这样，纱线在经轴上的卷绕较为平整，并且纱线的扩散滑移会朝着有利于经轴卷绕均匀、平整的方向发展，如图 7-2-3 所示。

针对碳纤维无捻无弹性的特点，仅仅依靠这两个运动也很难保证碳纤维整经卷绕质量，关键是这两个运动关系未匹配。为更好地提高盘头的整经质量，必须确定好与这两个运动相关的各个参数，这些参数主要包括经轴的卷绕直径 d_k、横动频率 f、横动幅度 B、卷绕速度 n_k、横动速率

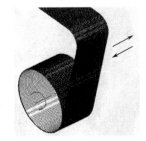

图 7-2-3　卷绕成形运动分析

v_2 等。这些参数不是一成不变的，而是随着卷绕直径的变化不断连续变化的。普通整经机卷绕时，这些参数通常是没有变化的，即使有变化也是人为设置的一个经验值，因此，卷绕成形很难满足碳纤维多层织机较长纱路的要求，退绕后的张力差异就会影响开口的质量和布匹的质量。

为进一步提高卷绕质量，满足碳纤维多层织机较长纱路的要求，本节对经纱在整经卷绕过程中的状态进行了分析和研究，即整经卷绕过程中所要注意的参数关系。

1. 卷绕直径和横动频率的关系

盘头卷绕经纱是一个从空轴到满轴的过程。在整经速度为恒定值的状态下，在空轴时经纱横动频率较快；随着经轴卷绕直径的增大，要求横动频率逐渐减小；到满轴时降低到最小。

2. 横动动程与经纱张力、经纱幅宽以及自由纱段的关系

对于横动动程，一是要考虑上层经纱条带中纱线在张力作用下不会滑移到下层经纱条带中；二是考虑到条带幅宽，条带幅度可以通过人字筘调节，经纱卷绕在横动作用下能布满整个盘头；三是考虑到自由纱段对横动的影响，由于自由纱段的存在，卷绕点会滞后于导纱点。

3. 整经速度和横动频率之间的关系

假设某一瞬间盘头卷绕直径为一定值时，整经卷绕线速度不同，那么横动频率也将不同，速度越高，则横动频率越大。

4. 自由纱段等卷绕质量的影响

采用直接传动的卷绕机构时，导纱辊在卷绕过程中并不是紧贴在卷绕经轴表面，而是与卷绕经轴保持一定的距离，从而卷装表面卷绕点的运动就落后于导纱点的运动，尤其在纱线两端的折回区域，二者之间运动的不一致性更为显著。

三、碳纤维整经机卷绕工艺设计与计算

为满足碳纤维多层织机的经纱张力的要求，提出了碳纤维卷绕装置的工艺设计以及相关计算，为碳纤维卷绕装置的设计提供理论指导。

理论上，卷绕时，经纱层与层之间有一定的交叉，经轴旋转一圈，伸缩筘横动装置移动一定的距离，卷绕点移动了距离 h，如图 7-2-4 所示，这样每层卷绕后，上一层正好卷绕在下一层的经纱间隙处，能够保证片状纱线向着有利于经轴表面平整、无凹凸效果扩散滑移。如果把这片纱看作一根纱线，在卷绕过程中这片纱是等螺距卷绕，螺距为 h。

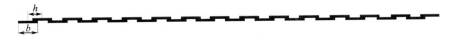

图 7-2-4　卷绕成形图

根据提出的卷绕成形图，对一些参数进行了设计计算，具体如下。

1. 片纱卷绕螺距的计算

根据理论上提出的碳纤维卷绕模型，整片纱在卷绕点处的横动量，即片纱卷绕螺距，可以通过下式计算：

$$h = \frac{200 - Zb}{Z - 1} + \frac{b}{2} = \frac{200 - b}{2(Z - 1)} \qquad (7-2-7)$$

式中：h ——单纱卷绕螺，mm；

　　　Z ——单个盘头整经根数；

　　　b ——单纱宽度，mm。

2. 横动动程 H 的计算

根据图 7-2-4 的卷绕成形图，横动动程应为片纱卷绕螺距的倍数，向着一个方向从初始点到终点，片纱卷绕了 n 圈，横动动程为 $n \cdot h$。考虑到伸缩筘齿间隙 A 的存在，如图 7-2-5 所示，$A = c - d'$，c 为纱线间距，d' 为筘齿直径，筘往右走空行程 A，再把纱推过 h，使纱线恰好能布满盘头表面。横动动程计算如下：

$$c = \frac{200}{Z - 1} - b$$

$$H = n \cdot h + c - d' = \frac{n(200 - b)}{2(Z - 1)} + \frac{200}{Z - 1} - b - d' = \frac{200(n + 2) - b \cdot n}{2(Z - 1)} - b - d'$$

$$(7-2-8)$$

另外，由于存在自由纱段，经纱实际横动动程将会小于 H。由于自由纱段存在时，导纱点的动程与卷绕点的动程可以看成呈一定的比例关系，则导纱点的动程 $H = K_0 H'$，K_0 为收缩系数，H' 为卷绕动程。

综合以上因素，整经伸缩筘横动装置的横动动程为：

$$H = \frac{200(n + 1) - b \cdot n}{2K_0 \cdot (Z - 1)} - \frac{b + d'}{K_0} \qquad (7-2-9)$$

横动动程一般控制在 $0 \sim 10$mm 之内，n 的选择要在范围之内，不能过大或过小。通过计算，n 可以取 1、2 和 3，本次设计取 $n = 2$。横动动程应设定为可调，通过实验确定收缩系数。

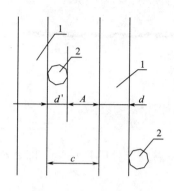

图 7-2-5　筘齿间隙示意图

1—经纱　2—筘齿

3. 片纱幅宽

片纱幅宽一般应接近于经轴幅宽，片纱幅宽与横动动程之和应不小于经轴幅宽。

4. 横动频率与横动速度的选择

为了保证在规定的移动量内，经轴卷绕规定的圈数，必须使经轴转一圈，伸缩筘移动一定的距离。经轴的角速度要与伸缩筘横动保持一致。根据工艺分析，往复导纱一次的时间是在不断变化的，故往复导纱的速度也是不断变化的，但在一次导纱中，速度是恒定不变的。一次导纱需要的时间很难计算出来，可以通过检测上一个 $n=2$ 圈时导纱需要的时间，用于计算下一个 $n=2$ 圈的导纱速度。

四、碳纤维整经机卷绕装置机构设计

（一）设计要求

根据碳纤维整经的工艺要求，碳纤维整经机卷绕装置的主要工作部件包括卷绕盘头的夹紧和传动机构、伸缩筘部件、往复导纱部件，如图 7-2-6 所示。为了满足碳纤维整经工艺和碳纤维的自身特性，结构要求如下。

（1）实现卷绕运动与往复导纱运动的匹配，且之间的参数关系可调。

（2）减少筘针、导纱辊等对碳纤维丝束的摩擦磨损。

（3）尽量减小自由纱段的长度。

（4）往复导纱均匀可调。

（二）卷绕装置传动方案设计

为了满足大张力卷绕以及碳纤维整经工艺，采用变频电动机通过齿轮传动带动盘头转动，并连接有刹车装置。导纱机构和卷绕机构分别采用不同的电动机带动，从卷绕机构检测的信号控制导纱伺服电动机带动导纱凸轮带动导纱辊和伸缩筘实现导纱运动。伸缩筘的中心位

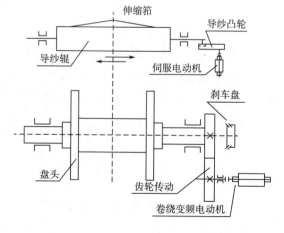

图 7-2-6　卷绕装置传动机构简图

置和伸缩箱的伸缩量通过电动机带动丝杆螺母机构来调节。卷绕装置传动机构简图如图 7-2-6 所示。

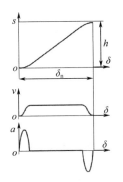

图 7-2-7 修正后等速运动规律

(三) 导纱凸轮的设计

采用一种盘形对心直动滚子推杆几何封闭的凸轮机构，实现导纱往复运动。根据工艺的要求，往复运动应采用等速运动。由于运动没有停顿，凸轮只有推程和回程。由于完全的等速运动，速度突变会有刚性冲击。推杆的运动采用修正的等速运动规律，如图 7-2-7 所示，两修正区段凸轮转角分别为 δ_1 和 δ_2，相应的推杆位移分别为 h_1 和 h_2。

推程和回程运动是对称的，在此只计算凸轮推程位移曲线：

$$h = \begin{cases} \dfrac{\delta h}{2\pi - \delta_1 - \delta_2} - \dfrac{\delta_1 h}{\pi(2\pi - \delta_1 - \delta_2)} \cdot \sin(\dfrac{\pi\delta}{\delta_1}) & (0 \sim \delta_1) \\[3mm] \dfrac{2\pi h(\delta - \delta_1) - h(\delta - \delta_1)(\delta_1 + \delta_2)(h + 1)}{(2\pi - \delta_1 - \delta_2)(\pi - \delta_1 - \delta_2)} & (\delta_1 \sim \pi - \delta_2) \\[3mm] h - \dfrac{h(\delta_0 - \delta)}{2\pi - \delta_1 - \delta_2} - \dfrac{\delta_2{}^2 h^2}{\pi(2\pi - \delta_1 - \delta_2)} \sin\left[\dfrac{\pi(\pi - \delta)}{\delta}\right] & (\pi - \delta_2 \sim \pi) \end{cases} \qquad (7\text{-}2\text{-}10)$$

由式 (7-2-10) 及凸轮结构可以看出，导纱动程、基圆的半径改变时，不影响凸轮的运动规律，即导纱动程可调。

根据式 (7-2-10) 设计出盘形对心直动滚子推杆几何封闭的凸轮模型，如图 7-2-8 所示。

(四) 伸缩箱机构设计

伸缩箱的主要作用是实现片纱宽度的调节并满足整经工艺的要求，另外在整经过程中，盘头的中心位置要和伸缩箱的中心位置一致。为满足功能要求，伸缩箱的设计采用了双丝杠共同调节，

图 7-2-8 绘制出的凸轮模型

丝杠1通过调节丝杠2以及传动机构的位置来调节伸缩箱的中心位置，上面丝杠通过双丝母调节铰接在一起的伸缩箱来调节分纱箱的宽度如图 7-2-9 所示。

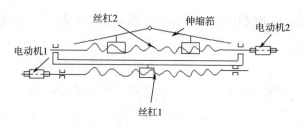

图 7-2-9　伸缩筘机构示意图

第三节　碳纤维整经机恒张力控制系统设计

一、碳纤维整经机张力控制系统的特殊性

碳纤维整经机的张力控制系统是满足碳纤维自身和碳纤维多层织造装备张力要求的特殊机构，可概括为以下几点。

（1）整经过程中单纱、片纱张力基本一致，基本满足碳纤维三维多层织机的经纱张力要求。

（2）经纱在退绕过程中不加捻，并且平整展开。

（3）整经过程中，片纱张力积极可调。

（4）张力控制机构对经纱的磨损小，不影响碳纤维的织造质量。

二、现有整经机张力控制系统的研究

现有整经机经纱张力控制形式主要为以下两种形式。

1. 轴向退绕筒子架和伺服罗拉张力装置

这种形式对纱线张力的控制过程是，首先纱线从筒子架上轴向退绕，退绕过程中纱筒不旋转，退绕后经过张力盘的张力调节，整片纱通过伺服罗拉装置，通过伺服罗拉和卷绕辊的线速度差利用纱线的弹性变形，来调节纱线的整经张力。这种张力控制方式适用于有捻、有弹性的纱线。在实际生产中，这种张力控制形式使用最为普遍，适用于高速整经。

2. 径向退绕筒子架

这种形式是纱线从筒子架上平行退绕，单纱张力控制比较复杂，整经张力不匀。随着筒子直径的变化，张力波动比较大。整经启动时，由于旋转筒子的惯性作用，使纱线受到附加张力的作用，整经张力剧增；停车时，筒子由于惯性回转而引起经纱松弛和扭结。这种形式在实际生产中已经逐渐被淘汰。

通过对上述两种经纱张力控制装置的分析，结合碳纤维自身特性，可知径向退绕筒子架张力控制适用于碳纤维整经，但这种张力控制技术还不够成熟，有待深入研究。

三、碳纤维整经机张力控制系统的研究和设计

碳纤维具有无捻、拉伸强度高、剪切强度低、高比模量、自润滑性等特性，采用传统整经张力装置不能达到张力控制的要求，为了满足正在研制中的碳纤维多层织造装备的经纱纱路长、单纱片纱张力一致性的要求，研究并设计了一套碳纤维整经过程中的张力控制系统，克服了碳纤维整经的难题。所研究的适用于碳纤维的整经张力控制技术是径向退绕、消极的单纱控制和积极的片纱张力控制技术，从而实现整经过程中单纱和片纱张力一致，如图7-3-1所示。

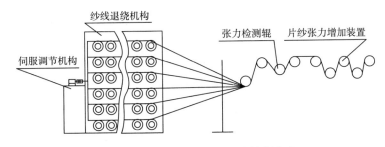

图 7-3-1 碳纤维整经机张力控制方案

（一）碳纤维整经机张力控制工艺流程

该整经张力控制装置整体设计上依次包括片纱张力伺服调节装置、单纱退绕装置、片纱张力检测辊、五辊经纱张力装置。工艺流程为：首先，纱线从纱筒上径向退绕下来，通过改变锭带的拉力改变锭座的转动力矩，从而调节单纱初张力；然后，集纱板收拢排列纱线，张力检测辊检测片纱初张力的大小，由于整经过程中，纱筒直径逐渐减小，片纱初张力增加，卷绕密度增加，盘头之间的差异性明显，为了克服此问题，通过控制系统控制片纱伺服调节装置来调节退绕张力，使片纱初张力至设定值；最后，经过五辊经纱张力装置，这五个辊均为被动辊，通过片纱与辊之间的静摩擦力提高片纱张力，又可改变片纱与辊的包角调节片纱张力至碳纤维整经工艺要求的张力，五辊装置对单纱张力均匀性起到了一定改善作用；最终恒线速度卷绕到盘头上。

（二）碳纤维整经机纱线张力数学模型的建立

纱线从筒子径向退绕后，将依次经过很多导向器，包括导纱杆、导纱瓷环、集纱板和导纱辊。经纱与这些导纱器件的摩擦，基本上可以简化为纱线通过一个圆柱面，切纱线与这个圆柱面有一定的包角。取经纱微元段进行受力分析，如图7-3-2所示。

由于纱线细且轻，匀速运动，忽略纱线自重和惯性力，得到微元纱段 ds 的力平衡关系如下，其中摩擦力 $f = \mu dN$。

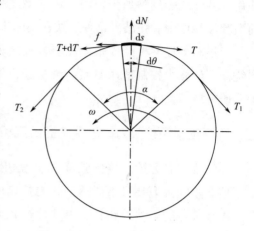

图 7-3-2　纱线微元段的受力分析

切向：
$$\mu dN = T\cos\left(\frac{d\theta}{2}\right) - (T + dT)\cos\left(\frac{d\theta}{2}\right) \tag{7-3-1}$$

法向：
$$dN = (T + dT)\sin\left(\frac{d\theta}{2}\right) + T\sin\left(\frac{d\theta}{2}\right) \tag{7-3-2}$$

两式可简化为：
$$\begin{cases} \mu dN + dT = 0 \\ Td\theta + dT\dfrac{d\theta}{2} = dN \end{cases} \tag{7-3-3}$$

忽略高次项后，式（7-3-3）可以转化为：
$$\int_0^\alpha -\mu d\theta = \int_{T_1}^{T_2} \frac{1}{T}dT \tag{7-3-4}$$

最终解为：
$$T_2 = T_1 \cdot e^{-u\alpha} \tag{7-3-5}$$

通过式（7-3-5）可以计算出一根纱线通过导纱杆、导纱瓷环、集纱板和导纱辊等导纱器件的纱线张力。在卷绕线速度恒定的条件下，忽略纱线退绕过程中黏附力、轴承的转动摩擦力、纱筒旋转惯性力等，可以计算出简化后的模型的单纱初张力 F_0 为：

$$F_0 = \frac{F_s \cdot D \cdot \left(1 - \dfrac{1}{e^{\mu_0 \alpha_0}}\right)}{d} \cdot e^{(\mu_1\alpha_1 + \mu_2\alpha_2 + \mu_3\alpha_3)} \tag{7-3-6}$$

式中：F_s——锭带拉力，N；

μ_0——锭带与锭座的当量摩擦系数；

α_0 ——锭带与锭座的包角，rad；

D ——锭盘的直径，mm；

d ——纱筒的直径，mm；

μ_1 ——经纱与导纱杆的摩擦系数；

α_1 ——经纱与导纱杆的包角，rad；

μ_2 ——经纱与导纱瓷环的摩擦系数；

α_2 ——经纱与导纱瓷环的包角，rad；

μ_3 ——经纱与导纱辊的摩擦系数；

α_3 ——经纱与导纱辊的包角，rad。

由式（7-3-6）可知，片纱初张力 F_1 为：

$$F_1 = n \cdot F_0 \tag{7-3-7}$$

可见，影响单纱初张力的主要因素是锭带的拉力和纱筒的直径。整经过程中随着纱筒直径的减小，单纱张力逐渐增加，片纱张力也逐渐增加。这样盘头卷绕过程中，内松外紧，上层经纱会嵌到下层纱线中，这样下去，盘头卷绕不平整，纱线张力差异大，退绕后就会有长有短，织造开口不清晰，并且送经困难，容易缠绕到导纱辊上，不利于后期的织造。

为解决此问题，该技术采用了主动的片纱初张力调节装置，主动检测片纱初张力，并与设定值 F 相比较，反馈给伺服电动机去整体调节锭带拉力，保证锭带拉力与纱筒半径的比例为定值，这样就可以保证片纱初张力的一致性。

片纱通过反馈回路的调节，基本维持在设定张力 F_2，这样得到的片纱张力基本为 $n \cdot F_2$。为了得到更大的整经张力，通过五辊张力装置进一步提高片纱张力，通过计算得到：

$$F = F_2 \cdot e^{\mu(\gamma_1 + \gamma_2 + \gamma_3 + \gamma_4 + \gamma_5)} \tag{7-3-8}$$

式中：γ_1，γ_2，γ_3，γ_4，γ_5 分别为五个辊与经纱的包角。

（三）碳纤维整经机纱线张力控制装置机构设计

纱线张力控制装置依次包括三部分。一是单纱退绕收拢装置，即径向退绕筒子架，单纱退绕后经过导纱杆、导纱瓷环、集纱板获得一个初张力；二是片纱初张力检测调节装置，纱线收拢经过导纱辊后，张力传感器检测片纱初张力，与设定值比较，通过伺服电动机整体调节单纱初张力使片纱初张力稳定在设定值附近；三是片纱最终张力装置，已获得片纱初张力的经纱经过被动的五辊获得最终的卷绕片纱张力。

1. 径向退绕筒子架

筒子架采用径向退绕，锭座在架体上可以旋转，锭带的摩擦改变锭座的旋转力矩，锭带的拉力通过弹簧调节，另外锭带的拉力可通过滑杆整体调节，实现整经片纱张力的整体积极可调，片纱张力的调节通过伺服传动机构精确调节，并且可以手动与自动切换，如图7-3-3所示。

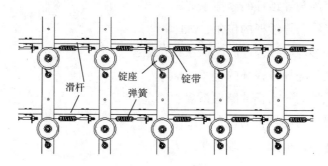

图7-3-3　单纱退绕张力控制装置

为实现随着纱筒直径的减小，碳纤维经纱张力逐渐增加对经纱张力的影响，设计了伺服调节机构，可以实现自动1手动调节。手动1自动调节机构通过调节双联滑移的位置，实现手动和自动的切换，自动调节传动路线是伺服电动机带动两级齿轮传动后带动丝杠转动，丝母带动调节锭带的拉力。伺服调节机构传动简图如图7-3-4所示。

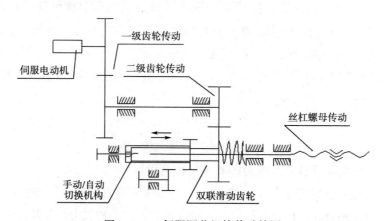

图7-3-4　伺服调节机构传动简图

2. 片纱张力检测装置

该装置设计了一个导纱辊和一个张力检测辊，张力检测辊可以绕着导纱辊轴心回转。片纱张力检测通过两个对称布置的压力传感器检测张力检测辊所承受的纱线的压力，如图7-3-5所示。

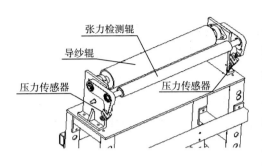

图 7-3-5 片纱张力检测装置示意图

3. 片纱五辊张力装置

普通经纱整经张力主要是通过卷绕辊和牵引辊的速度差来实现片纱张力的控制，由于碳纤维本身有高的弹性模量及自润滑性，张力的差异直接反映在卷绕长度上，碳纤维在牵引辊上受较小的力时就会滑动，滑动摩擦的出现就会对碳纤维表面造成破坏，不利于碳纤维后期的织造。然而通过实验发现，要更好地卷绕成形必须有较大的卷绕张力，碳纤维本身拉伸强度很高比较适合大张力整经。筒子架的退绕张力，即片纱初张力远远达不到碳纤维的整经张力，故必须采取一定的办法在退绕初张力的基础上提高碳纤维卷绕前张力。

设计了五辊张力装置来提高碳纤维片纱张力，这五个辊均为被动辊。整经过程中，纱线与被动辊之间是静摩擦，这样就大大减小了纱线摩擦磨损，而提高了整经张力。两个辊在下面，三个辊在上面，通过改变纱线对辊的包角可以调整片纱最终张力。五辊张力装置简图如图 7-3-6 所示。

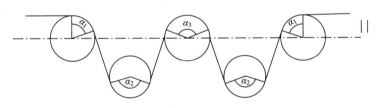

图 7-3-6 五辊张力装置

另外，片纱通过五辊张力装置，还可以起到均匀片纱张力的作用，张力稍小的经纱在经过五个辊后，由于滑动摩擦的存在，张力逐渐增大，在经过五个被动辊后整片经纱张力逐渐均匀。

(四) 碳纤维整经机片纱初张力控制方法的设计

1. 控制方法的选择

通过式（7-3-7）计算的片纱张力是在忽略去纱筒的旋转惯性力、导纱器件对单纱张力影响的差异的基础上计算出来的。实际上，片纱张力呈时变、非线性的变化趋势。整经过程中张力的变化对卷绕成形，以及盘头的退绕性能有非常大的影响。根据筒子架的设计，可以通过整体控制滑杆的位移整体调节锭带的拉力，从而调节锭座退绕转矩，即纱线张力。

控制片纱张力的基本思路是：在恒线速度卷绕的情况下，由理论计算和实验相结合确定整经张力比较适合张力作为设定张力，在该张力下，碳纤维整经盘头成形良好，退绕不出现纱线分叉、毛羽等现象。通过对称布置的传感器检测片纱张力的大小，检测到的信号 A/D 转换后与设定张力比较，若过大或过小时，通过控制系统 PLC 调节伺服电动机，从而调节锭座的退绕张力，这样片纱张力得到了调节。片纱张力控制示意图如图 7-3-7 所示。

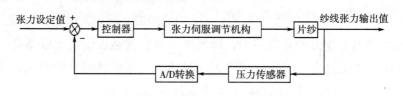

图 7-3-7　片纱张力控制示意图

对于经纱张力控制时变的系统，采用常规的 PID 控制器是很难满足经纱张力的要求。由于常规 PID 控制器的参数是根据被控过程通过 Ziegler—Nichols 经验公式法、ISTE 最优法、临界灵敏度法、衰减曲线法得到的确定的参数，而对于系统参数随着时间不断变化的整经张力系统，常规 PID 的精度比较低，尤其当 PID 的参数设定不合理时，很可能造成系统控制的不稳定性，因此，本张力控制系统采用了模糊自适应 PID 控制，模糊控制不需要知道被控对象的精确数学模型，对解决系统的不确定性问题起到关键作用，模糊自整定 PID 控制能够在整经过程中，在线跟踪被控过程的动态特性及时修改控制参数，实现恒张力的整经过程。

2. 模糊自整定 PID 控制器的设计

模糊 PID 控制器有调整系统控制量的模糊 PID 控制器和模糊自整定 PID 控制器。使用比较多且效果比较好的是模糊自适应 PID 控制器。模糊自整定 PID 控制器是将模糊控制原理和 PID 控制相结合，采用模糊推理的方法对 PID 参数进行在线自整定，实现 PID 参数的最佳调整。

PID 控制控制过程简单、可靠，是目前应用最为广泛的一种控制规律，由比例单元（Proportional）、积分单元（Integral）和微分单元（Differential）组成的，其控制规律为：

$$u(t) = K_p \left[e(t) + \frac{1}{T_i} \int_0^t e(t)\,dt + T_d \frac{de(t)}{dt} \right] \qquad (7-3-9)$$

式中：K_p——比例系数；

T_i——积分时间常数；

T_d——微分时间常数。

模糊 PID 控制器就是在不同时刻找出 PID 三个参数与误差 E 和误差变化率 EC 之间的模糊关系，在工作过程中不断检测 E 和 EC，并根据模糊控制原理在线修改 PID 的三个参数，以满足不同的 E 和 EC 对控制器的要求，从而使被控对象有良好的动态性能，其控制框图如图 7-3-8 所示。

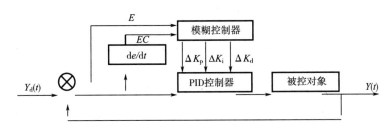

图 7-3-8　模糊自整定 PID 的控制框图

模糊自整定 PID 的设计过程如下。

（1）模糊 PID 的结构设计。结构设计就是选择输入输出变量。设计了一个双输入三输出的二维模糊控制系统。双输入分别是经纱张力的偏差 E 和张力变化 EC，三输出分别是 PID 的三个修正系数 ΔK_p、ΔK_i、ΔK_d。

（2）输入输出量的模糊化。根据实验分析碳纤维整经过程中的单纱张力最大约 1N，片纱张力约 40N，张力误差的基本论域设定为 $[-20, 20]$ N，误差变化率的基本论域为 $[-2, 2]$ N/s。误差、误差变化率以及 PID 的三个修正系数的模糊论域都取 $[-6, 6]$，对应的误差子集是（负大，负中，负小，零，正小，正中，正大），用英文字母缩写为 $\{NB, NM, NS, ZO, PS, PM, PB\}$。

量化因子为：$k_e = \dfrac{6}{20} = 0.3$，$k_{ec} = \dfrac{6}{2} = 3$，$k_u = \dfrac{6}{5} = 1.2$。

经纱张力偏差 E、偏差变化率 EC 和三个修正系数均采用三角形和梯形组合、对称、均匀分布、全交叠的隶属度函数，得到各个变量的隶属度函数分布图如图 7-3-9 所示。

（3）模糊控制规则确定。PID 控制器参数的修改必须确定好不同时刻比例环节、积分环节和微分环节三个参数之间的关系，确定好模糊控制规则。当偏差 E 较大时，K_p 应取较大值，使响应速度加快；为了避免系统出现超调和微分的过饱和，应加入积分系数 K_i 和选取较小的 K_d 值；当 E 和 EC 处于中等大小时，可取较

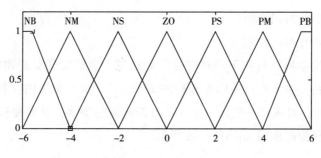

图 7-3-9　隶属度函数

小的 K_p 值，使系统在响应过程中产生小范围的超调现象。K_i 和 K_d 均取适当值，可保证系统处于稳定状态。当 E 较小时，为了拥有良好的系统稳态响应性能，应该增加的取值。如 EC 较小时，K_d 适当增大，EC 较大时，K_d 适当减小，可减少设定范围内出现的振荡反复现象。

（4）模糊推理与去模糊化。根据上述 PID 参数作用、不同的偏差以及偏差变化下对 PID 参数的要求，分别给出三个参数初始化模糊控制表，如图 7-3-10 所

ΔK_p \ E \ EC	NB	NM	NS	Z	PS	PM	PB
NB	PB	PB	PM	PM	PS	Z	Z
NM	PB	PB	PM	PM	PS	Z	NS
NS	PM	PM	PM	PS	Z	NS	NS
Z	PM	PM	PS	Z	NS	NM	NM
PS	PS	PS	Z	NS	NS	NM	NM
PM	PS	Z	NS	NM	NM	NM	NB
PB	Z	Z	NM	NM	NM	NB	NB

(a)

ΔK_i \ E \ EC	NB	NM	NS	Z	PS	PM	PB
NB	NB	NB	NM	NM	NS	Z	Z
NM	NB	NB	NM	NS	MS	Z	Z
NS	NB	NM	NS	NS	Z	PS	PS
Z	NM	NM	NS	Z	PS	PM	PM
PS	NM	NS	Z	PS	PS	PM	PB
PM	Z	Z	PS	PS	PM	PB	PB
PB	Z	Z	PS	PM	PM	PB	PB

(b)

ΔK_d \ E \ EC	NB	NM	NS	Z	PS	PM	PB
NB	PS	NS	NB	NB	NB	NM	PS
NM	PS	NS	NB	NM	NM	NS	Z
NS	Z	NS	NM	NM	NS	NS	Z
Z	Z	NS	NS	NS	NS	NS	Z
PS	Z	Z	Z	Z	Z	Z	Z
PM	PB	PS	PS	PS	Z	PS	PB
PB	PB	PM	PM	PM	PS	PS	PB

(c)

图 7-3-10　模糊 PID 中 ΔK_p 、ΔK_i 、ΔK_d 的控制规则

示；然后结合实验对输入输出量的模糊化，得到各个变量的隶属函数；最后根据隶属函数和量化区间，经过模糊推理得到 ΔK_p、ΔK_i、ΔK_d 的模糊子集，对三个模糊量分别加权平均的方法进行去模糊化。

$$\begin{cases} K_p = K_p' + \Delta K_p \\ K_i = K_i' + \Delta K_i \\ K_d = K_d' + \Delta K_d \end{cases} \qquad (7-3-10)$$

式中：K_p'，K_i' 和 K_d'——系统的经典 PID 参数，通过 Ziegler—Nichols 法来整定得到；

　　　ΔK_p、ΔK_i、ΔK_d——对应的修正系数。

3. 自整定模糊 PID 控制器的 MATLAB 仿真与优化

（1）模糊变量设计。模糊变量如图 7-3-11 所示。

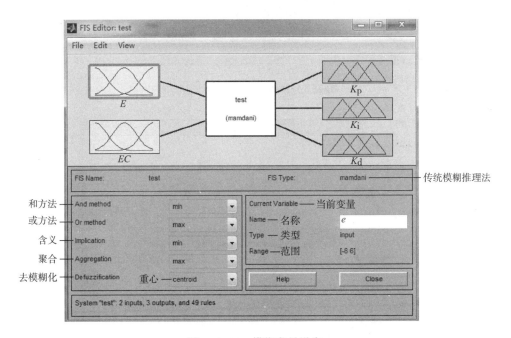

图 7-3-11　模糊变量设定

（2）隶属函数设定与模糊规则的设计（图 7-3-12、图 7-3-13）。

（3）系统建模和仿真（图 7-3-14、图 7-3-15）。

通过 MATLAB 建立张力控制的模糊 PID 仿真模型，选择对象的传递函数为：

$$G(s) = \frac{20}{1.5s^2 + 4.3s + 1}$$

隶属函数编辑器模糊控制器　　　　　　隶属函数图

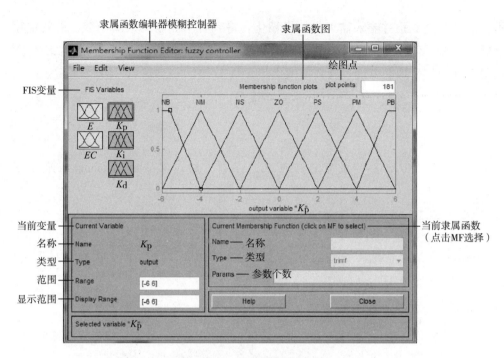

图 7-3-12　隶属函数编辑窗口

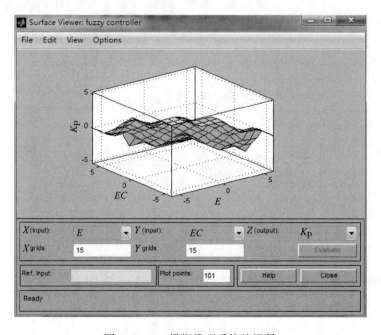

图 7-3-13　模糊推理系统编辑器

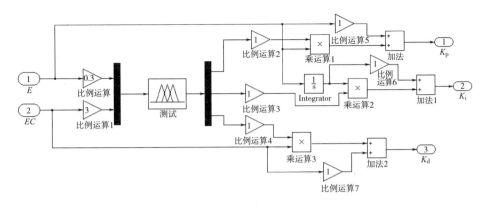

图 7-3-14 模糊控制器子系统模型

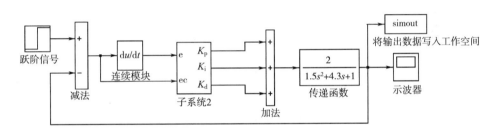

图 7-3-15 模糊 PID 控制器和 PID 控制器封装

标准 PID 控制仿真曲线如图 7-3-16 所示，模糊 PID 控制仿真曲线如图 7-3-17 所示。

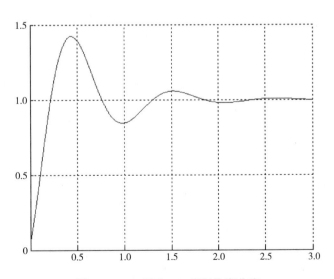

图 7-3-16 标准 PID 控制仿真曲线

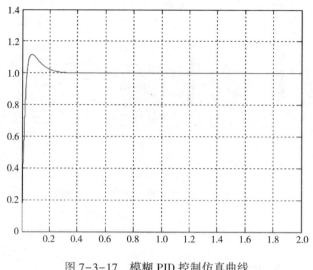

图 7-3-17　模糊 PID 控制仿真曲线

由图 7-3-16 和图 7-3-17 可知，模糊 PID 具有较小的超调量，即较小的上升时间和调整时间以及振荡次数。模糊 PID 满足控制系统的要求。

第四节　碳纤维整经机三维设计与仿真分析

根据碳纤维和碳纤维整经机的特性，确定碳纤维整经机的最优设计方案，同时确定出能实现该方案所需的各个机构。目前比较流行的是运用现代设计方法，在机器加工制造之前运用 CAD/CAE 三维软件进行三维虚拟样机的建模，并在此基础上进行静力学、运动学、动力学分析和仿真，进一步对机构进行优化设计，提高机构设计的可靠性。

一、现代设计方法特点

近年来，随着科技的迅速发展，用户对产品功能的要求日益多样化，产品复杂性增加，产品使用周期缩短，更新换代速度加快，机械产品的设计方法更趋科学性、完善性，计算精度要求越来越高，计算速度越来越快。在常规设计方法的基础上更趋向于现代设计方法的应用。现代设计方法是一种工程性活动，更是一种创造性的智力活动，是一个综合学科、方案决策、反复迭代和寻求最优解的过程。它具有以下四个方面的特点。

（1）现代设计方法是设计理论、方法的延伸，思维的变化及设计范围的拓展。

（2）现代设计方法是多种设计理论与设计方法的交叉综合。

（3）设计手段精确化，设计媒介计算机化，设计过程虚拟化、自动化、最优化、并行化和智能化。

（4）面向产品应用前景的可行性设计及多种设计实验方法的综合应用。

要对复杂的机械系统进行精确的静力学、运动学及动力学仿真研究，一种比较流行的解决方案就是将专业的 CAD 软件和专业的 CAE 软件进行结合，先用 CAD 软件建立复杂机械系统各零部件的精确三维实体模型和机构的装配图，然后导入的 CAE 软件环境下，添加约束副、边界条件及驱动力等，最终形成系统的虚拟样机，并在虚拟样机上进行仿真研究。本章采用 Solidworks 软件进行碳纤维整经机关键部件的三维建模，并利用 ANSYS 进行结构静力分析，最后用软件 ADAMS 进行运动学和动力学仿真，在碳纤维整经机关键部件的现代设计与制造过程中，极大地提高了设计效率，降低了设计成本，同时确保了产品质量。

二、Solidworks 下三维模型的建立

碳纤维整经卷绕装置和张力控制装置的设计，先是根据原理方案进行关键零部件模型的建立开始，零件模型建立后进行虚拟装配；装配得到三维产品模型后，进行相关干涉检查，对关键零部件进行静力学分析；然后是运动学分析，对设计产品进行理论上的验证；最后是对整经的动力学分析，对整机的可靠性进行分析和验证。通过不断地分析验证，对虚拟样机不断地优化改进。最后是工程图的绘制，加工制造。

根据以上步骤，图 7-4-1 和图 7-4-2 为 Solidworks 环境下建立的碳纤维整经机卷绕机构和张力控制装置的三维实体造型。

三、张力检测辊 ANSYS 分析

张力检测辊为张力检测装置的关键零件，根据整经张力的要求，张力检测的变形量直接影响张力调节的稳定性和可靠性，另外在保证刚度的条件下张力检测辊重量尽可能轻，重量基本和片纱张力在一个数量级上。为保证压力传感器检测的精确度，张力辊的变形量要尽量控制在 0.5mm 之内。采用 ANSYS 软件对设计的张力检测辊进行有限元分析，对设计的零件进行校核和优化。

图 7-4-1　径向退绕张力片纱可调筒子架

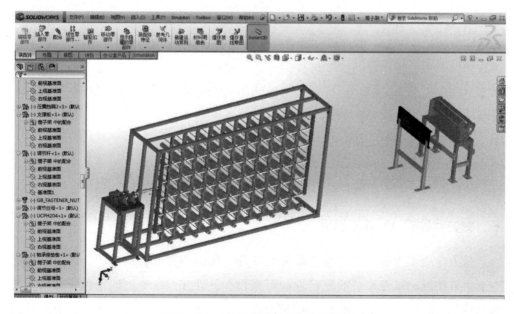

图 7-4-2　径向平行退绕张力筒子架

（一）张力检测辊几个模型的导入

ANSYS 提供了三种生成模型的方法：建立实体模型，直接生成有限元模型，以及导入计算机辅助设计（CAD）系统创建的模型。虽然 ANSYS 有很强大的建模工具，但与现代 CAD 软件相比还是要弱很多，特别是对于复杂模型的建立，修改也比较困难。本书采取了从 Solidworks 中建立的模型导入 ANSYS 中的方法，即在 Solidworks 中建立好零件的三维模型，然后另存为 Para（*.x-t）文件，再在 ANSYS 中导入该格式的文件。

（二）定义单元类型

根据张力检测辊建模特点，采用了六面体实体单元 Solid，即 Structural Mess Solid Brick 8 node 185。

（三）定义材料属性

张力检测辊的材料为铝镁合金 5052，材料弹性模量为 $E = 7.0 \times 10^{10}$Pa，泊松比 $\mu = 0.33$，密度为 2.68×10^3kg/m³。材料属性的定义如图 7-4-3 所示。

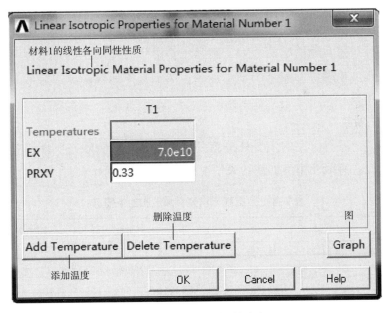

图 7-4-3　材料属性的定义

（四）划分网格

利用 ANSYS 的网格类划分功能将网格划分水平定为 6 个等级，其中第 1 等级最精细，第 10 等级最粗略。图 7-4-4 所示为张力检测辊网格划分图。

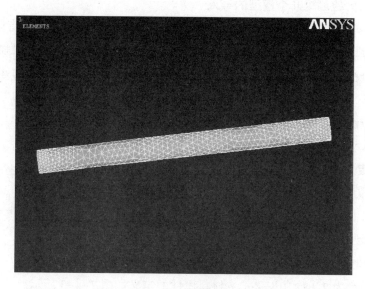

图 7-4-4　张力检测辊网格划分

（五）边界条件的确定

约束条件按照实际情况的约束，实际工作中张力检测辊的自由度只有一个旋转自由度，张力检测辊两端采用轴承连接，两端支撑部位采取除旋转自由度外的五个自由度约束。

（六）施加载荷

对施加载荷进行研究的主要任务就是：了解张力检测辊在实际工作状态下的应力应变情况。有限元模型加载约束情况如表 7-4-1 所示。

表 7-4-1　有限元模型、加载和约束情况

有限元模型		施加加载	约束
节点数	单元数		约束面数
20696	10327	0.5MPa	2

（七）计算结果分析

对张力检测辊进行约束加载后，进行求解，解出的张力检测辊的应力应变云图如图 7-4-5 和图 7-4-6 所示。

根据应力应变云图分析，此卷绕张力检测装置完全满足设计要求。

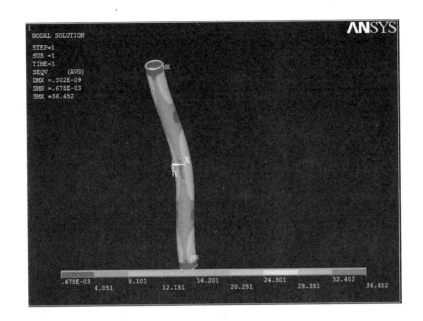

图 7-4-5 张力检测辊应力云图

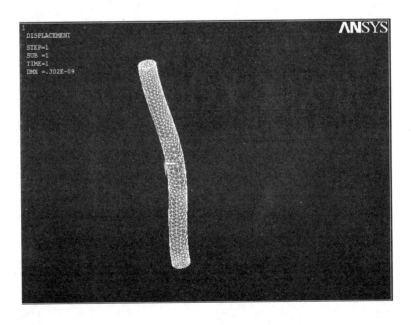

图 7-4-6 张力检测辊应变云图

第五节　整经系统检测分析

本节对碳纤维整经进行实验，对整个机构力学性能进行验证，研究在不同的工艺参数情况下，整经机的工作状态，盘头整经质量，以及通过试织验证经纱整理是否能满足织机的要求，从而对机构和碳纤维整机工艺提供最佳设计方案。

一、实验准备

实验前，安装调试已加工好的张力控制系统以及调试卷绕参数和张力设定参数，连接上伺服电动机、驱动器、压力传感器等，设定合适的环境温度和湿度，做好整经前的准备工作。碳纤维径向平行退绕筒子架如图 7-5-1 所示。实验中，经纱张力测量采用 Y2301（DTM）型数字式纱线张力仪，如图 7-5-2 所示。

图 7-5-1　碳纤维径向平行退绕筒子架

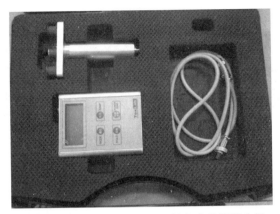

图 7-5-2 Y2301（DTM）型数字式纱线张力仪

二、实验用纤维种类

实验所用的纤维种类是 T700-12K 型碳纤维，如图 7-5-3 所示。

图 7-5-3 T700-12K 型碳纤维

三、实验工艺参数设定

碳纤维三维角联织机织造要求为：织物幅宽为 900mm；织物层数为 6 层；经纱密度为 4 根/层/cm；纬纱密度为 2 根/层/cm；纤维体积含量 ≥ 45%；卷取长度 ≥500m；织物规格为厚重织物、变厚织物；其织物结构的基本结构分三种，如图 7-5-4 所示。

根据每层纱线幅宽和经密，每层纱线 360 根，根据织物种类的要求，中间层除外，每层纱线至少需要三种张力，也即 3 个经轴送经，中间层至少需要 4 种张力，即 4 个经轴送经。为了使穿纱工艺简单可靠，以及送经对称布置，所有层采取了相

正交织物

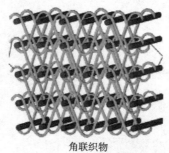
角联织物

角联增强织物

图 7-5-4　织物结构图

同的送经方法，每层均采用 6 个经轴送经。此外，每个盘头上要有备用经纱。

　　根据以上分析，并结合碳纤维特性、卷绕成形分析和多层织机要求，得出经纱整经工艺如下：经轴幅宽为 200mm；单个盘头纱线根数为 32 根；整经速度 ≤100m/min；单纱张力 ≤1N；片纱幅宽 ≥180mm，≤200mm；横动动程 ≤10mm。

四、实验过程

　　整经机主要目的是实现经纱张力的有效控制，最终实现碳纤维的送经流畅、开口清晰、织造顺利。整经张力的控制从整体上是一个综合性问题，影响整经张力的因素有很多，如退绕张力、导纱器件、卷绕成形等。其中最主要的因素就是卷绕成形和纱筒退绕张力对经纱张力的影响。

　　首先，调试好整经卷绕装置，卷绕装置的好坏对经纱张力的影响比较大，尤其是影响到退绕的难易程度。根据前几章研究和分析的卷绕成形理论，设定好卷绕线速度、导纱横动速度、导纱动程、横动频率之间的匹配关系。从卷绕表面上看卷装要平整，轴向硬度手感基本一致，多层重复，并在和上机张力基本一致情况下做退绕实验。

　　另外，要调节的是单纱张力和片纱张力，单纱张力调节要基本一致，由于盘头幅宽较小，纱筒数量少，可以忽略空间位置对单纱张力的影响。片纱张力的调试是首先通过计算估测片纱张力的大小，通过对张力控制系统张力的设定，来实现对经纱张力的时时检测，并通过伺服调节系统实现对单纱张力的整体调节，最终实现片纱张力均匀一致，恒张力通过五辊装置实现片纱张力的放大达到适合的整经张力。

　　这两方面的调节不是单一的调节，还要注意在不同片纱张力下整经盘头质量的好坏，两者是相辅相成的，它们之间的匹配关系也是至关重要的，每一部分调节好的前提下，只有匹配关系调试好了，整经质量才会比较好。

通过改变不同的参数，主要有整经速度、片纱幅宽、单纱张力、片纱张力等工艺参数，把碳纤维整经调试到最佳的工艺参数。张力的大小是整经质量好坏的关键因素，通过检测不同处的纱线张力，以及盘头质量的好坏，调试好整经张力。为验证张力调节，用张力仪对整经过程中不同位置的经纱张力进行检测，结果如图 7-5-5 与图 7-5-6 所示。

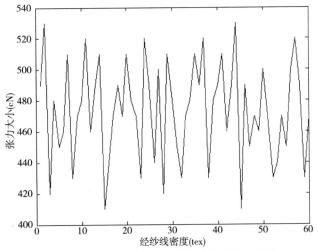

图 7-5-5　经纱从筒子上退绕后单纱张力曲线

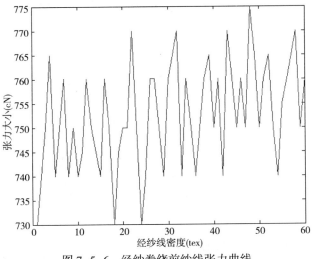

图 7-5-6　经纱卷绕前纱线张力曲线

从对纱线退绕后卷绕前和经纱从纱筒上退绕后的纱线张力检测对比，可以看出，纱线张力有了明显的提高，并且纱线张力比较均匀。

五、实验结果

（一）整经实验结果

通过不断分析和试验，得出整经的最适宜的工艺参数，见表7-5-1。

表7-5-1 不同型号碳纤维丝的主要性能

工艺参数	数值	工艺参数	数值
整经速度（m/min）	40	纱线根数（根）	45
盘头幅宽（mm）	200	单纱初张力（cN）	450
片纱幅宽（mm）	198	片纱张力（N）	90
横动动程（mm）	4	自由纱段长度（mm）	550
卷绕密度（g/cm³）	1.13	横动频率（Hz）	0.25

通过以上参数整经得到的盘头表面平整，张力均匀，纱线排列均匀。整经后盘头效果如图7-5-7所示。

图7-5-7 整经后盘头

（二）经纱上机织造实验结果

把整经好的盘头根据工艺要求安装到经轴上，根据织造工艺进行穿纱、引纱、穿棕、穿筘等，调试好工艺参数，开始织造实验，进一步验证整经盘头的质量。从图7-5-8~图7-5-10可以看出织造过程中，纱线保持了良好的状态。从图7-5-11可以看出，织造开口清晰，织造的织物表面平整，满足织机的设计要求。

图7-5-8 三维多层织机经纱退绕

图 7-5-9　三维多层织机经纱张力控制

图 7-5-10　三维多层织机经纱收拢

图 7-5-11　织造出的碳纤维三维织物

参考文献

［1］李雪清，刘松．国产织造与准备机械技术进步与发展［J］．纺织机械，2013（3）：7-11.

［2］珊峦．整经机的技术进步［J］．上海丝绸，2012（3）：10.

［3］郭圈勇．整经张力控制要点［J］．棉纺织技术，2012（11）：50-52.

［4］裴愉发，朱松英．整经生产技术［J］．现代纺织技术，2004（4）：10-13.

［5］С. П. КОРЯГИЙ，李金海．整经筒子架上的经纱张力［J］．国外纺织技术（纺织分册），1984（8）：32-33.

［6］熊黠，徐志慧．整经用筒子架的技术要求分析［J］．纺织器材，2003（2）：23-25.

［7］黄洪颐，陈聚富，冯国忠．整经机筒子架上纱线退绕张力曲线的分析探讨［J］．山东纺织科技，1986（2）：18-22+17.

［8］尹明，徐曙，万鹤俊，等．GA278径向退绕扁丝筒子架［J］．纺织机械，2012（2）：52-54.

［9］李明，高殿斌，葛邦，等．双伺服整经机的恒张力控制［J］．机械设计与制造，2009（12）：127-129.

［10］姜怀，任焕金，顾德娥．导纱—卷绕微分方程及其应用［J］．纺织学报，1980（4）：26-33+78-9.

［11］李旭，张正潮．自由丝段对卷绕成形的影响——导丝运动规律为等速情况的讨论［J］．浙丝科技，1981（3）：53-58.

［12］曹助家，顾占山．欧拉公式在机械设计中的应用［J］．机械制造，1994（2）：10-11.

［13］葛世荣．摩擦提升欧拉公式的修正［J］．矿山机械，1989（11）：18-22.

［14］王述彦，师宇，冯忠绪．基于模糊PID控制器的控制方法研究［J］．机械科学与技术，2011（1）：166-172.

［15］林浩．模糊PID控制器仿真研究［D］．贵州大学，2006.

［16］苏明，陈伦军，林浩．模糊PID控制及其MATLAB仿真［J］．现代机械，2004（4）：51-55.

第八章 碳纤维筒管缠绕机设计

碳纤维筒管缠绕机属于碳纤维三维织造的准备工序，将原有碳纤维筒子改换卷装形式，便于下一步的整经工作，类似于普通纺织中的络筒，但由于碳纤维的特殊性质，需要专用设备完成此工作。

第一节 碳纤维缠绕机原理方案设计

根据碳纤维特性和卷装工艺要求，提出碳纤维新型缠绕机整体研究方案，根据研究方案，分析碳纤维卷绕原理；研究碳纤维缠绕机的功能特点；根据其特点设计碳纤维缠绕机各部分机构。

一、碳纤维缠绕机研究方案设计

在碳纤维缠绕机的设计过程中，采用理论研究与建模仿真相结合的设计思路。理论研究有助于在早期迅速且有效地进行构思、比较与选择；根据研究结果，设计结构方案，使得设计目标明确，设计结果可靠性高；应用三维建模仿真分析优化设计结果，提高其应用价值，为后续加工制造做准备。碳纤维缠绕机整体研究方案如图 8-1-1 所示。

二、卷绕工艺要求

图 8-1-2 为一种圆柱形卷装筒子，纱线（或丝条）交叉卷绕在圆柱形筒子上。卷装作为一种中间产品，便于纱线运输和纺织后道工序的处理与利用，也可以直接面市，如缝纫机用的各色线轴。

图 8-1-3 为纱线在圆形纱筒上形成螺旋卷绕时的运动分析——圆形纱筒的单向旋转运动 n_1 及纱线沿与纱筒轴线平行直线的往复移动 v_2。显然需要两个执行构件来产生上述运动，一个构件是装卡圆形纱筒并带动其单向转动的锭子；另一个构件是夹持纱线并带动其往复直线运动的导纱器（图中未画）。

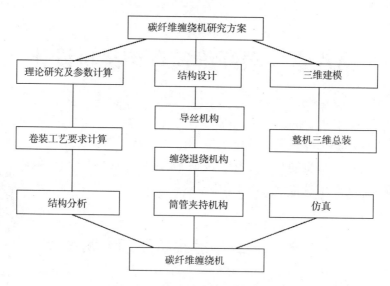

图 8-1-1　碳纤维缠绕机研究方案

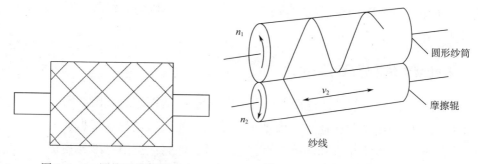

图 8-1-2　圆柱形卷装筒子　　　　图 8-1-3　螺旋卷绕的形成运动

纱线沿纱筒圆周方向的速度 v_1（m/min）为：

$$v_1 = \frac{\pi d_k \cdot n_1}{1000} \tag{8-1-1}$$

式中：n_1——锭子（或纱筒）的转速，r/min；

d_k——卷绕直径，mm。

为保证卷装质量，要求 v_1 为常数，即：

$$d_k \cdot n_1 = \frac{1000 v_1}{\pi} = 常数 \tag{8-1-2}$$

这意味着锭子转速 n_1 随卷绕直径 d_k 的增大而减小。驱动锭子变速旋转有两种方法：一是直接传动，即由变速电动机通过机械传动带动锭子转动，并通过纱线张力检测或者纱筒直接检测改变变速电动机的转速，以维持 v_1 不变；二是摩擦传动，即筒管由摩擦轮带动其转动，摩擦轮的转速为：

$$n_r = \frac{1000v_1}{\pi d_r(1-\varepsilon)} \tag{8-1-3}$$

式中：d_r——摩擦轮直径，mm；

$\quad\quad\varepsilon$——弹性滑动率。

摩擦传动锭子只是被动件，只起夹持纱筒的作用。假定弹性滑动率 $\varepsilon = 0$，由式（8-1-3）可知，由于摩擦轮直径 d_r 不变，故只需要摩擦轮等速转动（n_r = 常数）就能保持纱线的圆周速度 v_1 不变。从机械设计和运动控制的角度来看，摩擦传动比直接传动要简单得多，因此，多数纱线卷绕设备采用摩擦传动。由于纱筒与摩擦轮之间存在弹性滑动，即 $\varepsilon \neq 0$ 且 ε 在一定范围内变化，故即使 n_r 不变，也不能确保 v_1 恒定，因此精密卷绕采用直接传动。

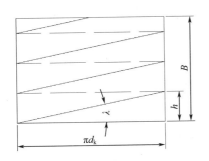

图 8-1-4　单动程螺旋卷绕圆周展开图

导纱往复运动与纱筒转动需匹配。图 8-1-4 为单动程螺旋卷绕圆周展开图，图中 λ 为螺旋升角，亦称卷绕角。卷绕角 λ 是一个重要的卷绕参数，λ 增大有利于纱筒的退绕，但 λ 过大会影响卷绕的稳定性。

$$\tan\lambda = \frac{v_2}{v_1} \tag{8-1-4}$$

式中：v_1——纱线沿纱筒圆周的速度，m/s；

$\quad\quad v_2$——纱线沿纱筒轴向的速度（即导纱器的移动速度），m/s。

若 v_2 为常数，则卷绕角 λ 不变，这种卷绕称为等升角卷绕。由图 8-1-3 可知：

$$\tan\lambda = \frac{h}{\pi d_k} \tag{8-1-5}$$

式中：h——轴向螺距，mm。

对等升角卷绕，螺距 h 随纱筒直径 d_k 的增大而增大。

导纱器一次往复动程，纱线在纱筒上卷绕的圈数 m 称为卷绕比，即：

$$m = \frac{2B}{h} = \frac{2B}{\pi d_k \cdot \tan\lambda} \tag{8-1-6}$$

对于等升角卷绕，卷绕比 m 随纱筒直径的增大而减小；当纱筒直径 d_k 到达某些值时，卷绕比 m 为整数，这样就会产生卷绕重叠，即在随后的导纱钩若干往复运动过程中，卷绕在纱筒上的若干纱线重叠在一起，形成线脊，严重影响纱筒质量。若卷绕过程中，卷绕比 m 保持不变（即螺距 h 不变），且卷绕比 m 不为整数，则不会产生卷绕重叠现象，这种卷绕方式称为等螺距卷绕。研究表明，等升角卷绕的纱筒密度随纱筒直径 d_k 的增大而下降，即内密外疏，不利于后面的染色处理，而等螺距卷绕的纱筒密度较均匀，有利于后面的染色加工。精密卷绕都采用等螺距卷绕。

三、碳纤维缠绕机的技术指标

缠绕机卷绕线速度：$60\sim100\text{m}/\text{min}$；

缠绕最大直径：200mm；

往复行程：（250+4）mm（10英寸）；

缠绕骨架筒管直径：65mm、74mm。

第二节　导丝机构设计

一、导丝机构特点分析

（一）导丝方案

1. 槽筒往复导丝机构

槽筒是目前应用最广泛的往复导丝机构，纱线在槽筒的沟槽内运动，槽筒和管纱通过摩擦作用共同转动将纱线缠绕在筒管上。经过设计的槽筒上的沟槽可以实现纱线的准确卷绕。但是槽筒的加工制造较困难，对材料要求较高，同时在卷绕过程中还会对纱线造成磨损使纱线产生纱疵，从而影响纱线质量。现在，槽筒往复导丝机构已经逐渐被淘汰，被新型的机构代替。

2. 凸轮驱动拨叉导丝机构

卷绕机构传动运动原理如下。

（1）往复导丝运动。如图 8-2-1 所示，导丝器 4 与滑梭 3 通过转动副连接，3 又嵌在圆柱凸轮 2 的沟槽中为滑动副，2 转动，滑梭 3 就往复运动，导丝器 4 也与 3 一起做往复运动；而导丝器 4 的 O_2 点又在 5 的槽中滑动、转动，所以导丝器 4 的 P 点做往复运动的同时又绕 O_1 摆动。该机构导丝拨叉横动频率最大 450 次/min，一般工作频率为 240 次/min。

（2）变幅运动。靠变幅导板 5 完成，筒管卷装开始时，5 与凸轮 2 的轴线夹角

φ 最大（该机构为 5°），随着筒子卷绕直径的增大，杆 8 通过 7 使 5 产生顺时针转动，φ 角越来越小；而导丝器 4 上圆柱形滑柱 O_2 点嵌在 5 的槽中，所以导丝器 4 的动程随 φ 角的减小而变小，直到卷装到满管，此时 5 的轴线与 2 的轴线平行，完成变幅运动全过程。

变幅尺寸最大达 250mm。该卷绕机构具备导丝、变幅、防凸、防叠等特性，目前国内使用的先进的 SDS-M4 型牵伸假捻机卷绕机构正是使用该种机构进行卷绕。卷绕机构传动简图如图 8-2-1 所示。

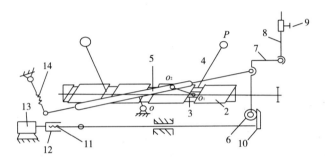

图 8-2-1　凸轮驱动拨叉导丝机构简图

3. 旋翼式导丝机构

（1）往复导丝原理。图 8-2-2 所示为旋翼式导纱机构；O_1、O_2 分别为两个反向旋转的旋翼的回转中心。图中 A_0B_0 段为导纱板弧段（中心为 O_C 半径为 R），而 A_0A_1 与 B_0B_1 则构成了导纱板左、右两个换向工作面，它由半径为 r 的圆柱面及倾角为 θ 的平面组成。

图中虚线所示为旋翼片 1，将纱线由左向右推到右换向区的始点 B_0。此时导纱工作面失去作用；旋翼片 1 继续顺时针转动，由于旋翼片 1 的换向工作面的作用，推动纱线沿导纱板的换向面向上运动，到达 B_1 点，此时旋翼片 1 失去对纱线的控制。纱线在张力作用下沿导纱板换向面迅速下滑，当滑到换向区底部时，被逆时针转动的旋翼片 2 带动从右向左运动；

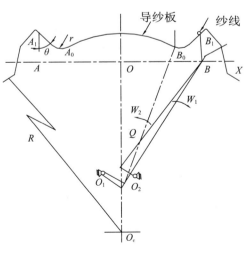

图 8-2-2　旋翼式导丝机构简图

从而完成一次交接过程。

（2）该机构的特点。该机构的横动机构将槽辊的高速转动和滑梭的高速往复运动转变成旋翼叶片的低速旋转运动。工作过程结构平稳，具有良好的抗震性能，适用于高速、高品质的产品，维修、保养方便，且费用低。

4. 圆柱凸轮—滚子往复导丝机构

在圆柱凸轮—滚子往复导丝机构中拨叉的运动由圆柱凸轮驱动，滚子在圆柱凸轮的沟槽内，由沟槽驱动滚子往复运动，往复运动的构件只有一个。

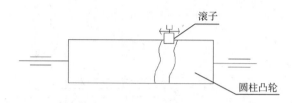

图 8-2-3　圆柱凸轮-滚子往复导丝机构简图

圆柱凸轮的沟槽经过设计，可以实现纱线的精确卷绕，而且整个导丝机构构造简单，振动小，容易控制。

（二）方案比较与选择

由于本设计是碳纤维专用的缠绕机，需适应碳纤维的特性以及卷装的工艺要求。在实际调研和实验中发现。旋翼式卷绕机构的旋翼在导丝过程中会与碳纤维产生反复摩擦，影响碳纤维质量。槽筒往复导丝机构是利用摩擦带动纱筒，也会对碳纤维造成破坏，且槽筒沟槽的设计和加工制造较困难，对材料要求较高，不适用与本设计。但由于凸轮驱动拨叉导丝机构结构较复杂，因此也放弃此方案。经过比较选择，最终确定使用圆柱凸轮—滚子往复导丝机构作为设计方案。

二、导丝机构设计

导丝机构主要部件分为导丝机构箱体、导丝机构主轴、圆柱凸轮、滑块（滚子）、导杆、制动杆等组成。

圆柱凸轮沟槽曲线设计。图 8-2-4 为驱动拨叉往复移动的圆柱凸轮沟槽曲线展开图。

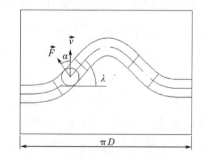

图 8-2-4　圆柱凸轮沟槽曲线展开图

α—压力角　　λ—螺旋什角

$\vec{v}$—滚子竖直移动速度　　$\vec{F}$—滚子受法向力

D 为圆柱凸轮的平均直径。当凸轮等速单向旋转时，螺旋曲线沟槽推动圆柱滚子沿凸轮轴线等速运动，而过度曲线沟槽则是驱动圆柱滚子运动换向。由图见压力角 α 等于螺旋升角 λ。

圆柱凸轮从动件位移曲线如图 8-2-5 所示。

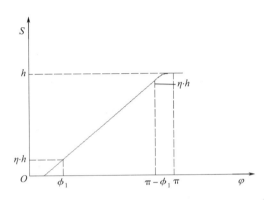

图 8-2-5　圆柱凸轮从动件位移曲线

从动件采用等加速—等速—等减速运动规律，则有：

$$\bar{a}\varphi_1 = \frac{h(1 - 2\eta)}{\pi - 2\varphi_1} \tag{8-2-1}$$

$$\frac{\bar{a}\varphi_1^2}{2} = \eta h \tag{8-2-2}$$

式（8-2-1）和式（8-2-2）为加速段与等速段的边界条件，式中 $\bar{a} = \dfrac{\mathrm{d}^2 s}{\mathrm{d}\varphi^2}$，称为类加速度。

由式（8-2-1）与式（8-2-2）解得：

$$\varphi_1 = \frac{2\eta}{1 + 2\eta} \cdot \pi \tag{8-2-3}$$

$$\bar{a} = \frac{(1 + 2\eta)^2}{2\eta\pi^2} \cdot h \tag{8-2-4}$$

考虑压力角因素有：

$$\tan\lambda = \frac{2h(1 - 2\eta)}{D(\pi - 2\varphi_1)} \leq \tan[\alpha] \tag{8-2-5}$$

将式（8-2-3）代入式（8-2-5）并整理得：

$$D \geq \frac{2(1 + 2\eta)}{\pi \cdot \tan[\alpha]} \cdot h \tag{8-2-6}$$

式中：许用压力角 α 一般取 $30°$

在本设计中拨叉动程为 $360mm$，取 $\eta = 0.1$，由式（8-2-3）得：

$$\varphi_1 = \frac{\pi}{6} = 30°$$

由式（8-2-6）得圆柱凸轮平均直径 D（mm）：

$$D \geqslant \frac{2(1+2\eta)}{\pi \cdot \tan[\alpha]} \cdot h = 476.58$$

取 $D = 477mm$。

类加速度 $\bar{a}$（mm/rad^2）为：

$$\bar{a} = \frac{(1+2h)^2}{2\eta\pi^2} \cdot h = 131.32$$

圆柱凸轮二维结构如图 8-2-6（a）所示，三维示结构如图 8-2-6（b）所示。
圆柱凸轮在机构中起着重要的作用，为了使其转动平稳，噪音小，易加工，采用尼龙材料。

三、拨叉的设计

用于三维编织的碳纤维为扁线，且不可以摩擦，因此，其拨叉的结构区别于普通纺织用的拨叉，需要单独设计，如图 8-2-7 所示。

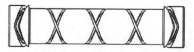

(a) 二维结构示意图

(b) 三维结构示意图

图 8-2-6　圆柱凸轮结构示意图

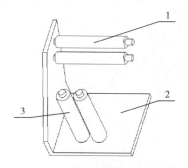

图 8-2-7　拨叉三维示意图

1—横向导丝辊　2—支架　3—纵向导丝辊

该拨叉用两组双滚子夹持碳纤维，保持其扁平线的形状，两组滚子成 $90°$ 夹角，可起到拨动碳纤维的作用。

第三节　缠绕、退绕机构设计

一、缠绕机构设计

（一）缠绕机构分析

在本设计中，缠绕机构需要实现固定纱筒和带动纱筒旋转实施卷绕并且落筒的功能。缠绕机构自身有夹持固定装置，将纱筒固定并定位，而且夹紧力要足够大，在卷绕构成中纱筒与之不能有相对滑动，否则会影响卷绕效果。

缠绕机构本身应由电动机直接驱动，并实现高速旋转，提高卷绕效率，因此，自身机构应简单可靠。

（二）缠绕机构设计

由于缠绕机构高速旋转，会产生动平衡问题，易产生噪音和震动，因此，在筒管夹持机构设计时采用弹簧张紧方式来实现筒管的固定。

筒管夹持机构由长锁紧套、短锁紧套、张紧弹簧、刹车座、压簧、偏心轮加压装置等组成，如图 8-3-1 所示。

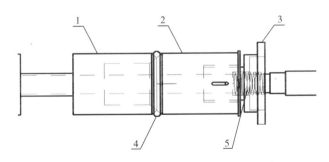

图 8-3-1　缠绕机构示意图

1—短锁紧套　2—长锁紧套　3—刹车座　4—张紧簧　5—压簧

压簧给刹车座施加压力，使刹车座压紧长、短锁紧套，使得张紧簧受到挤压，直径变大，从而张紧纱筒，实现纱筒的固定。

络筒时，由偏心轮加压装置给刹车盘施加压力，压簧缩回，同时张紧簧回缩，直径变小，纱筒便可以轻松取下。此外，偏心轮加压装置还可以起到刹车的作用，如图 8-3-2 所示。

二、退绕机构设计

退绕机构与缠绕机构功能类似，即夹持固定纱筒带动纱筒旋转实现退绕。由于缠绕机构由电动机直接驱动，故退绕机构设计为消极退绕的方式，由缠绕轴实现张力的控制。

退绕机构与缠绕机构基本相同，但在轴端需加入制动器，当出现断头和满纱的情况时可以有效地制动。制动器一般采用磁粉制动器。

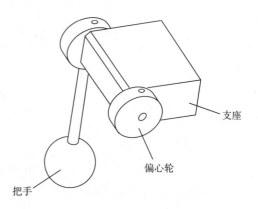

图8-3-2　偏心轮加压装置三维示意图

第四节　整机的三维建模与仿真

一、导丝机构的三维建模

导丝机构还有一个重要的构件就是箱体，使其能够高速运转，并实现润滑满足工艺要求，如图8-4-1所示。

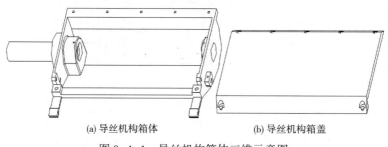

(a) 导丝机构箱体　　　　　　　(b) 导丝机构箱盖

图8-4-1　导丝机构箱体三维示意图

由图8-4-1可见，箱体是由箱体和箱盖组成。箱体外的空心轴与墙板联结，这样可以使导纱机构沿空心轴旋转以适应不同直径的筒管，并且圆柱凸轮轴从空心轴中穿过，不影响其转动。箱体内部可以放置圆柱凸轮机构，箱体外沿作为滑块的导轨。

圆柱凸轮机构放置在密封的箱体内部，可以使用油液润滑，又能够与箱体外部的工作空间有效地隔离开。因此，机械的平衡可以有效地改善，导纱机构使用寿命大大延长。

箱体三维装配图如图8-4-2所示。

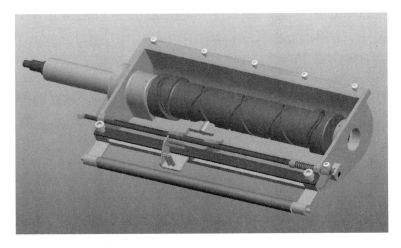

图8-4-2 导纱机构箱体三维装配图

由图8-4-2可见，箱盖与箱体通过螺钉联结，左侧可以让圆柱凸轮轴通过，并且可以通过箱盖与密封圈完全密封。

二、传动机构设计与三维建模

电动机采用同步带传动，为了保证良好的传动性能需要给同步带施加张紧力。在电动机轴与卷绕轴之间的带轮的张紧上，采用可旋转的电动机座，如图8-4-3所示。

安装电动机时，调整电动机的角度，使电动机与卷绕轴之间的带轮张紧后，用紧定螺钉将电动机座固定。这样的设计既可以保证带轮良好的张紧，又简化了机构。

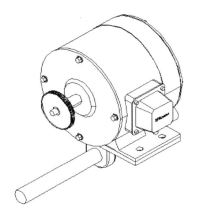

图8-4-3 电动机组件三维示意图

在圆柱凸轮轴与卷绕轴之间的带轮的张紧上，采用摆臂的形式，如图8-4-4所示。

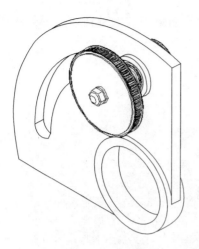

图 8-4-4 摆臂组件三维示意图

安装摆臂时，调整摆臂角度，使圆柱凸轮轴与卷绕轴之间的带轮张紧后，用锁紧螺母固定。

三、整机设计与三维建模

对碳纤维缠绕机整机的结构起关键作用的就是整机的支撑部件，其中包括机架、上墙板和下墙板。这些构件的尺寸与安装位置，决定了整机的尺寸，它们之间的装配关系对整机的平衡和稳定起到了至关重要的作用。上下墙板分别固定在机架上并用螺栓联接，其余部件分别安装在上下墙板上。碳纤维缠绕机整机的结构如图 8-4-5 所示。

图 8-4-5 整机的三维建模

由图 8-4-5 可以清楚地看出碳纤维缠绕机的装配关系。如果在装配的过程中采用销钉联结，并且在主轴的一端加入模拟伺服电动机，就可以在三维软件中进行仿真运动。

四、导丝机构的仿真与动态分析

导丝机构在工作过程中，滑块随着凸轮的旋转反复换向，会发生速度与加速度的变化，因此利用三维软件 Pro/E 对凸轮导丝机构进行运动仿真，并进行滑块的速度与加速度分析。滑块速度变化曲线如图 8-4-6 所示。

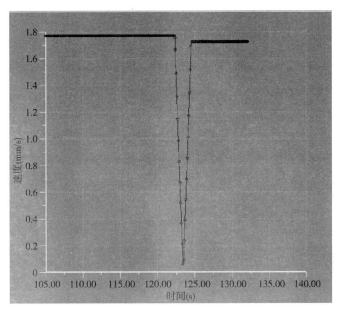

图 8-4-6　滑块速度变化曲线

由图 8-4-6 可知，滑块在运行中速度平稳，换向时速度的方向迅速改变。滑块匀速运动，换向时产生加速度，滑块加速度变化曲线如图 8-4-7 所示。

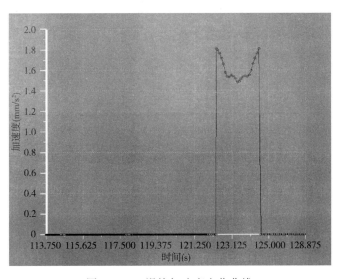

图 8-4-7　滑块加速度变化曲线

参考文献

[1] 杨建成，周国庆. 纺织机械原理与现代设计方法［M］. 海洋出版社，2006.